어뢰정에서 백악관으로
John F. Kennedy

권주혁 지음

PUREWAY PICTURES

목차

- 머리말 ······ 06
- 추천사 ······ 18

제1장 태평양전쟁과 일본 영토   24

1. 전쟁의 배경   24
   (1) 일본의 중국침략   24
   (2) 오렌지 작전   27
   (3) 파나이호 사건   29
   (4) 연합국의 일본 포위   30
   (5) 전쟁을 반대한 연합함대 사령관   31
2. 중부 태평양의 일본 영토   35
   (1) 이노우에 제독과 제4함대   35
   (2) 중부 태평양과 하나미 소령   38
      1) 트럭 환초 근무   38
      2) 해군병학교 졸업   40
      3) 첫 구축함장   43
      4) 구축함 생활   44
3. 전쟁 발발   47
   (1) 개전의 대의명분   47
   (2) 개전 100일의 영광   48
      1) 진주만 기습   48
      2) 미 항모 3척의 행방   49
      3) 석유자원 확보   52
      4) 미국의 선전포고   53
      5) 웨이크섬 점령   54
      6) 동남아시아 점령   58
      7) 뉴기니 상륙   66

제2장 태평양의 항공모함 결전   77

1. 산호해 해전   77
   (1) 해전의 배경   77
   (2) 사상 최초의 항공모함 대결   78
   (3) 승리와 패배의 혼동   81
2. 미드웨이 해전   83
   (1) 해전의 배경   83
   (2) 태평양전쟁의 분수령   85
   (3) 기적의 순간   86
   (4) 미드웨이 상륙에서 과달카날 상륙으로   87

제3장 과달카날 전투   90

1. 헨더슨 비행장   90
   (1) 일본군이 건설   90
   (2) 일본 전투부대 상륙   92
2. 쇠바닥만 해전   97

(1) 사보해전　　　　　　　　　　97
　　(2) 쇠바닥만 바닥의 군함들　　　99
　　(3) 구축함에서 설교단으로　　　102
3. 공중전　　　　　　　　　　　　　107
　　(1) 태평양전쟁 최대의 공중전　　107
　　(2) 일본이 공중전에서 패한 이유　108
4. 마의 280km　　　　　　　　　　111
5. 호니아라 밤 하늘의 한국 해군가　117

제4장 케네디, 솔로몬 제도 도착　120

1. 해군 입대　　　　　　　　　　　120
　　(1) 출생과 성장　　　　　　　　120
　　(2) 케네디가 본 첫 어뢰정　　　123
　　(3) 해군입대　　　　　　　　　126
　　(4) 케네디 소위　　　　　　　　128
2. 벌클레이 소령과 만남　　　　　　129
3. 케네디 중위, PT 101 정장이 되다　132
4. 미 해군 PT정　　　　　　　　　135
　　(1) PT정의 발전　　　　　　　135
　　(2) PT정 건조와 무장　　　　　138
　　(3) 승조원　　　　　　　　　　143
　　(4) PT정의 활동지역　　　　　144
　　(5) 퇴역　　　　　　　　　　　147
5. 케네디, 최전선으로　　　　　　　149
　　(1) 수송선 위에서　　　　　　　149
　　　　1) 남태평양으로　　　　　　149
　　　　2) 함상토론　　　　　　　　151
　　　　3) 청년 케네디의 저서　　　152
　　　　4) 에스피리투 산토 도착　　155
　　(2) 과달카날에 도착한 날　　　159
　　　　1) LST 449호　　　　　　159

　　2) 구사일생　　　　　　　　　164
　　3) 툴라기 도착　　　　　　　　166
6. 솔로몬 제도와 툴라기섬　　　　　167
　　(1) 솔로몬 제도와 툴라기의 역사　167
　　　　1) 솔로몬 제도　　　　　　167
　　　　2) 툴라기섬　　　　　　　　170
　　(2) 어뢰정 기지　　　　　　　　175
　　　　1) PT 109의 건조　　　　　175
　　　　2) 일본 함대를 공격하는 PT 편대　176
　　　　3) 케네디 중위, PT 109 정장이 되다　177
　　(3) 중국과 툴라기　　　　　　　181
7. 렌도바섬으로　　　　　　　　　185
　　(1) 러셀 제도　　　　　　　　　185
　　(2) 뉴기니의 PT　　　　　　　187
　　(3) 렌도바 상륙　　　　　　　　188

제5장 PT 109　190

1. 룸바리아 기지　　　　　　　　　190
2. 일본군 기지, 콜롬방가라　　　　194
　　(1) 일본군 수송대　　　　　　　194
　　(2) 미군 레이더의 위력　　　　197
　　(3) 아마기리 출동　　　　　　　202
　　(4) 쿨라만 해전　　　　　　　　205
3. PT 109 출격　　　　　　　　　207
　　(1) 라바울에서 온 구축함대　　207
　　(2) 해전　　　　　　　　　　　208
4. 사투　　　　　　　　　　　　　210
5. 구조　　　　　　　　　　　　　216
　　(1) 생사의 수영　　　　　　　　216
　　(2) 무인도 상륙　　　　　　　　217
　　(3) 원주민의 도움　　　　　　　221

(4) 구조되다	225
(5) 플럼푸딩섬	229
6. 일본군, 중부 솔로몬에서 퇴각	232

제6장 기조섬　　236

1. 남태평양의 목선　　236
2. 기조와 PT 109　　239
3. 물 속의 도아마루　　244
4. 기조 항구의 저녁노을　　250

제7장 케네디, PT 59 정장으로　　251

1. 다시 전투에 나가다　　251
2. 초이셀섬 양동작전　　254
3. 포위된 아군 구출　　256
4. 초이셀에서 기조까지　　261

제8장 하나미 소령과 태평양전쟁　　265

1. 부하가 본 하나미　　265
2. 하나미의 언론 인터뷰　　267
3. 라바울 요새　　268
4. 일본 육군 잠수함　　274
5. 하나미 귀국　　276
6. 아마기리 침몰　　279
7. 미국, 일본본토 폭격　　280
8. 라바울 항공대 소멸과 요카렌　　282
9. 패전과 하나미　　286

제9장 대통령선거와 하나미　　289

1. 서신 교환　　289
2. 상원의원 연속 당선　　295
3. 대통령 선거 승리　　296

제10장 사투와 우정　　305

1. 양국 바다 사나이의 악수　　305
2. 대통령 서거와 하나미 소령 별세　　306
3. 대통령 딸과 소령 부인　　309
4. 케네디 비밀문서 공개　　310

제11장 한국전쟁과 어뢰정　　311

1. 한국해군과 어뢰정　　311
2. 한국전쟁시 어뢰정 활약　　313
3. 케네디 기념관의 한국해군 어뢰정　　315

제12장 노블레스 오블리주　　316

1. 최전선에 나간 금수저　　316
2. 제2차 세계대전을 겪은 7인의 미국 대통령　　317
3. 어뢰정에서 항공모함으로　　318

◆ 저자후기　　320
◆ 참고자료　　323
　• 단행본　　323
　• 잡지·저널　　324
　• 신문　　324
　• 유튜브(권박사 지구촌 TV)　　324
　• TV　　325
　• 사진 출처　　326

머리말

우리나라에서는 '노블레스 오블리주(Noblesse Oblige)'의 의미가 재산이 많은 사람이 그가 모은 재산의 일부 또는 전부를 사회에 환원하는 문화에 초점을 맞추는 경향이 있다. 신문에는 사업을 해서 큰 재산을 일군 어떤 사람이 큰 금액을 사회단체에 기부하거나 대학에 기부하는 것을 보도하면서 노블레스 오블리주의 본이라고 찬양하는 기사를 가끔 볼 수 있다. 그러나 유럽과 미국에서는 노블레스 오블리주라고 하면 사회적으로 높은 지위에 있는 사람이 본인 또는 그의 자손들이 국가가 필요한 위험한 일에 기꺼이 팔소매를 걷어 붙이고 앞장서서 참여하는 것에 더 큰 의미를 두고 있다.

예를 들자면 2022년에 서거한 영국 엘리자베스 여왕은 공주의 신분이지만 제2차 세계대전중 운전병으로 복무하였다. 여왕의 아들로서 현재 찰스 영국 국왕의 동생인 앤드류 왕자는 1982년, 영국·아르헨티나 전쟁때 남부 대서양의 포클랜드섬 전투에서 해군 헬기 조종사로 참전하였고 22년간 해군에서 복무하였다. 앤드류 왕자의 조카인 해리 왕자는 육군사관학교를 졸업하고 2007년말, 아프가니스탄에서 전투가 가장 치열한 남부 헬만드주에 파병되어 근무하였고 2012년에는 나토(NATO)의 국제안보지원군(ISAF) 소속으로 다시 아프가니스탄에 파병되어 남부 배스티언 기지에서 아파치 헬기 조종사로서 근무하였다. 당시 이슬람 무장단체 탈레반은 그를 잡으려고 나토군 기지에 잠입하였으나 실패한 적이 있다. 그는 2015년에 전역하였다. 당시 해리 왕자의 형 윌리엄 왕자는 공군이었으므로 전쟁에 참가하지 못한 것을 수치스럽게 여겼다고 한다. 영국에서 이런 예를 들자면 끝이 없다. 오늘날 영국은 모병제의 나라이다(물론 전시에는 징병제를 실시하지만). 그럼에도 불구하고 영국 왕실은 왕자 가운데 한 명 이상은 현역 군인으로 복무해야 한다는 원칙을 갖고 있다고 한다. 한반도 크기 만한 국토를 가진 영국이 "태양이 지지 않는 제국"을 건설한 것은 어느 날 갑자기 하늘에서 떨어진 것이 아니다.

영국 왕실에는 스캔들 사건도 있지만 이들에게서 노블레스 오블리주의 전형적인 모습을 볼 수 있다. 이러한 노블레스 오블리주는 팍스브리타니카(Pax Britanica: 영국에 의한 세계평화와 질서)에 이어 팍스아메리키나(Pax Americana: 미국에 의한 세계평화와 질서)를 잇고 있는 오늘날 세계 초강대국 미국에서도 너무도 많다. 6·25 한국전쟁 당시 미제8군 사령관이며 유엔군 사령관이던 밴플리트 장군은 그의 외아들 제임스 밴플리트 2세 중위를 한국전쟁에서 잃었다(그의 아들은 B26 쌍발 프로펠러 경폭격기 조종사로서 북한 지역을 야간폭격임무 수행중 전사하였다). 이런 예를 들자면 너무 많다. 미국과 영국은 사회 지도층의 자식들이 군대에 기꺼이 입대할 뿐만 아니라 전시에는 가장 격렬한 전쟁터에 자원해서 가는 것이 일반적이다. 이런 나라들이 선진·강대국이 되어 세계의 지도국으로서 지위를 가졌거나 가지는 것이 어떻게 보면 당연하다. 여기에 비해 우리나라에서는 사회 지도층의 자식들이나 유명 연예인, 운동선수 등이 병역의무를 기피하는 경우가 너무 많다. 특히 정부 고위직, 정치인, 대기업 총수들의 건강한 신체를 가진 아들들이 무슨 질병이 그리 많은 지, 정식 군입대를 하지 않고 방위병(사회복무요원)으로서 집에서 출퇴근하면서 근무하는 것을 쉽게 볼 수 있다.

영국 해군은 제1차 세계대전부터 MTB(Motor Torpedo Boat)라고 부르는 배수량 약 50톤의 조그만 어뢰정을 전투에 본격적으로 사용하였다. MTB를 모방하여 만든 미국 해군의 어뢰정 (魚雷艇)을 미 해군은 PT Boat라고 불렀는바 이는 Patrol Torpedo Boat의 약자로서 간단히 PT라고 불렀다. PT정(艇)은 크기에 비해 선체를 가볍게 하여 48노트(약 90km)의 최고 속력을 내려고 합판(合板)으로 만든 조그만 함정이지만 태평양전쟁중 태평양 곳곳에서 맹활약을 하였다. 당시 미국 해군이 사용하던 어뢰정은 통상 시속 60km 이상으로 운행하였다. 무장은 어뢰 발사관 4문, 대공화기 1문, 12.7mm 기관총 서너정, 승무원 13명, 페놀수지를 사용한 방수합판으로 만들어진 선체는 고마력 엔진이 내는 출력에 비해 가벼우므로 고속을 낼 수 있었지만 쉽게 부서지고 불에도 잘 탔다.

제2차 세계대전이 끝나자 미국 해군은 미군의 제해권과 제공권 사이의 틈새를 막아주는 역할을 한 이 어뢰정들을 모두 폐기하였다. 예를 들어 사상 최대의 해전인 필리핀 해역의 레이테(Leyte) 해전 등에서 혁혁한 공을 세운 PT정들은 이제는 더 이상 필요없다고 여겨 모두 필리핀의 사말(Samar)섬 해변 등지에서 불태워 버렸다. 즉, 미국 해군은 1960년 당시 한 척의 작전용 어뢰정도 갖고 있지 않았다. 항공모함, 전함, 순양함, 구축함 등은 제2차 세계대전이 끝난 후에도 미국 여러 항구에 해상박물관 목적으로 남겨두었으나 이들 함정에 비해 작은 크기인 초계정(PC: Patrol Craft)은 한 척도 남김없이 민간에 불하하거나 동맹국 해군에 원조로 보냈으므로 막상 미국에는 한 척도 남아있지 않다. 우리나라 해군의 첫 전투함인 백두산함(미국해군에서는 PC823이었으나 한국해군에서는 PC701)도 우리해군에서는 초계함으로 함급을 상향하고 함명도 붙였으나 미국에서는 PC(초계정)나 PT(어뢰정)에 함정번호만 있지 함명은 붙이지 않았다. 이름 붙이기에는 너무 작은 함정으로 여겼기 때문이다. 그러나 우리 해군이 미국으로부터 받은 PC나 PT에 우리 해군은 이름을 붙였다. 신생국가의 작은 규모 해군에게는 이들 소형함정도 커 보였기 때문이다.

필리핀의 마닐라만(灣) 안에 있는 바위로 된 코레히돌섬에서 일본군에 포위되었던 맥아더 장군은 필리핀을 탈출하라는 루스벨트 대통령의 명령을 받고 1942년 3월 12일, PT 41을 타고 코레히돌섬을 탈출하였다. PT정을 타고 바다를 건너 민다나오섬에 도착한 맥아더 장군은 이어서 호주에 도착하자 반격작전을 준비하여 1944년에는 필리핀을 탈환하였고 그 후 일본 본토를 향해 진격하여 결국 일본은 그 다음해에 항복하였다. 만약 조그맣고 날렵한 PT정이 없었다면 맥아더 장군은 태평양전쟁 초기에 엄중한 일본 해군 함대의 해상 포위망을 뚫고 필리핀을 탈출하는 것이 어려웠을 것이며, 탈출에 실패하여 일본군에 포로가 되었다면 태평양전쟁과 한국전쟁의 향방은 어떻게 되었을지 가름하기 어렵다.

미 해군의 PT정은 작은 섬들이 무수히 많은 남태평양의 솔로몬 제도(Solomon Islands)와 뉴기니섬 그리고 중부 태평양의 필리핀 제도 등지에서 빠른 속력을 무기삼아 일본 해군의 수송선단을 야간에 기습하여 혁혁한 전과를 세웠다. 인류역사상 최대의 해전인 레이테 해전[1])에서는 젊은 초급장교들이 지휘하는 PT정들이 일본 해군의 전함, 순양함, 구축함에 대해서 최일선에서 과감하게 접근하여 어뢰공격을 반복하였다. 태평양전쟁중 적선에 대

---

1) 1944년 10월, 중부 필리핀 제도의 레이테(Leyte) 섬 인근 해상에서 미국 해군과 일본 해군 사이에 벌어진 대규모 해전. 이 해전에서 일본 해군항공대는 처음으로 자살공격대인 가미가제(神風) 특공대를 투입하였으나 결국 미국 해군에 대패하였다. 결정적인 패배를 한 일본 해군은 이 해전 이후에 미국 해군에 대해 어떤 도전도 시도할 수 없었다.

해 용맹스럽게 공격한 PT정장들 가운데 PT 109정장이었던 케네디(John F Kennedy) 중위는 후일 미국 제35대 대통령이 되었다. 대통령 선거유세에서 자신이 PT정장으로서 남태평양에서 싸운 이야기를 유권자들에게 말하자 모험과 용기를 좋아하는 미국 국민은 케네디를 대통령으로 선택한 것이다.

본서는 젊은 나이에 미국 제35대 대통령이 된 케네디 대통령의 해군 중위 시절에 대한 책이다. 케네디와 그의 부친 역시 노블레스 오블리주의 정신을 미국 국민에게 유감없이 보여주었다. 케네디는 군입대 신체검사에 불합격되었으므로 군대에 입대하지 않아도 법적으로 아무 문제가 없었지만 결국 군대에 입대하였고 영향력 있는 부친의 힘을 빌려서 본인의 희망대로 최전선으로 가서 전투에 참여하였다. 이 점 역시, 영향력있는 부친의 힘을 빌려 병역을 기피하거나 상대적으로 편한 방위병(사회복무요원) 근무로 병역을 하는 일부 우리나라 사람들의 경우와 대비된다.

그러므로 필자가 본서를 저술한 목적은 첫째 케네디를 통하여 우리사회에 노블레스 오블리주 정신을 피부로 소개하고 싶고, 둘째는 케네디 이야기를 통하여 나라를 사랑하는 상무(尙武) 정신을 우리 국민에게 함양시켜주고 싶어서이다. 우리 사회는 어쩌다가 돈버는 것만이 인생의 지상(至上) 목표이고 가치가 되었다. 그러므로 지방 의과대학이 서울대학 일반과보다 인기가 높은 이상한 나라가 되어버렸다. 셋째는 한미(韓美)동맹의 강화이다. 우리나라는 1953년 휴전 이후 세계최초로 초강대국과 상호방위조약을 맺었다. 세계에서 가장 잘살고 강한 나라와 가장 못살고 힘없는 나라가 대등한 입장에서 상호방위조약을 맺은 것은 놀라운 일이다. 이 한미동맹으로 인해 한국이 받은 국가적 이익과 혜택을 이야기 하자면 별도로 두꺼운 책 한권을 써야 될 것이다. 6·25 한국전쟁 이후 한국이 '한강의 기적'을 이루어 오늘날 세계 10위의 경제대국이며 6위의 군사대국으로 성장하는 데 있어 한미동맹은 큰 기여를 하였다. 한국의 위상이 크게 변한 것이다. 그러므로 이제 한미동맹은 과거의 군사동맹에서 한 단계 높인 기술동맹, 경제동맹으로 도약해야하는 시점이다.

2024년 6월에 러시아와 사실상 군사동맹(포괄적 전략적 동반자 조약)을 맺은 북한은 10월 중순경 쿠르스크와 돈바스 지역 전투에 파병하였다. 북한군은 러시아군의 총알받이로 현재(2025년 4월) 약 1만 3천명 이상을 쿠르스크 지역에 파견한 것으로 알려지고 있으나 추가 병력이 조만간 파견될 것으로 예상되고 있다. 이미 러시아에 포탄과 미사일을 대량 지원한 북한은 이제 병력까지 지원하고 있으므로 반대급부로 러시아는 북한에 북한이 필요한 첨단군사기술 이외에 식량과 에너지, 용병·노무자 외화벌이를 제공하고 있어 이는 한반도에 직접적인 위기를 부추기고 있다. 또한 중국 역시 북한정권을 비호하는 나라로서 북·러·중의 강력한 동맹수준의 협력은 한반도를 포함한 동북아시아 정세를 불안전하게 만들고 있다. 이러한 시점에 한국은 당연히 동맹국으로서 미국과의 포괄적 협력을 강화해야하고 일본과도 협력을 증진해야 한다. 이 점에서 필자는 본서의 주인공 케네디를 통해 철통같은 한미동맹과 공조를 주장하고 싶다.

필자는 1960년대초 초등학교 저학년이었을 때 당시 어린이신문(소년동아)과 어린이 잡지, 'PT 109'라는 만화 등을 통해 케네디 중위가 남태평양 솔로몬 제도에서 용감하게 싸우다 일본 구축함과 충돌하였으나 구사일생으로 살아남아 후일 미국 제35대 대통령이 되었다는 사실을 알게 되었다. 왜냐하면 당시 케네디가 대통령이 되자 그에 대한 일화가 우리나라에도 소개되었기 때문이다. 그 후 필자는 1980년 11월에 회사 업무로 솔로몬 제도에 출장을 갔을 때 그 나라의 지도를 보다가 케네디 중위가 탄 어뢰정이 침몰한 뒤 부하들을 데리고 근처에 있는 무인도에 상륙한 것을 기념하여 그 섬에 케네디섬 이라는 이름을 붙인 것을 보고 놀랐다. 초등학교때 읽은 케네디에 대한 일화가 생각났기 때문이다. 그러므로 다음해인 1981년에 필자는 회사업무차(합판 수출용 원자재인 원목 수입) 서부 솔로몬 제도에 있는 섬(쇼틀랜드)을 오고 가면서 케네디섬을 아주 저공에서 볼 수 있었다. 그 뒤 필자는 회사 경영진에 솔로몬 제도 안에 있는 호주나 영국회사로부터 원목을 살 것이 아니라 직접 우리가 투자해서 벌목을 하자고 제안하여 결국 회사는 솔로몬 제도에 있는 두 섬(각각 섬의 크기가 제주도 2배)에 투자하여 40여년 동안 사업을 하고 있다(필자는 2011년초에 퇴직하였으나). 그러므로 필자는 케네디섬 상공을 200회 이상 저공으로 날으면서(케네디섬 바로 근처에 있는 누사타페섬의 활주 로에 이착륙하느라 소형비행기가 고도를 낮추므로) 케네디섬을 보았고 직접 현지인 카누를 타고 수영을 하여 섬에 올라가 보기도 하였다. 그리고 케네디 의 어뢰정이 발진한 렌도바섬의 어뢰정 기지와 일본군 구축함이 병력과 물자 를 하역한 콜롬방가라섬의 해안마을을 방문하였고 케네디 중위가 렌도바섬 어뢰정 기지로 이동하기전에 있었던 과달카날섬 앞의 툴라기섬 어뢰정 기지 를 방문해서 자세한 현지조사를 하였다.

그러므로 필자는 케네디 중위가 태평양전쟁중에 일본 구축함과 사투를 벌 인 바로 그 현장을 누구보다도 오랜 기간에 걸쳐서 현장 사진을 촬영하면서 광범위하게 현장조사를 하였다고 자부하고 있다. 물론 미국에서 발행한 케네 디에 관한 서적들도 구입하여 읽어보았다. 그 책들을 읽어보면서 저자들이 솔 로몬 제도 현지에 오지 않고, 미국 국내에서 얻은 자료를 바탕으로 책을 저술 한 것을 알 수 있었다. 미국에서 발간된 케네디책 가운데 한권은 저자가 솔로 몬 제도를 방문하여 케네디가 싸웠던 곳을 방문하였다고 책 앞부분에 써있지 만 책 속에 그 저자가 촬영한 솔로몬 제도의 사진은 한 장도 없음을 보면서 아쉬운 생각이 들었다. 2024년말에 일본 출장에서 돌아 온 딸애가 아버지의 취향을 잘 알고 있으므로 일본인 저자가 저술한 "케네디를 침몰시킨 사나이"라는 책을 구입하여 왔다. 읽어보니 이 책 저자 역시 솔로몬 제도 현장을 안가 보고 책을 지은 것을 알 수 있었다. 당연히 미국책이나 일본책 모두 책 속에는 태평양전쟁 당시 미군이나 일본군이 촬영한 미국 어뢰정, 어뢰정을 타고 있는 케네디 중위, 툴라기 기지, 일본군 라바울 항구와 일본 구축함 아마기리(天霧)호의 함체, 아마기리호의 함장 하나미 고헤이 소좌(소령)의 사진 등만 실려 있고 케네디섬과 주위의 섬들에 대한 사진이나 충돌지점을 보여주는 사진, 어뢰정 기지 안에 케네디와 미군이 사용하였던 우물 등에 관한 사진은 단 한 장도 실려 있지 않다.

그러므로 필자는 80여년 전인 1943년 8월 케네디의 어뢰정 PT 109와 하나미 소좌의 구축함 아마기리호가 사투를 벌였던 그 역사적인 사건을 늦게나마 직접 저술하기로 결심하고 저술을 시작하였다. 이 저술 작업은 필자가 2000년말에 발행한 필자의 첫 서적인 '헨더슨 비행장(태평양전쟁의 분기점)'에 PT 109와 구축함 아마기리의 야간 전투에 대한 내용도 비교적 자세히 실었고 그 후 필자가 남태평양 솔로몬 제도에서 필자가 근무하던 회사의 목재 사업을 1980년부터 어떻게 시작하고 성공하였는 가를 저술하여 2004년에 발간한 '탐험과 비즈니스(남태평양 25년 사업개척기)'에도 간단하게나마 내용을 요약하여 실었다. 이외에 해군본부에서 매달 발간하는 '해군'지(誌)에도 케네디 중위의 전투를 몇 년전에 실은 적이 있다. 책 2권과 해군지에 실은 내용들은 모두 단편적인 내용이지만 필자가 회사일을 하면서 틈을 내어 조사하여 기록한 것들이므로 이 내용들을 바탕으로 추가 조사를 함으로써 본서를 쓰게 된 것이다.

필자는 어릴 때부터 직업군인이 되려고 육군사관학교를 지망하였으나 (이야기를 하자면 너무 길다. 하여간 인생의 진로가 인간 마음대로 되지 않으므로 결국 가고 싶었던 육사입학시험을 포기하고) 일반 대학교에 입학하여 '임산(林産)가공학'을 전공하였다. 대학교 2학년인 1972년에 학교 도서관에서 미국에서 발행된 전공서적 원서 'Plywood(합판)'라는 책을 빌려서 읽으며 처음으로 미 해군 PT정이 합판으로 선체가 제작되었다는 사실을 알게 되어 당시에 같은 과 학생들을 대상으로 하는 세미나에서 '전쟁 무기로 사용된 합판'이라는 제목으로 발표한 적이 있다. 그 세미나 발표 이후 이제 강산이 5번 이상 바뀐 세월이 흘러 53년이 지난 뒤에 필자가 케네디 대통령과 연관되어 어뢰정에 대한 단행본을 쓰게 된 것을 생각하면 (누가 알아주지 않는 것이지만) 필자 자신으로서는 감회가 깊다.

필자는 여태까지 전쟁관련 책 12권을 저술하였는바(태평양전쟁 4권, 한국전쟁 6권, 우크라이나 전쟁 1권, 이스라엘 전쟁 1권 등) 이들 각각 주제는 비교적 넓은 범위의 것을 다루었으나 본서는 케네디가 싸운 특정 전투만을 중심으로 다룬 책이다. 케네디의 전투 자체도 앞서 언급한 책들 속에서 나오는 전투와 비교할 때 아주 작은 규모이다. 그러므로 이 전투만 언급하면 이 전투가 어디서 갑자기 튀어나온 것처럼 보일수도 있으므로 전투를 사이에 두고 앞뒤로 부수적인 배경설명을 하였다. 즉, 왜 케네디는 해군에 입대하였는가? 왜 그는 태평양전쟁에서 미군의 반격작전이 처음으로 시작된 과달카날섬에 배치되었는가? 왜 미군은 과달카날 전투에서 어뢰정을 사용하였는가? 왜 일본은 과달카날섬에 비행장(헨더슨 비행장)을 만들었는가? 왜 케네디는 과달카날 어뢰정 기지에서 렌도바섬의 어뢰정 기지로 이동하였는가? 현지 원주민은 어떻게 케네디를 구조하였는가? 케네디의 어뢰정을 침몰시킨 일본해군 구축함장 하나미 고헤이 소좌(소령)는 어떤 인물인가? 하나미 소좌는 케네디가 대통령으로 당선되는 데 어떤 기여를 하였는가? 어떻게 케네디 가족과 하나미의 가족이 우정을 쌓게 되었는가? 등에 대해서도 간단하게 설명을 하였다. 특히 케네디의 PT 109를 침몰시킨 하나미 소령의 구체적인 군대경력을 통해 당시 일본군의 전략과 전술, 그리고 태평양전쟁에서 일본 해군의 패배 원인을 살펴 볼 수 있도록 하였다.

이 책의 주인공인 케네디는 해군 중위에서 태평양전쟁이 끝난 뒤에 정계에 진출하여 미국 대통령에 오른 인물이고 하나미 소령은 태평양전쟁이 끝나고 귀향하여 농사를 짓다가 면장이 된 인물이다. 당시 사회적 신분으로는 초강대국의 대통령과 중진국의 면장이므로 서로 비교할 거리가 먼 것은 사실이나 본서는 전투현장에서 벌어진 일에 초점을 맞추었으므로 케네디 중위와 하나미 소령이라는 관점에서 저술을 한 것이다. 케네디는 대위로서 미국해군에서 제대하였고 하나미는 중좌(중령)로서 일본해군에서 제대하였다. 그러나 두 명이 각각 지휘하던 함정이 전투현장에서 격렬한 전투를 할 때 계급이 각각 중위와 소좌(소령)이었으므로 본서에서는 전투 당시의 계급을 사용하였다.

한편, 케네디가 해군에서 제대하고 정계에 진출하여 상원의원이 되고 결국 대통령이 되는 과정과 대통령으로서 미국을 위해 일한 것에 대해서 이 책에서는 구체적인 언급을 하지 않았다. 정치인으로서의 그의 활약을 언급하자면 너무 책이 두껍게 되기 때문이다.

우리나라 20대 청년들의 실업률이 20%에 이르며 우리나라의 자살율이 OECD 1위를 계속 유지하고 있으며 나이가 40세가 넘어서도 힘든 일을 하기 싫다며 직장얻는 일을 포기하고 편하게 부모집에 얹혀서 아무 일도 하지 않고 사는 사람들이 적지 않다는 뉴스를 최근에 무거운 마음으로 접하고 있다. 그러한 상황에 처한 사람들에게 이 책을 특히 권하고 싶다. 청년 케네디가 어떻게 젊은 나이에 미국 대통령이 되어 자유세계를 이끈 지도자가 되는 과정의 시발점이 된 남태평양에서 그의 젊은 시절의 이야기(부유한 집안에서 태어나 군입대 신체검사에 불합격하였음에도 결국 군대에 입대한 뒤 최전선을 지원하여 전투에 참여하다 배가 침몰하였으나 낙망하지 않고 끈질긴 투혼으로써 본인과 부하들 모두 생존한)가 이 책을 읽는 우리나라의 많은 젊은이들에게 오늘의 어두운 구름을 걷어내고 내일에 대한 큰 꿈을 잉태시켜 주기를 바라기 때문이다.

2019년 4월, 필자는 목포해양대학에서 '케네디 리더십'이라는 제목으로 어떻게 해군 중위가 대통령이 되었는가에 대해 학생들에게 2시간을 강연한 적이 있다. 당시 필자의 강연에 강렬한 눈빛으로 응답한 학생들의 반응은 지금도 잊을 수 없다. 그러므로 본서의 제목은 그 강연 내용에서 영감을 받아 정한 것이다. 본서를 발간하는데 있어 미국에서 발간된 'John F. Kennedy'(저자, Robert Dallek), 'PT 109'(저자, Robert Donovan)와 솔로몬 제도의 서부주(州)의 역사와 문화를 조사하고 있는 미국인 대니 케네디(Danny Kennedy) 씨가 비밀 해제된 미해군 문서들을 바탕으로 하여 솔로몬 제도 현지에서 조사한 자료 그리고 일본에서 발간된 '케네디를 침몰시킨 사나이'(저자, 星亮一) 등을 참고·인용하였다. 대니 케네디씨는 성(姓)만 케네디 대통령과 같을 뿐 케네디 대통령과는 아무 관련이 없고 솔로몬 제도에서 30년 이상 거주하면서 활동하고 있다. 아울러 전쟁 당시의 사진을 제외한 거의 대부분의 사진들은 필자가 직접 솔로몬 제도 등지의 현장에서 촬영한 것임을 밝힌다. 귀중한 자료를 제공해 준 솔로몬 제도의 수도 호니아라(Honiara)에 있는 국립문서보관소(National Archive)와 서부주(西部州)의 주도(州都)인 기조(Gizo)의 역사기록담당 직원들의 친절에 감사한다. 이외에도 본서를 쓰는데 미국측 자료를 제공해 주신 김재수 박사(국방과학연구소 기술정보센터 본부장 역임), 이경원 장군(예, 준장, 공병학교장) 그리고 그의 아들 이요한씨에게도 깊은 감사를 드린다. 특히 해군 특유의 전문용어를 해설해 준 강영훈 해군 대령(예, 해사 40기, 목포해양대학교 해군 ROTC 학군단장 역임)에게 감사한다. 그는 기꺼이 본서의 추천사를 써 주었다. 그리고 일본 도쿄의 방위연구소 도서관에서 2016년에 만난 이후 친구가 되었다가 이제는 고인이 된 군용항공기 전문가 가마다 미노루(鎌田實)씨에게 감사한다. 그는 작년에 암으로 세상을 떠났으나 필자가 케네디 중위와 PT 109에 관심을 갖고 있는 것을 알고 암투병 하기 이전인 2016년부터 2019년까지 기회가 되는대로 하나미 소령과 아마기리에 관련된 일본측 자료(역대 아마기리호 함장명단 등)를 보내주었다. 어려운 일본어를 번역해준 간다 메구미(神田惠) 여사와 오오시로 레이코(大城玲子) 여사에게도 감사함을 전한다. 참고로 본서에 실린 사진 147장 가운데 태평양전쟁 이후 사진(105장)중 97장은 필자가 현지를 방문하여 직접촬영한 것이고 전쟁당시 기록사진들은 책 후미에 사진출처를 명시하였다.

아울러 전방과 후방에서 수고하는 대한민국 국군의 모든 장병들이 이 책을 읽고 맡은 바 국토방위 임무에 충성을 다해 주기를 바라며 모든 국군 장병들에게 행운이 함께 하기를 기원한다.

2025년 4월 1일
인왕산 기슭에서
필자 **권주혁**

추천사

먼저 역작을 완성하신 저자 권주혁 박사님의 노고에 깊은 감사를 드립니다. 저는 어린 시절 바닷가 시골극장에서 아버지를 따라 찰톤 헤스톤 주연의 영화 '미드웨이 해전'을 보았습니다. 그래서 멋진 해군 조종사가 되고 싶었습니다. 며칠 후 우연히 시골장날 길거리 좌판에서 태평양전쟁 전집 5권을 발견하고는 아저씨에게 돈 가져올 때까지 절대 다른 사람에게 팔지말라고 부탁하였습니다. 아저씨는 "저 아이가 왜 저러는가? 하는 표정이었습니다. 가난한 시골 마을에 태평양전쟁 전집 헌책을 사서 볼 사람이 누가 있을 지를 생각해 보면 지금 생각해도 웃음이 납니다. 집까지 한 달음에 뛰어가 어머니를 졸라서 결국 책을 사게 되었습니다. 그래서 나이 답지않게 전쟁사(戰爭史)를 일찍 접하게 되었고 솔로몬 제도의 과달카날 전투와 미드웨이 해전, 유황도(이오지마) 상륙작전, 임팔 작전(미얀마) 등의 역사를 초등학교 시절부터 알게 되었습니다.

그후 언젠가 남태평양의 과달카날섬에 직접 가서 전쟁의 현장을 둘러보리라는 상상을 하게 되었으며 우선은 현실적으로 불가능한 머나 먼 나라로의 여행 대신 일본군의 제로전투기와 미군의 코르세어 전투기 등 태평양에서 싸웠던 항공기 프라모델 만들기에 심취하였습니다. 어린 소년은 그렇게 어른이 될 날만을 기다렸습니다. 그리고 성장하여 해군사관학교에 입학하였습니다.

사관생도 시절 해외 순항훈련을 떠나 필리핀에 갔을 때 동기생들은 대부분 놀이공원으로 구경을 갔지만 저는 마닐라만의 코레히돌섬 여행을 선택하였습니다. 그것은 코레히돌섬이 맥아더 장군이 전쟁초기 일본군과 싸우던 전적지였기 때문입니다. 당시 저는 부두에 도착하여 "부서진 옆의 부두가 맥아더 장군이 어뢰정을 이용하여 일본해군의 포위망을 뚫고 탈출했던 바로 그 역사적 장소"라는 가이드의 설명을 듣고 감격에 젖은 유일한 사관생도였습니다. 그리고 몇몇 친한 동기생들과 함께 당시로서는 가장 최신의 전쟁인 영국과 아르헨티나 사이의 포클랜드 전쟁을 습작수준이지만 연구하기도 하였습니다.

해군 장교가 된 이후로는 통상의 딱딱한 전쟁사책보다 현장의 역사와 문화를 먼저 소개하고 전투의 배경, 지휘관과 참모 평가. 사용된 무기들, 전투경과, 전략·전술적인 분석 등을 현장사진 및 지도와 함께 넣어 책을 쓰면 훨씬 생동감이 있을 것인데 하고 생각하게 되었습니다. 그러던중 권박사님의 첫 번째 전쟁사책인 '헨더슨 비행장'이 출판된 광고를 보았습니다. 처음에는 "아니 도대체 어떤 사람이길래 남태평양 솔로몬 제도의 헨더슨 비행장을 안다는 말인가?"하며 민간인이 습작 수준의 책을 쓴 것이라 생각하고 더 이상 관심을 갖지는 않았습니다. 어느날 구축함 전대장을 하면서 부하장교들에게 "민간인도 전쟁사책을 쓰는 데 해군장교들이 전쟁사에 관심이 없어서는 안된다"며 권박사님 이야기를 하게되었습니다. 한참 후 전대 통신관이 휴가를 다녀 오면서 서울의 제일 큰 책방에서 한 권 남은 것을 사왔다며 저에게 헨더슨 비행장을 선물하였습니다. 전대장의 다소 고지식한 이야기를 기억하였다가 책을 사서 선물한 그의 마음 씀씀이에 고마운 마음 그지 없었습니다.

그런데 막상 읽어보니 민간인의 습작 수준이 아니었고 그야말로 감동이었습니다. 제가 쓰고자 했던 모든 것을 망라한 바로 그런 전쟁사 책이었던 것입니다. 저는 그때 이 책을 읽고 저자의 길을 포기하고 독자의 길을 가고 있으며 '헨더슨 비행장'은 저의 가장 아끼는 소장도서가 되었습니다. 물론 권박사님은 거기에서 멈추지 않고 태평양전쟁을 완결하는 비행장 시리즈와 6·25 한국전쟁시 국군의 각군(육해공군 해병대)의 전투사, 이스라엘 관련 서적은 물론이고 기독교 이야기를 다룬 '사도 바울의 발자취를 찾아서' 등의 시리즈, 서울대학교 임산가공학과에서 전공하신 목재와 34년간 목재회사에서 경험한 세계의 목재자원, 세계의 식물원 등 방대한 영역을 다루고 있으며 많은 강연활동도 하고 계십니다.

어쨌거나 저는 이러한 전쟁사의 기초지식 위에 국방대학원에서 군사전략을 공부하며 전략적 사고를 확대할 수 있었습니다. 이후 대부분의 실무생활을 함정과 지하벙커에서 작전요원으로 근무하였으며 천편일률적인 죽은 작전보다 전쟁사와 군사전략이 살아있는 작전을 하려고 노력하였습니다. 그러한 천착때문인지 6·25 전쟁이후 국군이 승리한 두 번의 해전도 참전하였습니다. 1999년의 제1 연평해전은 전투현장의 전투전대 선임참모로, 2009년의 대청해전에는 제2함대의 작전참모로서 전투를 나름 지혜롭고 주도적으로 이끄는데 참여하기도 하였습니다. 어린 시절부터 보아 온 전쟁사와 군사전략을 전공한 결과가 해전승리를 가져오는 데 기여하였다고 생각합니다. 전쟁사 속의 장군들과 제독들이 수많은 전투에서 고민하고 결심하는 것을 간접경험하고 연구하기도 하였으니까요.

직업군인이 되고자 하였지만 만약에 군인이 되었다면, 그래서 솔로몬 제도의 과달카날에서 장기간 회사 업무를 하지 않았다면 이러한 책을 쓸 수 없었을 것이라고 권박사님은 말씀하셨습니다. 그 말씀대로 군인신분으로 살던 저는 솔로몬 제도를 방문할 엄두도 내지 못한 채 전역하였습니다. 물론 지금도 막연한 솔로몬 제도의 모습을 상상으로만 가슴에 둔 채 소시민으로서 일상을 살고 있습니다.

  권박사님과 인연을 맺은 후 종종 연락하며 지내던 중 목포해양대 학군단장 시절, 젊은 학군 후보생들에게 꿈과 용기를 심어 줄 강사로 권박사님을 초빙하였습니다. 권박사님은 케네디의 리더십을 열정적으로 강의하셨으며 그 효과는 최고의 장교가 되어보자는 후보생들의 결의와 입영훈련 성과로 나타나기도 하였습니다. 소령 시절에는 고속정 편대장을 하면서 함정에 부임하기 전 실습을 하는 많은 초급장교들에게 케네디의 해군 시절을 다룬 영화 'PT 109'를 특별히 보여주고 토론토록 하였습니다. 그것은 고속정 정장이 될 장교들에게 해군출신 케네디의 리더십을 알려주고 싶었기 때문이며, 장차 케네디와 같은 훌륭한 사람으로 성장하길 바랬던 까닭이었습니다. 그런 연유로 저자께서 케네디 대통령에 관한 책을 쓰고 계신다는 소식을 듣고, 미력이나마 해군용어라도 자문해 드리게 되었습니다.

  이 책은 태평양전쟁의 배경, 유럽과는 달리 항공모함 전투가 주축인 태평양 전선에서의 결전들, 과달카날 육·해상 전투 등을 먼저 간략하게 소개합니다. 그리고 케네디의 솔로몬 제도 부임으로부터 일본해군 구축함과의 사투, 상원의원 및 대통령 선거에 얽힌 일화들, 케네디의 어뢰정 PT 109와 충돌, 격침한 일본해군 구축함 함장과의 우정, 특이하게도 한국해군이 6·25 전쟁 중 미국해군으로부터 인수받아 운용하던 동종의 어뢰정을 케네디 기념관에 보내 전시한 이야기 등 다양한 내용으로 구성되어 있습니다. 특히 권박사님은 솔로몬 제도에서 20년 이상 목재 회사에서 근무하는 동안 바쁜 직장생활중에서도 틈을 내어 열정을 가지고 모든 전적지를 방문하여 채득한 현지자료들과 촬영한 사진들을 책 속에 첨부함으로써 이해를 돕고 있습니다.

그리고 무엇보다 이 책을 통해 저자가 강조하는 것은 '노블레스 오블리주' 정신일 것입니다. 우리나라는 역사적으로 많은 고난을 겪어 왔으며 그 극복은 민초들의 힘에 주로 의지하였고 사회지도층 인사들의 활약은 상대적으로 미미하였습니다. 상무(尙武)정신의 부재가 그 원인 가운데 하나일 것입니다. 우리나라와는 대조적으로 제2차 세계대전이 발발하였을 당시 미국의 분위기는 모두가 조국을 지키는 전쟁에 자원하는 것이었습니다. 상무정신 충만이지요. 그 가운데 케네디의 경우는 병역면제에 해당하는 신체조건임에도 불구하고 아버지의 영향력을 이용하면서까지 최전방의 격전지로 참전하는 것을 보면 우리의 현실과 비교되는 노블레스 오블리주를 느끼게 됩니다. 이제 우리나라도 국력이 성장한 만큼 국민적 상무정신과 함께 달라진 사회지도층 인사들의 모습과 그로 인해 더욱 부강한 나라가 될 것을 기대해 봅니다. 또한 과거 세대와는 달라진 척박한 현실여건에 처한 2030 세대들이 이 책을 통해 처절한 전장의 한 가운데에서 젊은 케네디 중위가 보여준 지혜와 용기 그리고 리더십을 배워서 인생의 거친 바다를 항해할 힘을 얻기를 바래봅니다.

   조병화 시인의 시집 '내 고향 먼 곳에"가 있습니다. 이 시집은 당시로서는 일반국민이 해외여행을 꿈도 꾸지 못하던 시절인 1969년에 발간되었습니다. 돌아가신 아버님께서 제일 사랑하신 시집이었지요, 국제펜클럽 회의 참석차 프랑스로 가기 위해 세계 여러 곳을 여행하며 쓴 시집입니다. 우리나라를 거치는 항공편이 지금처럼 발달되지 않아서 여러 나라에 살고 있는 문인들과 예술인들도 만날 겸 여기 저기를 거친 것으로 보입니다. 이 시집에서 조병화 시인은 오필리어가 살던 옛 성에 들러서는 "그대 가련한 여인 오필리어여…", 유대인 소녀 안네가 살던 집 앞에서는 "어린 네가 숨죽이며 숨었을 저 다락방을…", 그레이스 켈리의 성을 바라보면서는 "갈채에서 보던 그레이스 켈리는 지금 저 언덕 위의 하얀 성에서 황금의 세월 왕비를 산다…"고 시를 적었습니다. 물론 특이하게도 여행지의 풍광을 스케치한 삽화를 포함해서였지요. 시인의 여행은 시인이 알고 있는 다양한 지식만큼 풍성해지는 것이었습니다. 아는 만큼 보인다고 했던가요? 먹방만을 목표로 하는 듯한 요즘의 여행문화와는 또 다른 선인들의 품격을 느끼게 됩니다.

저는 저자의 책 '헨더슨 비행장' 속의 다음 표현에 대하여 격하게 공감합니다. 그 배경을 설명하면, 과달카날에서 벌어진 첫 번째 해전인 '사보섬 해전'을 앞두고 라바울에 주둔중이던 일본해군 제8함대는 미가와 제독의 지휘하에 중순양함, 경순양함, 구축함으로 구성된 총 8척의 함정으로 과달카날의 미군을 향해 출항하였습니다. 그리고는 심야에 도착하여 미 해군을 기습공격할 시간도 맞출 겸 미군 항공기의 정찰에 혼란도 줄 목적으로 서부 솔로몬 제도의 초이셀섬과 부겐빌섬 근해에서 대기하며 배회하였습니다. 전쟁사의 바로 이 대목을 생각하면서 저자는 "타고 있는 비행기가 초이셀만에 접근하면 멀리 부겐빌섬과 그 앞 바다를 바라보면서, 아! 저쯤에서 미가와 제독의 함대가 배회하고 있었겠구나 하는 생각을 수도 없이 해 보았다"라는 표현을 '헨더슨 비행장' 책 속에서 하였던 것입니다. 평범한 사람은 전쟁사를 모르기 때문에, 전쟁사를 알더라도 피곤한 항공여행중에 어지간한 열정으로는 상상도 할 수 없는 이야기입니다. 이런 마니아적 부분이 권박사님과 제가 의기투합하는 이유일 것이라 생각해 봅니다. 그래서 이 책들은 저에게 더욱 소중합니다. 그리고 권박사님의 끝없는 집필 열정에 깊은 감사를 드리게 됩니다. 이 모든 것은 아마 하나님께서 저자에게 내리는 건강과 지혜로움이라는 2가지 선물의 결과물일 것입니다.

권주혁 박사님 저서 애독자
예비역 해군대령 **강영훈**

• 제1장
태평양전쟁과 일본 영토

1. 전쟁의 배경

(1) 일본의 중국 침략

　1905년, 일본은 러시아와의 전쟁에서 승리하자 중국의 여순(旅順)에서 장춘(長春)까지 700km가 넘는 철도관리 이권을 얻었고 1906년에는 남만주(南滿洲) 철도회사를 세웠다. 이것은 일본의 만주침략의 본격적인 시작이었다. 그 후 일본은 중국 정부에 만주에 관련된 이권을 점차 강하게 요구하였다. 한편, 만주를 완전히 점령하는 계획을 세운 일본군은 1931년 9월 18일 밤 10시, 오늘날 선양(瀋陽)시 외곽인 유조구(柳條溝)에 있는 철도를 폭파하고 이를 만주의 군벌인 장학량(張學良)의 소행이라는 구실을 만들어 즉각적인 군사행동을 일으켰다. 소위 말하는 만주사변이다. 일본군은 11월에는 북(北)만주의 치치하얼, 1932년 2월에는 하얼빈을 점령하였고 이어서 만주 전체를 점령하였다. 이와 함께 일본은 정치적으로 만주를 완전하게 통치하기 위해서 만주에 괴뢰국가를 건설하기 시작하였다. 이 계획의 일환으로 일본은 만주 군벌들을 앞세워 동북행정위원회를 조직하게하고 1932년 3월 1일에는 건국

일본군이 기습한 유조구 철도역에 세워진 9.18 사건 (1931. 9. 18) 기념 박물관(선양시)

선언을 발표시켜 만주에 있는 중국인들이 스스로 독립한다는 형식을 갖추게 하였다. 한편, 일본은 천진(天津)의 일본인 조계에서 망명중이던 청(淸)나라의 마지막 황제인 부의(溥儀)를 1931년 11월에 비밀리에 만주에 데려와서 1932년 3월 9일에는 집정(執政)취임식을 거행하여 새로운 국가원수로 만들었고 수도는 신경(新京:오늘날의 장춘)으로 정하였다. 이렇게 만주국(滿州國)은 형체를 갖춘 독립국이 되었고 일본의 괴뢰국가가 된 것이다. 중국은 일본의 군사행동을 국제연맹에 제소하여 국제연맹에서는 조사단을 일본에 파견하였으나 조사단이 도쿄에 도착한 다음날 만주국이 건국되었다. 부의는 3세의 어린 나이에 1908년, 광서제(光緖帝)의 뒤를 이어서 황제로 즉위하였으

노구교의 오늘날 모습

나 신해혁명의 결과로 1912년에 제위에서 물러났다. 그 뒤 일본의 도움으로 만주국의 집정관이 되었고 이어서 1934년 3월에는 만주국의 황제가 되었다. 황제에 오르면서 그는 연호를 강덕(康德)이라고 정하고 황궁(皇宮)은 장춘(長春)시의 동북부에 건설하였다. 만주국은 일본이 중국 침략을 위해 세운 일본의 꼭두각시 괴뢰국가로서 조선, 일본, 중국, 몽골, 만주의 오족협화(五族協和)를 기치로 내걸었으나 실제 권력은 일본의 관동군 사령관이 갖고 있었다.

이후, 1937년 7월 7일, 중국과 일본은 북경 남쪽에 있는 노구교(盧溝橋)에서 충돌하여 중일(中日)전쟁의 일어났다. 아직까지도 중국과 일본 양국은 이 다리에서 서로 상대방이 먼저 공격했으므로 중일전쟁이 시작되었다고 주장하고 있다. 중일전쟁이 일어나자 일본군은 중국의 여러 전선에서 중국군을 공격하여 중국군은 내륙으로 후퇴하면서도 일본군과 곳곳에서 전투를 벌였다.

한편, 1941년이 되자 미국과 일본의 관계는 최악의 상태에 이르렀으며 그 논란의 중심은 만주였다. 중국진출에 있어 선수를 일본에 빼앗긴 미국은 일본의 국력신장을 경계하면서 일본의 대(對)중국 정책에 이의(異議)를 제기하였다. 미국은 일본에 대항하여 싸우는 장재스(蔣介石)의 국민당 정부와 공동의 목소리를 내면서 일본군이 중국에서 철수할 것과 만주를 중국에 반환해야 할 것을 요구하였다. 미국은 일본의 중국침략을 도발로 여겼다.

(2) 오렌지 작전

만주에는 목재, 석탄, 농산물이 풍부하므로 일본은 이들 품목을 만주에 의존하고 있는 상태였으므로 만주를 중국에 반환하라는 미국의 요구를 거절하고 독일, 이탈리아와 함께 '3국 동맹'을 채결하여 미국에 대항하였다. 한편, 미국도 일본과의 미래 전쟁을 상정하고 '오렌지 작전(War Plan Orange)'을 만들었는바 이 작전의 골자는 다음과 같다.

① 미국이 전쟁에 말려들게 될 경우 태평양을 무대로 일어나는 전쟁은 일본과의 전쟁이다
② 일본이 유럽 국가들과 동맹관계를 맺게 되면 이를 분쇄한다
③ 태평양에서 하루 속히 제해권을 확보한다
④ 태평양에서 일본이 지배하고 있는 모든 섬과 필리핀 제도의 모든 항구를 장악한다

⑤ 일본에 있어 사활이 걸린 문제는 해상보급로이므로 이를 차단한다

미국이 세운 오렌지 작전 계획이 일본 육해군이 세운 계획과 근본적으로 다른 점은 일본의 해상보급로를 끊어버린다는 것이다. 일본은 미국의 해상보급로를 끊어버린다는 작전을 구상한 적이 없다. 천연자원이 부족한 일본은 일본으로 오는 물자의 보급로가 끊어지는 날에는 자멸하게 되므로 미국은 유사시 일본으로 가는 해상보급로를 차단하려는 작전을 수립한 것이다.

앞서 언급한 바와같이 만주 선양의 유조구에서 1931년 9월 18일 밤에 일본이 철도를 폭파하면서 일으킨 만주사변이 일어나자 미·일관계는 한 단계 더 악화되었다. 만주사변을 보면서 미국은 군사국가인 일본이 세계를 이끄는 강대국으로 도약하려는 의도를 갖고 있는 것으로 판단하여 미국 해군은 본격적으로 일본을 경계하기 시작한 것이다. 미국은 미일통상항해조약의 파기. 특수공작기계의 대일(對日)수출제한, 석유, 철강제품 등을 수출허가제로 하는 등 점차로 일본에 엄격한 제한조치를 하며 일본군을 중국에서 철수하도록 압박하였다. 이러한 미국의 조치에 대해 일본 국민감정은 미국의 요구를 어떤 것도 수용할 수 없다고 단연 거부하는 모양새였다. 당시 일본의 비축물자 상황은 석유, 석탄, 철광석, 주석, 알루미늄, 안티몬, 니켈, 아연, 고무, 목면, 양모 등이 고갈되고 있었고 특히 석유의 비축은 500~600만 톤으로 줄어들어 미국의 수출규제가 몇 개월 더 계속되면 바닥이 날 정도였다. 이것만이 아니고 미국은 일본과의 전쟁 준비도 시작하였다. 즉, 미국은 중부태평양의 일본 위임통치령인 마셜 제도, 마리아나 제도, 캐롤라인 제도 등을 점령하고 이들 제도 안에 항공기지(비행장)를 만들어 일본 본토를 폭격하려는 계획을 수립한 것이다.

(3) 파나이호 사건

일본 육군이 1937년에 중국의 남경(南京) 공략전을 전개하고 있을 때 육군부대에 협력하여 작전을 전개중이던 해군 항공부대는 중국군을 태우고 양자강(揚子江)을 오르내리는 여러 척의 증기선과 정크선을 공격하여 이

오늘날 클라크 비행장

가운데 2척을 격침하고 2척을 대파하였다. 특히 1937년 12월 12일에 해군 항공대의 항공기는 남경 상류 18km 부근에서 증기선 3척을 공격하였다. 이 날 일본기가 공격한 선박은 미국 해군의 포함(砲艦) 파나이(Panay)호와 미국 스탠다드 오일 회사의 유조선 3척이었다. 이 사건으로 파나이호는 격침되었고 파나이호 승조원 가운데 전사 3명, 부상자 45명이 발생하고 민간인 5명이 부상입었다. 이날 아침 외국 깃발을 게양하고 양자강을 항행하고 있는 선박이 있다는 정보를 들은 일본육군 포병대는 대형선박 4척을 발견하고 포격을 하였다. 이때 일본 육군의 포격을 받은 선박 가운데에는 영국 해군포함 레이디버드(Lady Bird)호가 있었다. 일본군의 포격으로 레이디버드호는 침몰은 면하였으나 승조원 전사 1명, 부상 1명이 발생하였다. 그 후 유럽에서 제2차 세계대전이 일어나자 레이디버드호는 지중해로 이동하여 1941년 북아프리카 리비아의 토부룩(Toburuk) 전투에서 침몰하였다. 파나이호 사건에 대해 일본정부는 미국정부에 사과하고 보상금을 지불하였으나 미국정부는 이

사건을 계기로 향후 일본과의 전쟁을 예측하였고 군비강화를 서둘렀다. 그 일환으로 미국의 루스벨트 대통령은 이미 육군참모총장(대장)에서 퇴역한 맥아더를 다시 현역으로 복귀시켜 중장 계급을 부여한 뒤 극동군 사령관에 임명하고 필리핀에 파견하였다. 필리핀에 도착한 맥아더 장군은 마닐라 북쪽 클라크(Clark) 비행장에 4발 프로펠러 엔진을 장착한 B17 중(重)폭격기를 배치하고 필요하다면 일본 본토에 대한 선제공격도 할 수 있도록 준비하였다. 그러므로 일본군은 진주만 기습에 성공하자 같은 날 오전 10시 45분에 타이완의 비행장에서 192대의 항공기(폭격기 108대. 제로전투기 84대)를 발진시켜 클라크 비행장을 폭격하였다. 이 기습적인 폭격으로 미군이 '하늘의 요새(Flying Fortress)'라고 자랑하던 당시 세계에서 가장 큰 폭격기인 B17은 35대가 활주로 옆에 날개를 펴고 앉아있는 상태에서 폭격을 받아 18대가 파괴되고 많은 전투기도 파괴되어 필리핀에 배치된 미군 항공력은 순식간에 절반으로 줄어 들었다..

(4) 연합국의 일본 포위

앞서 언급한 바와같이 미국은 일본을 경제적으로 봉쇄하면서 같은 연합국인 영국, 네덜란드, 중국도 일본을 포위하는 데 동참하였다. 그러므로 미국(America), 영국(Britain), 중국(China), 네덜란드(Dutch)의 앞글자를 묶어서 이 경제 봉쇄 포위망을 ABCD 포위망이라고 불렀다. ABCD 포위망이 조여 오자 일본은 수입이 중지되어 석유, 철 등의 전략물자는 부족하게 되어, 일본 국내에서는 쌀, 술, 목탄, 식용유, 생선 등이 배급제가 시작되고 금속제품의 공출도 시작되었다. 경제봉쇄의 배경에는 일본인에 대한 편견도 작용하였다. 당시 미국인은 일본인을 잽(Jap:일본놈)이라고 부르며 인종차별을 하였고 도쿄 주재 영국해군 무관은 일본인은 머리가 나쁘다고 본국에 보고하였고 영국의 중국 기지 함대사령관은 일본인은 황색인 열등인종이라고 거침없이 말하였다. 이러한 말을 전해들은 하나미 고헤이(花見弘平) 소좌(소령)를 비롯한 해군 영관급 장교들은 눈을 부릅뜨고 "어디 두고보자!"고 다짐하였다.[2] 하나미 소령은 수년 뒤인 1943년 8월에 남태평양 솔로몬 제도에서 케네디 중위가 지휘하는 어뢰정 PT 109를 침몰시킨 인물로서 전쟁이 끝난 이후 케네디가 미국 대통령이 되는데 기여한 인물이다. 그러므로 본서에서는 하나미 소령이 지휘한 구축함이 케네디 중위의 어뢰정과 사투를 벌이는 것과 케네디가 대통령이 되는 과정에 관련하여 호시 료이치(星亮一)씨의 '케네디를 침몰시킨 사나이'를 참고·인용하였다.

(5) 전쟁을 반대한 연합함대 사령관

미국, 영국, 네덜란드가 일본에 대한 수출을 금지할 경우, 석유를 포함한 주요 군수물자는 1~6개월이 지나면 일본 국내의 재고가 바닥이 난다. 그러므로 육군참모본부는 말레이 반도, 홍콩, 필리핀, 버마(미얀마), 네덜란드령 인도네시아, 미국령 필리핀, 괌, 웨익 등에 대한 공격을 감행하는 것과 함께 석유, 고무 등 전쟁물자를 확보하는 남진책(南進策)을 택하였다. 이 남방작전을 위해 남방군 총사령관에는 데라우치 히사이치(寺內壽一) 대장을 기용하고 육군 항공대를 남쪽으로 보내 말레이 반도, 버마(미얀마), 보르네오섬에는 제3비행집단, 필리핀에는 제5비행집단을 배치하는 것으로 계획하였다. 신문논조도 미국과의 전쟁을 부추키며 국민을 선동하였다. 한편, 일본 육군과 해군도 미국과

---

2) 星亮一 『ケネデを沈めた男』 p.20, 光人社, 東京, 日本, 2021

야마모토 이소로쿠 기념관에 전시된 야마모토 탑승기, 1식 육상공격기(쌍발 프로펠러 폭격기) 날개 잔해

의 전쟁에 대비하기 위해 일주일의 요일을 '월월화수목금금'으로 바꾸어 맹훈련에 돌입하였다. 이에 중부태평양의 트럭(Truk)환초에 도착한 하나미 소령도 잘생긴 얼굴에 어울리지 않게 구축함의 부하들을 호되게 훈련시켰다. 참고로 제1차 세계대전이 일어나자 당시 미국, 영국과 연합국이었던 일본은 즉시 중부태평양에 있던 독일 소유의 섬들을 총한방 쏘지 않고 점령하였다. 그때 트럭 환초도 일본군에 점령되었던 것이다. 하나미가 부하들을 호되게 훈련시킨 이유는 그가 구축함의 취약점을 잘 알고 있었기 때문이었다. 일본 정부가 미국과의 전쟁을 결심하는 계기가 된 것은 연합함대 사령관 야마모토 이소로쿠(山本五十六) 제독의 한 마디 때문이었다. 1940년 9월, 당시 일본 총리였던 고노에 후미마로(近衛文麿)는 도쿄의 오기쿠보(荻窪)에 있는 사저인 데키

가이소(荻外莊)에 야마모도 제독을 불러 만약 미국과 전쟁을 하게되면 전망이 어떠할지 물어보았다. 이에 야마모도는 잠시 침묵한 뒤 "반드시 미국과 전쟁을 한다면 첫 6개월 내지 1년은 승산이 있으나 그 이상 길어지면 승리를 확신하기 어려우므로 미국과의 전쟁은 피하고 싶다"고 그의 생각을 말하였다. 야마모도의 이 말은 곧 세간에 퍼져 미국과의 전쟁을 원하는 국민의 입장에서는 국민을 등지는 것으로 보였다. 고노에 총리에 뒤이어 총리가 된 육군의 도조 히데키(東條英機)도 야마모도의 말을 마음에 담았으나 미국이 미국내 일본자산을 동결하고 석유수출을 전면금지하자 미국과의 전쟁은 피할 수 없다는 분위기가 일본에 퍼지게 되었다.

야마모도는 니이가타현의 나가오카(長岡)에서 출생하여 나가오카 중학교를 졸업하였다. 1941년 9월 18일, 도쿄의 학사(學士)회관에서는 나가오카 중학교 동창회가 열렸을 때 동창 한 명이 "미국은 사치가 심해 문명병에 심하게 걸려있으므로 별거 아니다"라고 말하였다. 그러자 야마모도가 일어나 "그렇지 않다. 미국인은 정의감이 강하고 강한 투쟁심과 모험심을 갖고 있다. 특히 과학은 놀라울 정도로 앞서 있고 세계에서 가장 많은 천연자원과 높은 공업력을 갖고 있으며 특히 전파연구는 놀랄 정도이므로 미국을 우습게보고 전쟁을 시작해서는 안된다"라고 모든 동창생들을 나무라는 연설을 하였다. 야마모도는 주미(駐美) 일본대사관에서 무관으로 근무하면서 하버드대학에서 공부한 적이 있다. 그는 미국에 대해 일본의 어떤 다른 군인보다 더 미국을 이해하고 있었으므로 미국과의 전쟁을 반대하였다. 그러나 결국 천황이 전쟁을 결심하게 되자 군인으로서 명령에 따라서 전쟁준비를 하였다. 야마모도는 자원이 없는 일본이 동남아시아의 석유자원지대를 점령한다고 하여도 그 지역을 오래 방어할 수 있는 것은 사실상 어렵다고 여겼다. 이런 상태에서 야마모도가 계속 전쟁을 반대하더라도 고노에 총리는 전쟁을 하는 결정을 내렸을 것

솔로몬 제도 초이셀섬 북단에서 바라본 부겐빌섬

이다. 즉, 야마모도를 경질하고 다른 제독에 연합함대 사령관직을 주었을 것이다. 당시 분위기는 일본 전체가 앉아서 죽는 것보다 한 번 싸워보자고 전쟁을 향해 달려가고 있었다.

이런 분위기 속에서 야마모도가 전쟁을 결심하고 진주만 기습계획을 세울 때 야마모드의 부하이며 중부태평양 해역을 책임 맡고 있는 제4함대 사령관 이노우에 시게요시(井上成美) 중장은 상관인 야마모도를 비판하였다. "미국과의 전쟁에 자신이 없다면 야마모도는 직을 걸고서라도 반대를 해야한다"고 이노우에는 생각하였고 "국가의 흥망이 걸린 문제에서 멸사봉공(滅私奉公)이야 말로 지금 필요하다. 나는 야마모도 제독에게 오래전부터 전폭적인 신뢰를 보내왔으나 1년 반은 일단 싸워보고 그 뒤는 모르겠다고 야마모도 제독이 한 말에는 동의하지 않는다"고 말하였다. 야마모도는 태평양전쟁 시작후 1년 6개월이 지난 1943년 4월 18일, 남태평양 부겐빌섬(오늘날은 파푸아뉴기니령)의 일본군 최전선을 시찰하러 폭격기를 타고 라바울 기지를 떠나 가던중 부겐빌섬 남부 상공에서 이미 일본군 암호를 해독하여 야마모도의 동선을 알고 항공매복중이던 16대의 미군 P38 라이트닝 전투기 편대에 의해 격추되어 전사하였다.

필자는 1999년 10월, 가나가와(神奈川)현 가마쿠라(鎌倉)에 있는 일본 관동대학의 가토슌사쿠(加藤俊作)교수의 별장에 초대를 받아 가토 교수와 이야기하던중 그가 야마모도 제독의 아들인 야마모도 요시마사(山本義正)씨와 초등학교때부터 친구인 것을 알게되어 가토 교수의 친절로 야마모도 제독의 아들과 전화통화를 한 적이 있다. 야마모도 요시마사씨는 필자와 통화를 하면서 마지막에 "나의 아버지 야마모도 제독은 전쟁을 반대하던 평화주의자였다는 사실을 꼭 알아달라"고 부탁하였다.

2. 중부 태평양의 일본 영토

(1) 이노우에 제독과 제4함대

제1차 세계대전에서 미국, 영국, 프랑스 등과 함께 연합국의 일원이던 일본은 독일군과 사실상 전투다운 전투도 없이 당시 독일이 중부태평양에 식민지로 가지고 있었던 넓은 해역과 그 안에 있는 여러 제도를 독일로부터 탈취한 뒤 국제연맹으로부터 이 넓은 중부태평양 지역을 위임통치령(식민지)으로 받았다. 마리아나 제도의 사이판, 티니안 등 여러 섬과 오늘날 마이크로네시아 연방에 속한 얍(Yap), 트럭(Truk) 환초, 포나페(Ponape:현지에서는 '폰페이'라고도 부른다) 등 여러 섬들이 이에 속한다. 일본은 제1차 세계대전에 참전한 연합국 가운데 피를 흘리지 않고 큰 전리품을 받은 것이다. 트럭 환초는 오늘날 마이크로네시아 연방국에 속해 있으며 오늘날은 더 이상 '트럭'이라고 부르지 않고 축(Chuuk) 환초라고 부른다. 그러나 본서에서는 태평양전쟁 당시의 지명 그대로 사용한다.

이 섬들 가운데 일본해군은 미래에 있을지도 모르는 미국과의 전쟁에 대비하여 트럭 환초에 중부태평양을 지키는 요새를 건설하고 해군 함대를 배치하였다. 일본군은 트럭 환초를 남방의 생명선을 지키는 근거지라고 부르며 해군기지로 만들었던 것이다. 하나미 소좌는 제4함대에 배치되었을 때 제4함대 사령관은 이노우에 시게요시 중장으로서 그는 하나미와 같은 지역인 동북지역 출신이었다. 그러므로 하나미는 이노우에에 대해 친밀감을 느끼고 있었다. 당시 일본해군 간부(幹部)는 무사 집안과 부유한 농부 집안 출신이 많았다. 이노우에 제독이나 하나미의 집안도 예부터 무사(武士)의 핏줄이 내려오고 있었다. 이노우에는 1889년 12월, 미야기(宮城)현의 무인(武人)의 가정에서 출생하였다. 그는 미야기 사범학교 부속 소학교(초등학교)에서 오늘날 센다이 제2고등학교인 미야기 현립(縣立) 제1중학교에 입학하였다. 하나미나 이노우에 모두 명석하였으므로 이노우에는 중학 졸업시 60명 가운데 1등을 차지하였고 특히 수학과 영어를 잘 하였다. 이노우에의 형제들은 모두 명석하여 도쿄(東京) 제국대학, 교토(京都) 제국대학, 육군사관학교 등에 입학하였다. 그러므로 이노우에도 명문 대학에 입학준비를 하였으나 당시 가계(家計)가 어려워진 부친 이노우에 요시노리(井上嘉矩)는 이노우에에게 군(軍)학교에 입학하라고 말하였다. 육군사관학교나 해군병학교(해군사관학교)에서는 수업료도 면제되고 생활비도 지급해 주었으므로 집안이 경제적으로 어려운 학생들도 많이 응시하였다. 그러므로 이노우에는 부친의 말을 따라서 해군병학교에 응시하여 합격하였다. 해군병학교를 2등으로 졸업한 이노우에는 스위스 주재 일본대사관 무관, 이탈리아 주재 일본대사관 무관, 전함 히에이(比叡)의 함장, 해군성 군무국장, 중국방면 함대참모장, 해군항공본부장 등을 역임하는 등 해군 안에서 화려한 경력을 갖고 있었다. 태평양전쟁에서 일본이 패하자 이노우에는 고향에 내려가 동네 학생들을 모아 영어를 가르치다가 노환으로 세상을 떠났다.

일본해군 기동부대가 진주만을 기습하기 한 달 전인 1941년 11월 6일, 트럭 환초 안에 있던 이노우에 제독은 야마모도 제독으로부터 전략회의를 위해 참모장과 참모를 대동하여 본토에 오라는 명령을 받았다. 이 명령에 따라 이노우에는 대형 비행정을 타고 11월 8일에 트럭 환초를 출발하여 도쿄에 도착한 뒤 히로시마 인근의 작은 섬인 하시라지마(柱島)에 정박하고 있는 연합함대의 기함인 전함 나가도(長門)로 향하였다. 1971년에 헐리우드에서 제작한 진주만 기습영화 "도라(호랑이), 도라, 도라!" 첫 장면에 나오는 거대한 전함이 바로 나가도이다. 컴퓨터 활용 수준이 지금과 달라, 영화 제작사는 전함 나가도의 실제 크기 모형을 미국 서부의 사막에 만들어 놓고 마치 바다 위에 떠 있는 것처럼 촬영하였다.

전함 나가도 함상에서 이노우에를 만난 야마모도는 "전쟁하는 것으로 결정되었으나 만약에 (가능성은 없어보이나) 미·일교섭이 타결되면 전쟁계획은 취소된다"고 말하였다. 야마모도로부터 이 말을 듣고서도 이노우에는 그 시점에서조차 전쟁에 반대하였다. 그러나 천황을 비롯하여 일본의 지도자들이 이미 전쟁을 하기로 결정한 것을 알게 된 이노우에는 어두운 표정으로 트럭 환초로 귀환하였다. 즉 이노우에는 "미국의 요구대로 중국에서 일본군이 철수하고 미국과 영국이 반대하는 삼국동맹(독일, 이탈리아, 일본)에서 탈퇴하면 모든 것이 해결되는 것인가? 미국·영국을 상대로 전쟁하여 승리할 수 있는가? 이점에 육군과 해군 모두 확신은 없으나 여태까지 온 이상 개전(開戰)하는 것 밖에 다른 수가 없다는 것이 일본 육해군 수뇌의 견해다"라고 생각하니 절망감에 빠지게 된 것이다.

이노우에 중장은 미국과의 전쟁을 반대하였던 인물로서 1942년 5월에 일어난 산호해 해전에서 그가 지휘한 일본해군 함대가 미국 함대에 승리하였음에도 불구하고 패배한 줄로 잘못 판단하여 함대를 퇴각시키는 결정을 하여 다 이긴 전투를 놓쳐 버림으로써 해군병학교 교장으로 좌천된 인물이다.

(2) 중부태평양과 하나미 소령

1) 트럭 환초 근무

하나미 소령이 트럭 환초에서 근무하고 있을 때 형인 나오시(侃)는 육군사관학교와 육군대학을 졸업하고 육군 소좌(소령)로서 중국에 배치된 제36사단의 참모로서 근무하고 있었다. 트럭 환초에 부임하기 전에 하나미가 중국에서 함장으로 근무하였을 때 지휘한 구축함 가루가야(刈萱)는 소형의 '2등 구축함'이었으나 트럭 환초에 부임한 하나미가 제4함대 제6수뢰전대 제29구축함대에 배치되어 책임을 맡은 구축함 아사나기(朝凪)는 적함을 향하여 매처럼 경쾌하고 날쌔게 돌진하여 어뢰를 발사하는 대형의 '1등 구축함'이었다. 밝은 대낮이나 어두운 밤이나 상관없이 사납고 용감하게 적함에 접근하여 공격하는 구축함은 바다의 사나이라면 누구나 한 번 쯤 타보고 싶은 군함이다. 태평양전쟁 동안 젊은 함장들이 지휘하는 수많은 일본 구축함이 전투에서 용맹하게 싸우다 물속에 가라앉았으므로 일본해군에서는 태평양을 '구축함의 묘지'라고도 부른다. 그럼에도 일본해군의 많은 젊은 장교들은 조국과 동포를 자기가 지킨다는 자부심을 갖고 구축함 근무에 지원하였다.

하나미는 해군병학교를 졸업하고 원래 해군항공대에서 조종사로 근무하기를 원하였으나 하나미를 면접하는 장교가 하나미가 훈련중에 사고를 당하면 집안의 상속자가 없어질 것을 걱정하여 항공병과에 받아주지 않았다. 당시 해군항공대에서는 비행사고가 자주 일어나 적지 않은 조종사가 순직하고 있었다. 하나미는 후일 이것을 상기하며 그 면접 장교에게 감사한 마음을 갖고 있었다. 비록 해군항공대 조종사는 되지 못하였으나 하나미는 구축함에서 항해기술과 수뢰(水雷)기술 등 부문에서 어느 누구에게도 지지 않겠다는 자부심을

1. 중부태평양 최대의 일본군 기지인 트럭(축)환초. 미국 해군은 1944년 2월 17~18일, 항공모함 12척을 동원하여 트럭기지를 기습 공격하여 일본함선 50척 이상을 침몰시키고 항공기 수백대를 파괴하였다.
2. 트럭(축)환초안의 여러 섬에는 아직도 태평양전쟁의 흔적이 생생하게 남아있다.

갖고 구축함에서 근무하였다. 그러므로 아사나기는 배수량 1,270톤, 최대속력 37.25노트, 무장은 12cm 주포 4문, 7.7mm 기관총 2정, 어뢰발사관 6개(2연장×3), 어뢰 10발, 폭뢰 18발이었으므로 하나미는 이러한 무기로 어떠한 적함도 때려잡을 수 있다는 마음을 갖고 명령을 받으면 언제라도 출격할 수 있도록 긴장감을 지속적으로 갖고 구축함 정비와 훈련에 태만하지 않았다.

하나미는 1941년 9월부터 1942년 10월까지 아사나기의 함장을 맡았었는바 당시 그가 받은 추가 임무는 항공모함을 호위하는 것이었다. 적기로부터 항공모함을 방어하는 것 이외에 바다에 불시착한 아군 항공기 탑승원을 구조하는 것도 포함되어 있었다.

2) 해군병학교 졸업

하나미 소령은 1909년 8월 27일, 혼슈(本州)섬의 동북지역인 후쿠시마(福島)현의 야마(耶麻)군 시오가와(塩川)읍에서 출생하였다. 후쿠시마현은 2011년 3월 동일본지진 당시 지진과 쓰나미로 인해 원자력 발전소 사고가 일어난 곳이다. 오늘날 시오가와읍은 기다가다(喜多方)시와 합쳐져 기다가다시 시오가와구(區)가 되었으므로 일반적으로 하나미 소좌는 기다가다시 출신이라고 말한다. 하나미는 어릴 때부터 신동이라고 부를 정도로 두뇌가 명석하여 시오가와 소학교(초등학교)를 1등으로 졸업하였다. 그 후 하나미는 후쿠시마 현립(縣立) 기다가다 중학교에 입학하였고 중학교(당시는 4년제)에서도 60명 가운데 1등으로 졸업하였으므로 센다이(仙臺)에 있는 제2고등학교에 들어가 동경제국대학에 입학할 생각을 하였다. 하나미의 삼촌 하나미 사쿠미(花見朔己)는 동경제국대학 문학부를 졸업하고 역사학자가 되었으므로 아마 하나미도 그 영향을 받았을 수도 있다. 그러나 친구로부터 제2고등학교

보다 "해군병학교 입학시험을 한번 응시해 봐라"라는 말을 듣고 꿈에도 생각하지 않았던 해군병학교 입학시험에 응시하였다. 당시 해군병학교 입학시험은 일본 전국의 주요 도시에서 시행되었으므로 하나미는 니이가타에 가서 시험을 치루었다. 첫날 오전 시험에서는 수학(대수)시험에 응시한 26명 가운데 21명이 떨어지고 5명만 남았다. 같은 날 오후에 치러진 수학(기하) 시험에서 1명이 추가로 낙방하여 4명만 남았다. 그 다음날 치러진 시험에서 3명이 낙방하고 하나미만 합격하였다. 해군병학교에는 일단 합격하면 입학해야 한다는 것이 당시 일본 사회의 관례였으므로 하나미는 해군병학교에 입학하였다. 후쿠시마현에서는 하나미 혼자 합격되었고 후쿠시마현이 속한 동북지역에서는 하나미를 포함하여 6명이 합격하였다. 그러므로 태어나서 딱 한 번 도쿄를 가본 것 이외에는 후쿠시마현을 떠나 본 적이 없는 하나미는 아는 사람이라고는 아무도 없는 해군병학교가 있는 히로시마를 향해 고향집을 나섰다. 하나미는 1926년 4월, 해군병학교 57기에 입학하였고 입학생은 하나미를 포함하여 모두 130명이었다. 이 가운데 앞서 언급한대로 동북지역 출신은 아오모리, 아키다, 센다이 등지에서 온 6명이고 과반수는 관동지방을 기준으로 일본 서부지역 출신들이었다.

하나미는 1929년 3월, 해군병학교를 수료하고 '소위 후보생'이 되어 연습함 이와데(磐手)에 승선하여 7월 1일, 요코스카를 출항하였다. 이 순항훈련에서 하와이의 호놀룰루, 밴쿠버(캐나다), 샌프란시스코, 로스엔젤레스의 외항인 샌페드로, 볼티모어, 뉴욕, 아바나(쿠바), 파나마 등을 6개월에 걸쳐서 방문하였다. 이 훈련중 하나미는 해군장교로서 필요한 함상훈련과 함께 국제신사로서 필요한 교육을 받았고 주요 항구에 입항할 때마다 현지에 있는 일본 교민들의 환영을 받았고 대공황 시기를 겪고있는 미국 워싱턴에서는 허버트 후버 대통령을 예방하였고 캐나다와 멕시코에서도 대통령을 예방하였다. 아나폴리스 해군사관학교와 웨스트포인트 육군사관학교도 견학하였다. 뉴욕에서는 일본교민 1천 명이 대규모 만찬과 댄스 파티를 열어주었다. 하나미는 12월 20일에 귀국하자 곧 생도들은 각자의 전문부문을 택해 공부하기 위해 해군수뢰학교, 해군포술학교 등에서 초급사관으로서 교육을 받았다. 그 후 순양함 기누가사(衣笠)에서 1년 동안 근무한 뒤 1930년 12월 1일, 드디어 해군 소위로 임관되었다. 그 후 2년 동안 하나미는 순양함 후루다카(古鷹), 이스즈(五十鈴), 구축함 가미가제(神風) 등에서 근무하였다. 1932년에 해군 중위로 진급한 뒤에는 타이완 해협에 있는 팽호(澎湖)도 경비임무를 맡았다. 그 후 구축함 이카즈치(雷)와 아시(葦)에서 근무하였고 1935년 11월 15일, 대위로 진급하여 전함 야마시로(山城)에서 1년 동안 근무하였다. 1936년 2월 26일, 육군의 청년장교들이 군사반란을 일으켰을 때 그는 시고쿠(四國)의 스쿠모(宿毛)에 있었다. 반란이 일어나자 연합함대는 도쿄만에 집결하여 상황을 지켜보았다. 그 해 12월에 수뢰학교 고등과 학생이 되어 해상근무를 중지하고 육상에서 2년 동안 생활하였기에 이때 많은 친구 장교들이 결혼하였다. 그러므로 28세의 하나미도 친구의 소개로 육군 군인의 딸인 18세의 이와노 가즈코(岩野和子)와 결혼하였다. 즈시(逗子)시의 셋집에서 신혼생활을 시작하였으나 2주 후에 중일전쟁이 일어나 하나미는 급히 사세보(佐世保) 군항에서 상하이(上海)로 출동하였다. 하나미가 사세보에 가려고 집을 나서려고 할 때 가즈코는 눈물을 흘리며 기차역까지 가겠다고 하자 하나미가 말려 두 명은 집 현관에서 작별하였다. 하나미는 부인과 작별할 때 군대식으로 부인을 향하여 거수 경례를 하고 악수를 하는 것으로만 작별인사를 한 것이다. 당시 일본 해군은 가족과 함께 육상근무를 하는 해군 장병의 가족에게조차 신경을 써 주지 않았으므로 발령을 받게되면 2,3일 안에 군복, 개인물품 등을 가방에 넣어 신속하게 개인만 이동하여야 하였다. 가족의 이사는 개인 사정이므로 해군은 관여를 하지 않았던 것이다.

3) 첫 구축함장

중국과의 전쟁에 투입된 하나미는 구축함 우미가제(海風)의 수뢰장으로 근무하였으나 후일 남태평양의 치열한 전투와는 비교가 안 될 정도로 한가한 임무를 수행하였다. 남태평양에서는 강력한 미국 해군과 맞서야했으나 중국에서는 중국해군이 사실상 아주 미약하여 일본해군에 상대가 될 수 없었으므로 중국해군이 일본해군의 작전을 저지하는 사건은 없었기 때문이다. 1938년 1월, 사세보에 돌아온 하나미는 가즈코를 사세보로 오게하여 함께 생활하였다. 그 해 7월 하나미는 육상근무를 명령받아 해군기관(機關)학교의 교관이 되어 1년 6개월 동안 마이즈루(舞鶴)에 거주하면서 휴일에는 교토, 오사카 등을 여행하고 혼슈(本州)섬의 서쪽 해안(우리나라 동해쪽)에 면해있는 도야마(富山)현의 유명한 관광지 구로베(黑部) 계곡에도 가 보았다. 그 후 1939년 11월, 하나미는 마이즈루를 떠나 히로시마 근처에 있는 구레(吳) 군항을 모항으로 하는 경(輕)순양함 진쓰(神通)에서 근무하였다. 진쓰는 1927년 8월 24일, 야간에 등화관제상태에서 항해 훈련중에 구축함 와라비(蕨)와 충돌하여 함수가 부서지고 구축함은 침몰하여 승조원 119명이 사망하는 사고를 일으켜 진쓰의 함장이 자결한 역사를 갖고 있는 군함이었다. 항해중에는 일순간이라도 긴장을 늦추게되면 이러한 사고가 일어난다. 2014년 4월에 일어난 세월호 사고(304명 사망)도 선장을 비롯한 승무원들이 의무에 태만하였고 더구나 선장은 사고가 일어나자 잠옷 바람으로 가장 먼저 세월호를 탈출하는 부끄러운 모습을 보여주었다(사고가 일어나면 가장 마지막으로 배를 떠나야 하는 것이 선장이다). 자살이 물론 바람직한 것은 아니지만 진쓰의 함장은 배의 책임자로서 책임을 통감하여 자결한 것으로 보인다.

그 후 하나미 대위는 1940년 11월부터 1941년 8월말까지 구축함 가루가야(刈萱)의 함장이 되어 중국의 여순(旅順)에서 근무하였다. 하나미는 해군에 입대하여 처음으로 가루가야에서 함장직을 맡게되었다. 와카다케(若竹)급의 배수량 900톤의 소형 구축함 가루가야는 구축함으로서는 소형이지만 (2010년에 북한군의 어뢰를 맞고 서해 백령도 인근에서 침몰한 초계함인 1,200톤의 천안함보다 작음) 구경 12cm 주포 3문과 어뢰 발사관 4문을 장착하고서도 최고속력 35.5노트로 달릴 수 있었다.

4) 구축함 생활

구축함(驅逐艦, destroyer)은 전함(戰艦, battleship 또는 capital ship)과 순양함(巡洋艦, cruiser)에 비해 배수량이 아주 작으므로 경량이고 소형이다. 유럽에서 어뢰정을 잡으려고 만든 군함(軍艦, warship)이 구축함이다. 그러므로 초기 구축함은 영어로는 원래 'torpedo boat destroyer'라고 불렀으나 나중에 간단하게 destroyer라고 부르게 되었다. 당시 일본 구축함 측면에 설치된 승강용 사다리조차 아주 빈약하였으므로 사다리를 타고 구축함에 타고 내릴 때는 배가 진동하고 있는 것처럼 느낄 정도였다. 오늘날 구축함은 3~7천톤의 배수량을 갖고 있지만 태평양전쟁중 일본 구축함의 배수량은 1~2천톤 정도이었으므로 오늘날 우리나라 해군의 초계함 내지는 호위함 크기였다. 당연히 함장실도 좁아서 전함의 함장실과 비교하면 (과장하자면) 하늘·땅 차이가 날 정도였다. 따라서 사관실도 전함의 사관실과 비교하면 아주 협소하였다. 철판도 아주 얇았으므로 태평양전쟁 당시 미국 해군 구축함 승조원들은 자조적으로 자기들이 타고 있는 구축함을 캔(can, 통조림통)이라고 불렀다.

오늘날의 대형 구축함은 각종 미사일로 무장하고 후미갑판에는 헬기까지 탑재하고 있다. 여기에 비해 제2차 세계대전 당시 구축함은 현대적 구축함이 가진 무기체계와 크기에서 비교할 수 없을 정도로 열등하지만 그 당시에는 다용도 목적을 가진 함정이었다. 즉, 당시 일본해군 구축함은 대(對)잠수함 공격 및 방어, 함대나 수송선단의 맨 앞을 달리며 함대나 선단을 호위, 구조 작업 등을 수행하였다. 서민 출신의 하나미는 이러한 구축함이 자기에게 가장 어울린다고 생각하였다. 전함이나 순양함은 함체의 크기가 클 뿐아니라 탑승한 승조원도 많다 .전함의 경우 승조원은 1~2천명이 미로와 같은 함내에서 근무하므로 누가 누구인지 알기 어려우나 구축함의 경우 2~3백여 명의 승조원은 화기애애하고 서로가 누구인지를 알게되어 마치 가족같은 분위기이다. 필자는 대한민국 명예해군(제8호)이다. 그러므로 평시에도 해군과의 교류가 많은데 그때 마다 해군은 타군에 비해 따뜻하다는 느낌을 받는다. 그것은 좁은 함내에서 함께 생활하느라 서로를 깊이 알고 같은 함정 속에서 생사를 함께 한다는 생각에서 자연히 가족같은 분위기가 만들어지기 때문이라고 생각된다.

태평양전쟁 당시 일본 구축함은 출항하고 1주일은 야채, 육류, 신선한 생선 등이 식탁에 오르나 항해기간이 길어지면서 점차 생선은 신선한 것 대신 소금에 절인 것이 나오며 야채도 건조야채로 바뀌고 통조림 음식으로 바뀌게 된다. 항해가 길어지면서 쌀은 충분하였으나 신선한 야채가 보이지 않으면서 괴혈병(壞血病)도 생기고 야간에 시력이 저하되는 현상도 나타났.. 이러한 상황에서도 당시 일본 해군 구축함이 중점을 둔 것은 야간훈련이었다. 달과 별이 없는 캄캄한 밤에조차 등화관제 상태에서 적함을 향해 돌격하는 훈련은 계속되었다. 전속력으로 달리는 구축함 함수에 부딪혀 갑판까지 튀어 오르는 바닷물은 승조원들의 눈에 들어갔으므로 승조원들은 쓰리고 충혈된 눈으로 이러한 야간훈련을 반복하였다. 비가 올 때는 승조원들은 검은 우의를 입고서, 쥐처럼 재빠르게 달리는 구축함에서 적함에 대한 어뢰발사훈련을 하였다. 잠시 시선을 수평선에 응시하면 수평선 위에 윤곽은 명확하지 않으나 바다색보다 약간 검은 물체가 상상 속에 나타난다. 그 적함이 아군 구축함이 다가가는 것을 눈치채기 바로 전에 어뢰를 발사하는 훈련을 하는 것이다. 구축함이 갖고 다니는 어뢰와 폭뢰는 칼의 양날이다. 좁은 구축함 내부에 어뢰와 폭뢰를 잔뜩 쌓아 놓았으므로 적의 사격을 받으면 순식간에 굉침(轟沈: 함정이 폭탄이나 어뢰를 맞고 1분안에 침몰하는 것)하기 때문에 한 순간도 긴장감을 떨쳐버려서는 안되는 것이 함정의 생활이다. 그러므로 하나미 대위는 부하들이 만의 하나라도 긴장감을 풀지 않고 유지하도록 항상 함내를 점검하였다. 하나미는 부하들의 나태한 자세를 용납하지 않는 함장이었다.

그 후, 소령으로서 1941년 9월에 중부태평양을 작전지역으로 하는 제4함대에 소속된 구축함 아사나기(朝凪)에 함장으로 발령받아 해군 항공기를 타고 중부태평양의 트럭 환초로 날아갔다. 오늘날은 '축 환초'라고 부르는 트럭 환초는 당시 중부태평양 최대의 일본 해군 기지였다. 그러므로 미국은 진주만의 보복으로 1944년 2월에 트럭 기지에 대규모 항공폭격을 하였다. 태평양 전쟁이 끝난지 80년이 되었지만 축 환초의 육상과 바다 밑에서는 아직도 전쟁의 흔적을 곳곳에서 볼 수 있다. 2010년 2월, 필자는 미군 폭격 66년이 지났음에도 환초 바닥에 침몰 당시 모습 그대로 남아있는 일본 함정들과 대형 비행정 속에 스쿠버 다이빙을 해서 들어가 본 적이 있다.

3. 전쟁 발발

(1) 개전의 대의명분

미국·영국·네덜란드에 개전(開戰)을 하려는 일본이 내건 대의명분(大義名分)은 대동아공영권(大東亞共榮圈)이었다. 이 구상은 아시아에서 구미(歐美)의 세력을 몰아내고 일본의 자존·자위권을 확립하고 이와 함께 아시아의 신질서를 확립한다는 것이다. 메이지(明治)시대 이후, 일본의 전쟁 전략은 대(對)소련 작전이 중심이었으나 이를 이제는 대(對)미국·영국 작전으로 변경한다는 의미이다. 이러한 대규모 작전 변경에는 시행에조차 어려움이 따른다. 즉, 해군은 기지에서 출항하여 귀환한다는 비교적 단순한 개념이나 육군은 병력과 장비, 기지를 대대적으로 이동시켜 재배치 해야하는 문제가 수반되기 때문이다.

동남아시아를 포함한 태평양 전지역을 석권하기 위해 육군은 데라우치 대장 휘하 약 40만명을 동원하여 미국의 식민지인 필리핀, 영국의 식민지인 버마(미얀마), 말레이 반도, 싱가폴, 네덜란드 식민지인 인도네시아를 점령하려는 전략을 입안하였다. 이 가운데 최대의 공략목표는 석유산지인 네덜란드령 인도네시아였다. 육군이 이러한 전략목표를 갖고 있음에 비해 해군의 임무는 하와이 진주만 기습이었다. 즉, 해군이 하와이의 미국 태평양 함대에 결정적인 타격을 주면 육군이 홍콩, 괌, 동남아 지역을 점령하는 것에 성공할 것이라는 것이 대본영의 견해였다. 이 계획에 따라 진주만 기습 임무를 받은 제1항공함대는 홋카이도 북방 160km에 있는 쿠릴열도 남부에 있는 에토로후(擇捉)섬의 히도가쓰부(單冠)만에 집결하였다가 하와이를 향하여 출발하였다.

참고로 일본은 쿠릴열도를 지시마(千島) 열도라고 부르며 에토로후는 태평양 전쟁 이후 러시아가 일본에서 탈취한 뒤 현재까지 실효지배하고 있는 4개 섬의 하나로서 러시아는 '이투르프'라고 부른다.

(2) 개전 100일의 영광

1) 진주만 기습

항공모함 6척, 전함 2척 등 31척으로 편성된 일본 기동부대는 에토로후섬을 떠난 뒤, 함대 이동을 비빌로 하려고 민간 선박들이 거의 다니지 않는 북태평양을 통해 하와이 북방까지 가서 남쪽으로 변침하여 하와이에 접근하자 항공모함 6척에서 함재기들을 발진시켰다. 당시 일본 함대에는 423대의 함재기를 갖고 있었는바 제1차 공격대(183대), 제2차 공격대(170대)가 진주만 기습에 나서고 30대는 함대상공 호위를 맡았고 예비기로서 40대를 남겨두었다. 제1차, 제2차 공격에서 믿을 수 없을 정도의 성공을 거두었으나 진주만에 있는 연료저장시설, 함정 수리시설, 잠수함 기지 등은 파괴하지 못하였으므로 제1차 공격대장 후치다 미쓰오(淵田美津雄) 중좌(중령)는 기함인 항모 아카기(赤城)에 귀환하자 진주만 공격대(제1항공함대) 사령관인 나구모 쥬이치(南雲忠一) 중장에게 제3차 공격이 필요하다고 진언하였다. 제2항공전대 사령관으로서 항모 히류(飛龍)에 타고 있던 야마구치 다몽(山口多聞) 소장도 제3차 공격을 주장하였다. 그러나 나구모 중장은 제3차 공격을 하게되면 미군에게 일본 함대 위치가 들어나 근처에 있을지도 모르는 미국 항공모함에서 발진하는 함재기에게 공격당할 지도 모른다는 염려에서 제3차 공격을 시도하지 않고 일본으로 귀환하였다. 당시 진주만을 모항으로 하는 미국 항모 3척

일본기의 폭격을 받고 있는 전함 '웨스트 버지니아'

침몰한 전함 애리조나 위에 세워진 애리조나 기념관

은 진주만에서 멀리 떨어진 곳에 있었으므로 일본측이 제3차 공격을 하였더라도 미국측으로서는 어떤 조치도 취할 수 없었다.

만약 3차 공격대가 진주만의 유류시설을 파괴하였다면 미국 태평양 함대는 최소 1년 이상 전투에 참가할 수없어 미드웨이 해전 등은 일어나지 못하고 일본 해군이 태평양을 장악하고 미국 본토공격을 하였을 것이다.

2) 미 항모 3척의 행방

일본이 진주만 기습을 할 때 기습의 목표 가운데 하나인 미국 태평양 함대 소속의 항공모함 3척 가운데 한 척도 진주만 안에 정박하지 않았다. 이 사실을 두고 미국은 이미 일본군이 진주만 기습을 할 줄 알고 미리 항공모함을 다른 곳에 대피시켰다고 말하는 일부 사람들이 있으나 실상은 그렇지 않다. 미국은 당시 우방이던 소련을 통해 일본이 미국을 상대로 전쟁을 일으킨다는 정보를 들었으나 일본군의 공격 목표는 일본에서 가까운 필리핀의 미군 기지가 될 것으로 예상하였지 일본에서 약 7천km나 떨어져 있는 하와이가 될 줄은 전혀 예상하지 못하였다. 일본해군 기동부대가 진주만을 기습할 때 미국 항공모함 3척의 행보는 다음과 같다. 일본 기동부대가 진주만을 향해 26노트의 쾌속으로 달리고 있을 때인 11월 28일에 진주만을 출발하여 웨이크섬에 전투기를 운반해 준 항모 엔터프라이즈는 진주만을 향해 출발하였다. 공교롭게도 진주만을 향해 북태평양에서 남쪽으로 침로를 변경하여 달리던 일본 함대와 웨이크섬을 출발해 진주만을 향해 동쪽으로 달리던 미국의 엔터프라이즈 함대는 서로의 위치를 알지 못한 채 거의 같은 날짜에 진주만 근처에 도달하게 되었다. 진주만 기습 하루 전인 토요일 아침, 엔터프라이즈는 진주만에서 370km 서쪽 해상에 도달한 다음 먼저 일부 함재기를 진주만 안에 있는 포드섬의 비행장으로 날려 보냈다. 이들 항공기들은 그 다음 날 일본 함재기 편대가 진주만을 공격할 때 활주로에 앉아 있는 상태로 일본군에게 파괴되었다. 그 다음날인 일요일 아침에 일본 함대가 하와이 제도 오아후섬 북쪽 370km 해상에 도달하여 6척의 항모에서 공격대가 진주만을 향해 발진했을 때 엔터프라이즈는 진주만 근처까지 와 있었다. 한편 뉴턴(J.H. Newton) 제독이 지휘하는 항모 렉싱턴을 주축으로 하는 중순양함 3척과 5척의 구축함으로 구성된 기동부대는 미드웨이섬에 보낼 전투기를 싣고 진주만 기습 이틀 전인 금요일에 미드웨이섬을 향해 진주만을 출항하였다. 진주만을 나온 렉싱턴은 그 다음 날 오아후섬 해역에 대기하고 있던 일본 잠수함 이-74호에 발견되어 밤새 추격당하였으나 렉싱턴은 이를 알아채지 못하였다. 그 때 하와이 근처에 배치되어있던 일본 잠수함 27척은 일본 항모 6척의 함재기가 진주만을 공격할 때까지는 미국 함선을 공격하지 말라는 지시를 받고 있었으므로 이-74호는 렉싱턴에 어뢰를 발사하지 않았다. 당시 일본의 잠수함 건조 기술은 세계 제일이었을 뿐만 아니라 승조원도 훈련이 잘 되어 있었다. 앞서 언급한 바와같이 일본 함대가 진주만을 향해 11월 26일, 지시마 열도를 출발하기 전에 이미 일본 잠수함 27척은 11월 10일에 요코스카와 구레 군항을 출발하였으며, 나구모 중장의 기동부대가 하와이 해역에 도달하기 이전에 이미 진주만이 있는 오하우섬 해역에 도착하여 배치되었던 것이다. 이들의 임무는 나구모 기동부대의 항공기 공격이 실패할 경우 진주만 안에 있는 미국 태평양 함대를 공격하는 것과, 또 미국 서해안에서 하와이에 보내는 증원부대와 보급품을 싣고오는 미국 함선들을 공격하는 것이었다.

일요일 새벽이 되면서 나구모 기동부대의 함재기가 발진하자 이-74는 렉싱턴을 공격하려고 잠망경을 올렸으나 해상에는 아무 것도 보이지 않았다. 밤새 추격하다가 마지막 순간에 이-74는 렉싱턴을 놓쳐버린 것이다. 웨이크섬과 미드웨이섬에 전투기를 운반해 주고 다시 진주만으로 돌아오던 엔터프라이즈와 렉싱턴은 진주만에 가까이 왔을 때에 일본 기동부대의 함재기들이 진주만을 기습하였다는 소식을 들었다. 동시에 하와이 해군사령부에서는 이들 두 척의 항공모함에 대해 일본 기동부대의 항공모함들을 추격하라는 명령이 내려졌다. 그러나 그때는 이미 일본 기동부대는 사라져 버리고 난 뒤였다. 설사 이들 두 척의 미국 항모가 일본 기동부대를 추격하여 만났다 하더라도 오히려 일본 함대에게 패할 가능성이 컸다. 왜냐하면 일본 항모 6척은 진주만 기습 때 미군에게 격추 당한 함재기 29대(전투기 9대, 급강하 폭격기인 '99식 함상폭격기' 15대, 뇌격과 수평폭격을 하는 '97식 함상공격기' 5대)를 제외하더라도 394대의 함재기를 갖고 있었으므로 미국 항모 2척이 갖고 있는 함재기 131대보다 3배의 전력을 갖고 있었기 때문이다. 결국 일본 항모를 발견하지 못한 엔터프라이즈는 진주만 기습 다음날인 월요일 오후에 진주만에 입항하였다. 진주만 기습 당시 태평양에 있던 3척의 미국 항모 가운데 다른 한 척인 사라토가는 미국 서해안 해군기지인 샌디에고 항에 수리하려고 입항하려고 들어 가다가 진주만 소식을 듣고 급히 반전하여 진주만으로 향하였다.

3) 석유자원 확보

전쟁이 발발하자 일본 육군 공수부대는 낙하산을 타고 수마트라섬의 석유산지인 팔렘방을 공격하여 그곳을 방어하던 네덜란드 육군부대를 제압하고 전쟁이 발발직후 일단 석유자원을 확보하였다. 이어서 일본군은 보르네오섬 동남부에 있는 석유산지 발릭파판도 점령하였다. 일본은 미국, 영국, 네덜란드 자본으로 세워진 이들 지역의 정유소 시설도 모두 점령하였다.

4) 미국의 선전포고

진주만 기습을 당하자 루스벨트 대통령은 다음날(미국시간 12월 8일), 이날(12월 7일)을 굴욕의 날이라고 부르고 일본에 대해 선전포고를 하였다. 선전포고도 하기 전에 진주만 기습공격을 한 일본은 미국인의 자존심을 크게 건드리고 불을 붙인 것이다. 루스벨트 대통령은 진주만 기습관련하여 "진주만을 상기하라(Remember Pearl Harbour)!"고 국민에게 호소하였고 이 말은 대일전(對日戰)을 수행하고 있는 미국 군인을 포함하여 미국 국민전체에게 전쟁이 끝날 때까지 구호가 되었는바 특히 청년들은 이 구호를 가슴 속에 깊이 담았다. 미국 국회의원들도 하나같이 격렬하게 일본을 공격하였는바 앨라베마주 샘 홉스(Samuel Francis Hobbs)[3] 민주당 하원의원은 "일본군이 진주만 공격에 성공한 것은 용감함과 전투 기량의 결과가 아니고 기만과 위선으로 성공한 것이다"라고 말하였다. 이어서 미 육군 항공대 소령 출신인 플로리다주의 로버트 사이크스(Robert Lee Fulton Sikes)[4] 공화당 하원의원은 진주만에서 잃은 인명과 물자에 대해 미국은 일본에 1천 배의 보복을 할 때까지 중지하면 안된다."고 주장하였을 정도로 미국은 정파를 초월하여 모두 일본과의 전쟁에 팔을 걷어 붙였다. 또한 로스엔젤레스 타임스 신문은 "태평양전쟁은 전쟁의 참화를 잘 알고 있는 일본이 일으킨 것이다"라는 사설을 기고함으로써 미국 국민에게 일본에 대한 적개심을 부추겼다. 또한 군사관계에 대한 게시판에는 "쟵(일본놈)을 죽여라, 쟵을 죽여라. 쟵을 죽여라"는 글이 올라와 일부 고위 지휘관들은 부하들에게 이 구호를 수시로 사용하였다.

---

[3] 1887년 출생, 1952년 사망. 민주당 국회의원
[4] 1906년 출생, 1994년 사망. 공화당 국회의원

5) 웨이크섬 점령

　진주만 공격이후 일본 해군은 즉시 전광석화처럼 중부 태평양과 남태평양 침공작전을 시작하였다. 중부 태평양과 남태평양의 크기는 동서 약 1만km, 남북 2,400km로서 일본은 여기에 존재하는 여러 섬에 비행장을 만들어 공격기를 발진시킴으로써 미군의 침공을 저지하려고 하였다. 그 일환으로서 하나미가 소속된 제4함대는 진주만 공격 몇 시간 뒤에 괌섬을 공격하여 일본군을 상륙시킴으로써 무혈점령하였다. 일본군은 진주만을 공격하고 몇 시간 뒤에, 괌섬의 동쪽으로 2,400km, 일본의 미나미도리시마(南鳥島)에서 동남쪽으로 1,400km, 하와이 소쪽 3,700km에 있는 웨이크(Wake)섬을 항공 폭격하고 12월 11일에는 상륙시도를 하였으나 실패하였다. 앞서 언급한 바와 같이 (제 35페이지) 제1차 세계대전중 일본은 독일이 식민지로 갖고 있던 중부태평양의 섬들을 모두 탈취하였으므로 이들 섬 가운데 하나인 루오트(Ruot)섬의 비행장에 홋카이도의 지도세(千歲)비행장에서 육상공격기(쌍발 프로펠러 폭격기) 34대를 이동시켜 배치하고 진주만 기습에 성공하자 즉시 이어서 육상공격기 27대가 낮 12시경 웨이크섬을 폭격하였다. 폭격은 며칠에 거쳐 3회 반복되었다. 루오트섬은 오늘날 독립국 '마셜 제도(Marshall Islands)' 공화국에 속해 있다. 일본으로서는 만약 이 섬을 점령하면 도쿄-이오지마(硫黃島)- 미나미도리시마-웨이크섬을 연결하는 불침 항공모함들을 연결하는 중부태평양의 전략선(戰略線)이 완성된다. 그러므로 일본은 진주만 공격 몇 시간 뒤에 웨이크섬을 공격한 것이다. 참고로 마셜 제도 공화국은 웨이크섬이 자국에 속한다며 미국측에게 반환을 요구하고 있으나 미국은 이 주장을 일축하고 있다.

　중부태평양 마이크로네시아에 있는 면적 약 $7km^2$에 불과한 웨이크섬은 솔

1. 웨이크섬 상륙중 해안에 좌초된 일본 초계정 제33호(앞), 제32호(멀리 보임)
2. 미 해군의 웨이크섬 탈환 직전시 투하된 폭탄이 활주로 끝에서 폭발하는 장면

로몬 제도를 발견하고 페루로 귀환하던 스페인의 탐험가 멘다나(Alvaro de Mendana)가 1568년에 발견하고 그 후 200여 년이 지난 1796년에 영국 탐험가 웨이크(William Wake)가 방문하였다. 이어서 1841년 미국해군 대

위 윌키스(Charles Wilkes)가 이곳을 방문한 뒤 정식으로 해도에 기입하며 1899년에 미국 영토로 선언하였다. 웨이크섬은 초승달 모양이므로 안쪽이 파도가 잔잔하므로 1935년에 수상기 기지와 호텔이 들어섰다. 그리고 샌프란시스코, 하와이, 괌, 마닐라를 연결하는 팬아메리칸 항공사의 정기 항공편(비행정)이 이 섬을 중간기착점으로 이용하였고 미국 해군도 항공기지로 이용하였다. 미국은 1939년부터 이 섬에 비행장과 잠수함 기지를 건설하기 시작하였는데 공사가 완성이 되기 전에 일본군이 상륙하여 섬을 점령한 것이다. 12월 23일까지 계속된 전투에서 승리한 일본군은 섬에 배치되었던 미군 1,600명(민간인 건설근로자 1,221명 포함)을 포로로 잡았다. 이 전투에서 미군은 52명이 전사하였으나 일본군은 구축함 2척과 잠수함 1척이 침몰하고 초계정(2등 구축함) 2척이 해안에 좌초됨으로써 미군보다 10배가 넘는 전사자가 발생하였다. 특히 미국은 수심이 낮은 해안 인근에 침몰한 구축함 안에서 일본 해군의 암호책을 인양함으로써 일본 해군의 암호체계를 파악할 수 있게되어 이는 태평양전쟁 기간동안 미군에 큰 도움을 주게 된다. 암호책이 미군에게 넘어간 사실을 일본군은 태평양전쟁이 끝날 때까지 모르고 있었다.

일본군은 웨이크섬을 항공폭격후 공중정찰을 통해 비행장에 있던 10여 대의 비행기 모두와 육상포대, 기관총 진지를 파괴하였다고 파악하고 이어서 12월 11일 아침에는 제6 수뢰전대가 육군 병력을 태우고 상륙작전을 감행하였다. 하나미의 구축함 아사나기는 트럭 환초의 경비임무를 맡았으므로 웨이크 상륙작전에는 참가하지 않았으나 경순양함 유바리(夕張)와 6척의 구축함 오이데(追風), 하야데(疾風), 무츠키(睦月), 기사라기(如月), 야요이(弥生), 모치츠키(望月)가 해군 육전대(해병대) 2개 중대를 태우고 상륙작전을 감행한 것이다. 이때 갑자기 상공에 미군 전투기 1대가 나타나자 상륙중이던 일본군은 미군기는 비행장에서 모두 파괴되었다고 알고 있었으므로 모두 놀란 상태에 빠졌으나 대공사격을 하자 미군기는 사라졌다. 이어서 수뢰전대는 웨이크섬을 향해 함포사격을 시작하였다. 이 사격으로 웨이크의 연료저장 탱크가 명중되어 화염이 솟아올랐다. 동시에 그때까지 침묵을 지키며 일본 군함이 해안 가까이 다가와 사격사정권 안에 들어오기를 기다리고 있던 미군 육상포대가 일본 함대를 향하여 5인치 포 사격을 개시하였다. 상륙하는 일본군은 정찰기의 보고를 받아 미군 육상포대는 모두 파괴되었다고 알고 있었으나 뜻밖의 반격을 받게 된 것이다. 수뢰전대의 군함들은 섬에 가까이 접근하였으므로 구축함 하야데는 미군 육상포대에서 발사한 포탄에 명중되어 함미에서 검은 연기가 치솟더니 순간적으로 함 전체를 뒤덮었다. 그리고 잠시 뒤 굉음을 내면서 폭발하여 침몰하였다. 잠시후 구축함 기사라기도 웨이크섬의 비행장에서 날아 오른 F4F 와일드캣 전투기의 기총소사와 45kg 폭탄 공격을 받아 함교가 폭발하면서 함체가 뒤집어지며 침몰하였다. 폭뢰와 어뢰에는 감도가 예민한 화약을 사용하였는바 두 척 모두 아마도 포탄과 폭탄이 함내에 탑재된 폭뢰나 어뢰에 명중되어 폭발이 일어난 것으로 추측된다. 순식간에 2척의 구축함이 침몰하자 일본군은 일단 상륙을 중지하였다. 이날 오후, 와일드캣 전투기 한 대는 웨이크섬 인근 해상에 나타난 일본 잠수함을 공격하여 침몰시켰다. 트럭 환초를 경비중인 하나미는 두 척의 구축함에 타고 있었던 많은 전우들이 전사한 소식을 듣고 할 말을 잊었다. 만약 그의 구축함이 웨이크섬 상륙작전에 참가하였더라면 같은 운명을 만났을 수도 있다는 생각을 한 것이다.

한편, 작은 웨이크섬 상륙작전에서 구축함 2척을 잃고 작전이 일단 중지되었다는 보고를 받은 연합함대는 진주만 기습 공격에 성공하고 일본으로 귀환 중이던 제2항공함대에 웨이크를 폭격하라는 지시를 내렸다. 이에 항공모함 히류와 소류의 함재기들이 발진하여 웨이크섬에 폭탄의 비를 쏟았다. 동시에 하나미의 구축함 아사나기와 아라데라(荒天)도 웨이크 상륙작전에 참가하라는 지시를 받고 웨이크섬에 도착하여 제6수뢰전대의 다른 구축함 4척과 함께 웨이크섬에 함포사격을 하였다. 8월 21일 밤, 소형 2등 구축함인 초계정(초계정 제32호, 제33호) 2척이 해군 육전대 병력을 가득 싣고서, 비행장에서 가까운 섬의 남부 해안에 돌입하여 병력을 상륙시킴으로써 섬을 점령하였다.

섬에 상륙한 일본군은 미군이 비행장과 잠수함 기지를 급히 완공하려고 건설 중에 있었던 사실을 알게 되었다. 미군은 섬의 남부에 동서 방향으로 활주로를 완성중에 있었는데 미군이 불도저라는 건설장비를 사용하여 3백명 정도의 인원으로 비행장을 만들고 있는 것을 보고 놀랐다.

당시 일본에는 불도저가 없어 해군 건설부대인 1개 설영대(設營隊)는 불도저 없이 1천명이 삽과 곡괭이를 사용하는 인력(人力)으로 비행장을 건설하였으므로 불도저를 처음 본 일본군은 놀라지 않을 수 없었다. 인원이 많게되면 이들이 필요한 식량과 물자도 비례하여 필요하고 이러한 물자를 운반해야 할 선단도 필요하다. 당시 미군의 선단은 일본보다 양과 질에서 앞서 있었다.

웨이크섬을 일본에 빼앗긴 미군은 항공모함 렉싱턴과 엔터프라이즈를 파견하여 마셜 제도와 길버트(Gilbert) 제도를 공습하곤 하였다. 길버트 제도는 오늘날 독립국 키리바시(Kiribati)이다.

6) 동남 아시아 점령

1941년 12월 8일(일본 시간), 일본 해군 기동부대가 하와이 진주만의 미국 태평양 함대를 기습공격한 날, 일본군은 홍콩, 말레이 반도, 필리핀을 공격하였고 이어서 1942년 1월 11일에는 인도네시아를 공격하였다. 당시 이들 지역은 각각 영국, 미국, 네덜란드의 식민지였다.

말레이 반도 상륙

1
2

1. 오늘날 코타바루의 사박해안
2. 태평양전쟁 최초의 전투가 일어난 코타바루에 세워진 전쟁기념비. 비문은 4개국어(영어, 일본어, 말레이어, 태국어)로 쓰여있다.

1. 퍼시벌 장군이 야마시다 장군에게 항복한 건물(부테기마 지역)과 필자
2. 건물 1층에 전시된 항복관련 자료. 영국, 일본 양국기가 벽에 붙어있다

일본시간 기준으로 진주만 기습공격보다 1시간 앞서 야마시다 도모유키(山下奉文) 중장이 지휘하는 일본육군 제25군 5만명의 병력이 말레이 반도 동북부해안에 있는 코타바루(Kotabaru)시내 동쪽의 사박(Sabak) 해안에 상륙하였다. 원래 계획은 일본시간 기준으로 진주만 기습과 같은 시각에 상륙작전을 개시하려고 하였으나 일본군 계획에 차질이 발생하여 진주만 기습보다 1시간 앞서 말레이 반도에 상륙한 것이다. 태평양전쟁은 일본군의 진주만 기습으로 시작되었다고 말하고 있으나 사실은 진주만 보다 코타바루에서 일본군이 연합군에 대한 기습공격을 먼저 시작하였다. 그러나 코타바루 기습 상륙 규모보다 진주만 기습공격의 규모가 훨씬 더 컸으므로 코타바루 공격은 진주만 기습에 가려져 잘 알려져 있지않고 일반적으로 진주만 기습이 태평양전쟁의 시작이라고 말하고 있다. 코타바루에 상륙한 일본군은 방어하는 영국연방군을 격파하고 말레이 반도 남쪽에 있는 싱가폴섬을 향하여 쾌속의 진격을 하여 1942년 2월 15일에는 싱가폴섬에서 영국연방군의 항복을 받고 싱가폴을 점령하였다. 야마시다 중장은 무기와 탄약이 빈약한 일본군 3만명을 이끌고 일본군보다 3배가 넘는 병력과 무기, 탄약을 보유한 퍼시벌(Arthur Percival) 중장 휘하 영연방군을 단시간에 격파함으로써 영국 역사상 최대의 전투패배 불명예를 영국군에게 안겨 준 것이다. 싱가폴을 점령한 일본군은 싱가폴섬의 명칭을 소남도(昭南島)라고 바꾸고 싱가폴시는 소남특별시(昭南特別市)라고 이름지었다.

필리핀 공격

　진주만 기습후 즉시 타이완 남부의 카오슝 기지에서는 일본해군 폭격기 108대와 84대의 제로전투기가 이륙하여 필리핀 루손섬의 클라크에 있는 미군 비행장을 폭격함으로써 필리핀 침공작전을 개시하였다. 이어서 12월 22일에

바탄반도의 사맛산. 산정에 바탄전투를 기념하는 대형십자가가 보인다

는 혼마 마사하루(本間雅晴) 중장이 지휘하는 제14군 병력 4만3천명이 루손섬에 상륙하여 필리핀 주둔 미군과 필리핀군을 격파하고 1942년 1월 2일에는 마닐라를 점령하였다. 이에 미군과 필리핀군은 바탄 반도와 코레히돌섬 요새에 들어가 항전하였으나 식량과 보급품이 부족하여 4월 9일에는 일본군에 항복하였다.

홍콩 점령

제23군 사령관 사카이 다카시(酒井隆) 중장 휘하의 일본군 3만명은 12월 8일, 중국본토에서 구룡(九龍)반도로 이동하여 영국군을 공격, 격파하고 이어서 12월 18일, 홍콩섬에 상륙하여 12월 25일 오후에 영국군으로부터 항복

홍콩에 입성하는 일본군

을 받고 홍콩을 완전히 점령하였다. 참고로 태평양전쟁 당시 일본 육군 편제상 군(軍)은 우리 국군과 미군 편제상으로는 군(軍)보다 작은 규모인 군단(軍團)에 해당한다. 이 홍콩 전투는 영국군을 포함한 영국연방군과 일본군 사이의 전투였으나 중국은 당시의 격전지(영국군 포대, 벙커, 전투지휘소, 막사, 탄약고 등)를 아직도 보존하고 있다. 당시에 일본군과 격전을 치룬 영국군 포대를 현지에서는 '소나무 삼림 포대(Pine Wood Battery: 松林砲臺)'라고 부른다. 이 포대는 홍콩섬의 빅토리아 산정(Victoria Peak: 太平山) 아래에서 구룡반도를 바라보는 산기슭에 넓게 포진하고 있다.

1. 홍콩섬을 방어하던 영국군 포대의 오늘날 모습
2. 영국군 포대에서 본 홍콩 전경

인도네시아 점령

1
2

1. 칼리자티 비행장 인근의 경찰서. '칼리자티'라는 지역명이 보인다
2. 발리섬 점령을 위해 일본군이 상륙한 (1942년 2월 18일) 덴파사 동쪽의 사눌 (Sanur) 해안

석유, 고무, 목재 등 천연자원의 보고인 인도네시아 역시 일본군의 점령목표가 되었다. 일본육군 제16군 사령관 이마무라 히도시(今村均) 중장 휘하의 혼성 제56보병단은 보르네오섬 북부의 타라칸을 1942년 1월 11일에 공격

하여 점령하고 이어서 인도네시아 전역에 대해 침공작전을 전개하였다. 일본군은 자바섬을 비롯하여 수마트라, 보르네오 술라베시, 티몰, 발리 등 주요 섬들을 모두 점령하고 이마무라 장군은 3월 9일, 칼리자티 비행장에서 네덜란드 총사령관 텔풀텐(H. Ter Poorten) 중장으로부터 항복을 받았다. 이렇게 일본군은 일본이 전쟁 수행에 필요한 석유자원(수마트라섬과 보르네오섬 다량 매장)을 앞서 52페이지에 언급한 바와 같이 전광석화 작전을 통해 모두 확보할 수 있었다. 이즈음 일본군은 동남아시아 주민과 서양인에게 천하무적 군대로 보였다.

인도지나 반도

베트남, 캄보디아, 라오스가 있는 인도지나 반도를 일본은 공격하여 침공할 필요가 없었다. 왜냐하면 진주만 기습을 하기 전에 이미 점령하였던 것이다. 즉, 유럽에서 1940년 6월, 프랑스가 일본의 동맹국인 독일에게 항복하자 이것을 일본은 영토확장의 기회로 이용하여 그 해 9월부터 프랑스령 인도지나 반도(오늘날의 베트남, 캄보디아. 라오스)에 진주하여 들어가 프랑스 식민지 행정청을 해산시키고 인도지나 반도를 총한방 안쏘고 쉽게 손에 넣었다. 일본은 데라우치 히사이치(寺內壽一) 대장을 남방군 총사령관으로 임명하고 '동양의 파리'라는 별명을 갖고 있는 사이공(오늘날 베트남의 호지민시)에 전투사령부를 설치하였다.

7) 뉴기니 상륙

일본군이 말레이 반도, 홍콩, 필리핀, 인도네시아를 공격하여 점령하는 것에 대해서는 (책의 부피 때문에) 극히 간단하게 설명하였지만 일본군이 뉴기니에 상륙한 것은 이 책의 주인공 케네디 중위가 참전하여 싸운 전투와 지리적 그리고 전쟁이 펼쳐나가는 면에서 간접적으로 관련이 있으므로 약간 더 설명한다.

라바울 점령

하나미는 웨이크섬 침공작전에 참가한 이후, 오늘날 독립국 파푸아 뉴기니에 속한 뉴브리튼섬의 동북쪽 끝에 있는 천연의 항구인 라바울(Rabaul) 공략작전에 참가하였다. 라바울은 제1차 세계대전이 일어나기 이전에는 독일령 뉴기니(뉴기니섬의 동북부)의 수도로서 독일인들이 남태평양에 건설한 항구도시이다. 그러나 제1차 세계대전이 일어나자 영국은 호주에게 독일령 뉴기니를 점령하도록 조치함으로써 라바울을 포함한 독일령 뉴기니는 모두 호주가 점령하였다. 1937년에 라바울에서 화산이 폭발하자 호주 정부는 식민지 수도를 라바울에서 뉴기니 본토의 동쪽 해안에 있는 레이(Lae)로 옮겼다. 레이는 현재 파푸아뉴기니에서 두 번째로 큰 도시이다. 제1차 세계대전이 일어나

라바울 항구, 1994년 화산 폭발후 많은 인구가 떠났다. (사진은 2015년)

자 영국은 호주로 하여금 뉴기니섬의 독일식민지를 점령하도록 하였으므로 호주군이 즉시 독일령 뉴기니를 모두 점령하여 라바울에는 호주군이 배치되어 있었는바 태평양전쟁이 시작하자 일본군은 상륙함대를 라바울에 보내 라바울을 방어하는 호주군을 격퇴하고 라바울을 남태평양 최대의 일본군 전진기지로 만들었다. 일본군은 라바울 항구를 군항으로 만들고 라바울 지역에 비행장 3개를 건설하였고 10만명(육군 9만명, 해군 1만명)을 주둔시키며 라바울을 요새로 만들었다. 라바울은 1994년 9월에 화산이 다시 폭발하여 시내와 항구를 화산재가 덮어 버리는 바람에 도시는 폐허로 변하고 행정시설과 주민은 라바울 남쪽에 있는 코코포로 이동하였다. 미군은 라바울에 상륙하지는 않았으나 태평양전쟁이 끝날 때까지 항공폭격을 계속함으로써 라바울을 고립시켰다.

레이 점령과 와우 공격실패

일본군이 뉴기니섬을 공략하는 일환으로 제4함대는 뉴기니섬의 중부지역 동부 해안에 있는 레이와 살라모아(Salamaua) 상륙작전에 참가하였다. 조그만 반도로서 천연항구와 비행장도 있는 살라모아는 유럽인들이 20세기 초에 뉴기니 중동부 지역에서 금이 대량으로 발견되면서 몰려 들어올 때 지리적으로 접근성이 좋으므로 유럽인들이 초기에 거주하였던 마을이나 인구가 늘어 나면서 유럽인은 50km 북쪽 해안에 있는 레이로 옮겨가서 새로운 도시를 만들고 해안과 연결되어 있는 시내에 비행장도 만들었다. 그러므로 일본군 항공기들은 살라모아와 레이의 비행장도 폭격하였다. 1937년에 록키드 일렉트라 쌍발 프로펠러 비행기(10E Electra)를 조종하여 세계일주를 하면서 중부태평양에서 실종된 미국의 여성 비행사 에어하트(Amelia Earhart)는 레이 비행장에서 중부태평양의 하우랜드(Howland, 오늘날 독립국 키리바시 영토)

섬을 향해 이륙해서 가던중 섬을 발견하지 못한 채 연료부족으로 비행기와 함께 실종되었다. 에어하트를 찾으려고 미국 정부는 항공모함 렉싱턴을 중부 태평양에 보내 수색작업을 하였으나 결국 찾지 못하였다. 2005년 3월 19일, 필자는 현지인 5명(필자의 친구와 그의 아들 2명과 친척)을 데리고 비행장 옆 수풀에 덮여있는 일본군 해안포를 찾다가 우연히 수풀에 덮여있는 에어하트 기념비를 발견하였다. 일단 성인 키가 넘는 수풀을 정글도(刀)로 제거하여 기념비가 빛을 보게 하였고, 그냥 두면 다시 빨리 자라는 열대의 수풀에 덮일 것 같아 레이에 있는 에어하트 추모단체에 이 사실을 알려주고 기념비가 수풀에 덮히지 않게 관리해 달라고 부탁하였다. 레이에 살고 있는 현지인들 가운데 에어하트 추모회가 있다는 사실에 놀랐다. 필자는 2018년 9월 25일에 워싱턴 DC에 있는 스미소니안 항공박물관에 가서 에어하트의 애기(愛機)인 록키드 일렉트라를 보려고 하였으나 아쉽게도 그 기종은 없고 대신 에어하트가 사용하였던 다른 비행기(Lockheed 5B Vega)가 전시된 것을 볼 수 있었다.

일본군의 레이 공략목적은 레이가 뉴기니 전역(戰域)에 있어서 지리적으로 일본군 기지인 라바울과 연합군(미군, 호주군)의 기지인 포트모스비(현재 파푸아뉴기니의 수도)의 중간지점에 위치하고 있으므로 레이를 발판으로 포트모스비 공략을 도모한 것이다. 레이 상륙작전을 지원차 하나미는 구축함 아사나기를 지휘하여 레이 공략작전에 참가하였다. 이 작전에 참가한 육군 제4사단과 제51사단의 일부 병력은 상륙 즉시 레이 시내와 비행장 그리고 레이 인근 지역을 점령하였다. 육군이 레이 비행장을 순식간에 점령하자 이어서 제6비행사단이 라바울에서 레이 비행장으로 이동, 배치되었다. 제4사단의 주력은 보병 제239연대로서 도치기(栃木)현과 나가노(長野)현 출신의 청년들로서 편성되었다. 이 부대는 중국 북부에 배치되었으나 남방작전을 위해 뉴기니에 상륙하여 4천명의 병력이 정글 속에 도로를 만들고 비행장을 만드는 공사

와우 비행장의 경사진 활주로에서 이륙하는 소형 비행기(왼편). 일본군은 사진에 보이는 산을 넘어와 비행장을 공격하였으나 실패하였다

에 투입되었다. 이러한 일본군의 작전을 저지하기 위해 미군은 항공모함 렉싱턴과 요크타운을 파견하였으므로 1942년 3월 10일, 레이와 살라모아 앞바다에서는 미국함대와 일본함대 사이에 5시간에 걸친 해전이 일어났다. 이 해전에서 미 항모들에서 발진한 함재기들과 포트모스비 비행장에서 이륙해온 B17 중폭격기들은 일본 해군 제15 구축함대를 공격하였다. 하나미는 구축함의 기관총으로 미군기에 응사하였으나 미군기가 투하한 폭탄이 아사나기에 명중하여 아사나기는 침몰 위기에 처하였다. 명중탄 이외 바닷물 위에 떨어진 지근탄 십수발 때문에 아사나기에는 250곳 이상의 구멍이 생긴 것이다. 이 폭격으로 인해 승조원 19명이 전사하고 65명이 부상을 입었을 정도로 하나미는 구축함 위에서 처음으로 아비규환(阿鼻叫喚)의 전투를 경험하였다. 아

레이와 와우 사이의 정글지대

사나기는 간신히 침몰을 면하였으나 전투불능 상태가 되었으므로 하나미는 아사나미를 사세보 항구까지 항해하여 수리를 한 뒤에 4월말에 다시 라바울로 귀환하였다.

일본군은 남쪽으로 진격하여 레이 서남쪽 145km에 있는 와우(Wau)를 공격하였다. 오늘날 세계에서 항공기 이착륙이 가장 많은 비행장은 미국 시카고의 오해어(Ohare)비행장이다. 시카고 출신의 오해어 소령은 앞서 나온 항공모함 렉싱턴의 함재기 조종사로서 F4F 와일드캣 전투기를 조종하면서 렉싱턴을 공격해 오는 많은 일본군 폭격기와 전투기를 격추하여 렉싱턴을 구하였으므로 시카고시(市)는 그의 감투정신을 기념하여 오해어 소령의 이름을

레이 항구의 보코 포인트 (Voco Point)

오해어 소령이 조종한 동형의 F4F 와일드캣 전투기
(시카고 오해어 공항에 전시)

시카고 공항 이름에 붙여 주었다. 방금전에 언급한대로 오늘날은 오해어 비행장이 세계에서 항공기 이착륙이 가장 많은 비행장이나 1930년대초에는 놀랍게도 오늘날에는 전세계 사람들이 거의 들어보지 못한 불로로(Bulolo)와 와우(Wau) 비행장, 특히 불로로 비행장이 세계에서 가장 항공기 이 착륙이 많았던 비행장이었다. 불로로와 와우는 계곡으로 연결되어 있는바 불로로 계곡에서 나오는 사금의 양이 많으므로, 구축함 무게보다 무거운 사금(砂金) 채출기 8대의 부품을 비행기에 실어 나르고 생산되는 금을 외부에 운반하느라고 불로로 비행장은 1920년대 말부터 1930년대 초까지 세계에서 가장 항공기 이착륙이 많은 비행장 기록을 세웠던 것이다. 대학교에서 임산가공학을 공부한 필자는 신입사원으로 입사한 목재회사에서 1979년에 불로로에 있는 파푸아뉴기니 삼림대학(세계에서 유일한 열대림 대학)에 동료 직원과 함께 1년 동안 유학을 보내주어서 열대림을 공부하는 한편, 불로로와 와우 지역을 돌아다니며 이 지역에 대해 깊이 알게 되었다.

이러한 불로로와 와우를 점령하려고 1943년 1월 16일, 살라모아를 출발한 일본군 보병부대는 와우와 살라모아 사이의 높은 산과 험준한 정글지대를 돌파하여 와우에 도달하는 데 성공하였다. 그러나 호주군이 지키고 있는 와우 비행장을 사이에 두고 호주군과 격렬한 전투 결과 일본군이 패배하고 일본군은 후퇴하여 살라모아로 돌아갔다. 와우 전투는 일본군이 뉴기니섬 중부 지역에서 가장 남쪽까지 내려와 싸운 전투이다. 필자는 와우 비행장을 내려보는 산 위에 올라갔다가 호주군이 만든 참호 속에 전투시 사용한 미군 지프차가 그 때까지 처박혀 있는 현장을 보고, 책상에 앉아 여러 자료만 참고하여 쓰는 태평양전쟁책이 아니고 직접 저자가 발로 태평양전쟁터 곳곳을 찾아다니며 쓰는 태평양전쟁 책을 저술하기로 결심하여 여태까지 여러 권의 태평양전쟁 관련책을 'OOO 비행장' 시리즈로 발간하였다. 필자가 이미 저술한 모든 전쟁 관련책(태평양전쟁, 한국전쟁, 우크라이나 전쟁, 중동전쟁 등 12권)은 전투현장을 직접 방문하였고, 전투에 참가하였던 군인이나 전투를 목격한 민간인과 인터뷰하여 저술하였으며 앞으로 저술할 책들도 이 원칙을 유지하고 있다. 책이나 기타 자료에만 의존하여 전쟁책을 저술할 바에야 필자는 차라리 저술하지 않는다.

포트모스비 공략

포트모스비(Port Moresby)는 오늘날 독립국 파푸아뉴기니의 수도이다. Moresby에서 're'는 발음하지 않으므로 현지인들은 '포트모스비'라고 말하나 우리나라 신문과 TV에서는 '포트모르즈비' 또는 '포트모레스비'라고 부르

1. 상공에서 본 포트모스비 항구
   (사진 중앙 오른쪽)
2. 포트모스비 항구

고 있다. 1873년, 뉴기니섬 남부 해안을 조사한 영국해군 측량선 바실리크호의 모스비(John Moresby) 함장의 이름을 붙인 것이다. 뉴기니섬의 남부해안에 위치하고 있는 포트모스비는 바다를 사이에 두고 호주와 마주보고 있는 곳으로서 천연의 양항과 비행장이 있으므로 일본군은 호주 공략의 교두보로서 우선 포트모스비를 점령하려는 계획을 세웠다. 라바울에서 수시로 일본군 폭격기들이 뉴기니섬과 뉴브리튼섬 사이에 있는 비스마르크해(海)를 넘어 날아와 포트모스비 항구와 비행장을 폭격하는 한편, 바다와 육상으로부터 포트모스비를 점령하려고 시도하였으나 모두 실패하였다. 바다로부터 포트모스비에 상륙하려고 1942년 5월초에 상륙함대를 보냈으나 산호해 해전 때문에 상륙작전을 포기하였고 뉴기니섬 동남부 지역의 북부해안에 상륙하여 오웬스탠리 산맥을 넘어 포트모스비를 공략하는 중 호주군과 미군의 방어를 뚫지 못하고 실패한 것이다.

도쿄 폭격과 일본의 대응

뉴기니섬에서 일본군과 미군이 함대와 항공기를 동원한 전투가 계속되는 상황을 도쿄에서 보고 받은 야마모도 연합함대 사령관은 미국이 적극적으로 나오게 되면 일본이 진주만을 공격하였던 것처럼 언젠가 진주만의 보복으로 미군이 도쿄를 공격하게 되지 않을 까 염려하게 되었다. 만약 그렇다면 미군은 일본 가까이 항공모함을 보내 함재기로 도쿄를 공습할 것이라고 생각하고 그 대책을 구상하였다. 그 방법으로 야마모도는 일본 본토에서 1,300km 떨어진 곳에 초계선(哨戒線)을 만들어 미국 항공모함이 함재기를 발진시키기 이전에 미국항공모함을 발견하여 항공공격으로 격침시키려는 계획이었다. 이 초계 임무에는 홋카이도의 구시로(釧路) 해군 기지를 모항으로 하는 특설감시정 20척을 남북으로 배치하려고 한 것이다. 남북으로 그어진 초계선을 유지하기 위해서 선박, 함정의 정비, 승조원의 휴양, 기지에서 초계선까지 운행하는 왕복일수 등을 고려하면 60척의 특설감시정이 필요하나 실제 투입할 수 있는 것은 20척 밖에 되지 않았다. 적함을 발견하면 적으로부터 공격을 받게

되는 것은 당연하므로 이 초계작전은 죽음을 각오하고 수행해야하는 임무였다. 원래 이러한 감시임무에는 잠수함을 투입해야 함에도 당시 잠수함은 전투임무에 투입해야 하므로 이 작전에 투입할 여력이 없었다. 여하튼 야마모도가 우려한 것은 잠시 후에 현실로 나타났다. 1942년 4월 18일, 미 육군 항공대의 둘리틀(James Doolittle) 중령이 지휘하는 B25 쌍발 프로펠러 경폭격기 16대는 일본 동쪽 1,300km에서 항공모함 호넷에서 발진하여 13대는 도쿄를 폭격하고 3대는 나고야의 산업지역을 폭격하고 중국으로 향하였다. 감시정에서 미 항공모함의 접근을 보고받은 대본영은 즉시 지바(千葉)현 서남부 기사라즈(木更津)에 있는 항공부대에 전투기 발진명령을 내림과 동시에 제2함대에 출동 명령을 내렸으나 일본 전투기와 함대는 미국 함대와 B25 폭격기를 발견하는 데 실패하였다. 이 폭격의 피해는 경미하였으나 일본 본토까지 미군기의 폭격을 받았다는 사실은 심리적으로 일본 국민에 큰 충격을 주었다. 특히 이 폭격에 가장 큰 충격을 받은 야마모도는 두 번 다시 이러한 일이 발생되지 않도록 미드웨이섬을 점령하는 작전을 구상하게 되었다. 아울러 야마모도는 남태평양 전역에서 라바울 기지를 거점으로 삼아 라바울에서 뉴기니섬 동남부에 있는 포트모스비를 공략하여 그곳을 발판으로 하여 호주 동북부에 있는 미군 기지를 공격할 구상을 하였다. 동시에 솔로몬 제도의 과달카날 북쪽에 있는 툴라기(Tulagi)섬을 점령하고 항구안에 수상기 기지를 설치하여 호주, 뉴기니, 솔로몬 제도 사이의 산호해(珊瑚海: Coral Sea)를 장악하는 계획을 세웠다. 야마모도는 라바울을 중심으로 전개하려는 뉴기니 작전을 위해서 지휘관으로서 제4함대 사령관인 이노우에 중장을 선정하고 이노우에가 펼칠 작전에 필요한 경항공모함 쇼호(祥鳳)와 제5항공전대의 항모 2척, 즈이가쿠(瑞鶴)와 쇼가쿠(翔鶴)를 보냈다.[5]

---

5) 星亮一 『ケネディを沈めた南』 p.56, 光人社, 東京, 日本, 2021

● 제2장
태평양의 항공모함 결전

1. 산호해 해전

(1) 해전의 배경

　일본이 태평양전쟁을 일으키면서 해군은 하와이 진주만에서 미국 태평양함대를 전멸시키고 이어서 남중국해와 인도양에서 영국 동양함대를 전멸시키고 일본 해군 기동부대는 호주 북부의 다아윈(Darwin) 항구를 폭격하였고 일본 잠수함대는 호주의 시드니 항구를 공격하였다. 한편, 일본 육군은 홍콩(영국령), 필리핀(미국령), 말레이 반도(영국령), 인도네시아(네덜란드령)를 순식간에 점령하고 남태평양의 뉴기니섬에 상륙하자 당시 호주 국내에서는 일본군이 조만간 호주에 대한 상륙작전을 감행할지 모른다는 우려가 퍼져 있었다. 전쟁이 끝난 후에 밝혀진 바에 의하면 일본 해군의 일부 지휘관은 호주 상륙작전을 주장하였지만 육군이 동의하지 않아 대본영은 그 대신 1942년에 세계에서 2번째로 큰 섬인 뉴기니섬을 점령함으로써 호주와 미국의 병참선을 끊어 호주를 고립시키기로 하였다. 이 계획의 일환으로 호주의 동부를 일본 항공기의 공격반경 안에 넣기 위해서 일본군은 뉴기니 남부의 비행장과 항구를 점령하는 한편, 뉴기니섬 동쪽에 있는 솔로몬 제도의 호주군 비행정 기지인 툴라기(Tulagi)섬을 동시에 점령함으로써 솔로몬 제도에서 일본군의 뉴기니섬 남부 포트모스비에 대한 공격을 엄호내지 측면 지원을 할 수 있게 하려고 계획하였다. 이 작전이 성공하면 호주에 대한 상륙작전을 하지 않더라도 자연히 호주는 고립되어 무력을 사용하지 않더라도 점령할 수 있다는 것이 일본측의 계산이었다. 앞서 언급한 바와같이 포트모스비는 천연의 양항과 호주군이 만든 비행장이 있었으므로 일본군은 일단 포트모스비를 점령하고 이를 호주 공격의 발판으로 삼으려고 하였다. 그러므로 일본군은 1942년 5월초 상륙부대를 태운 70여 척의 함선을 포트모스비를 향하여 보냈고 이를 저지하려고 미국과 호주는 함대를 보냈으므로 양측은 뉴기니섬과 호주, 그리고 솔로몬 제도 사이에 있는 산호해에서 조우하여 벌어진 해전이 '산호해 해전(Battle of Coral Sea)'이다.

(2) 사상 최초의 항공모함 대결

당시 산호해에서 부딪힌 양측함대에는 항공모함 5척(일본 3척, 미국 2척)이 있었고 이들은 서로 상대방 함정의 위치를 육안으로 보지 못하는 상황에서 항공모함에서 발진한 항공기에 의한 전투를 하였다. 산호해 해전 이전의 해전은 서로 상대방 군함을 육안으로 보면서 싸웠으나 산호해 해전에서는 양측 함대가 400km 이상 떨어졌기에 육안으로 상대를 볼 수 없었으므로 함포대신에 항공모함의 함재기들이 상대방 군함에 날아가서 공격한 사상최초의 해전이 되었다. 아울러 산호해 해전은 인류사상 최초의 항공모함과 항공모함이 싸운 해전이라는 기록도 남겼다. 1942년 5월 6일, 오전 8시 10분, 툴라기 남쪽 약 1,100km 부근에 항모 1척, 전함 1척, 순양함 3척, 구축함 5척으로 구성된

침몰되는 일본 항모 '쇼호'

적함대가 서쪽으로 항진하고 있다는 보고가 비행정에서 제5항공전대에 도착되었다. 이 보고에 따라서 제5항공전대는 5월 7일 이른 아침에 제로전투기 18대, 함상폭격기 36대, 함상공격기 24대로 구성된 제1차 공격대를 항모에서 발진시켰다. 그러나 제1차 공격대가 솔로몬 제도 서쪽 해상에 당도해 보니 비행정에서 온 보고는 잘못된 것임을 알게 되었다. 즉, 비행정이 항공모함이라고 보고한 것은 항공모함이 아니고 유조선이었으므로 제1차 공격대는 유조선과 구축함 1척을 격침하고 항모를 향하여 귀환 길에 올랐다. 이 전투가 한참 진행되고 있을 때 제6전대의 순양함 기누가사(衣笠)에서 발진한 수상정찰기 한 대가 항모를 포함한 적함대를 발견하였다는 긴급전보가 제5항공전대에 도착하였다. 그러나 제5항공전대는 귀환중인 제1차 공격대를 항모에 수용하는 데 시간이 걸려서 제2차 공격대를 발진시키는 것이 지체되었다.

5월 7일, 미군의 공격이 시작하였다. 렉싱턴과 요크타운, 2척의 항공모함에서 발진한 미군 데버스테이터(Devastator) 뇌격기와 돈틀리스(Dauntless) 급강하 폭격기들은 일본의 경(輕)항모 쇼호(祥鳳)를 발견하고 7발의 어뢰와 13발의 폭탄을 명중시키자 화염을 뿜어내던 쇼호는 11분 후에 "총원 이함하라!"는 명령이 내린 뒤 4분이 지나 산호해에 침몰하였다. 쇼호는 잠수모함 쓰루기자키(劍埼)를 개조해서 만든 소형 항공모함으로서 태평양전쟁이 발발하고 나서 처음으로 침몰한 항공모함이 되었다. 물론 쇼호가 소속된 제4함대로서도 불명예스러운 일이었다. 라바울 항구안에 정박중이던 제4함대의 기함인 순양함 가지마(鹿島)의 작전실에 쇼호가 침몰된 소식이 전해지자 작전실에 있던 인원은 모두 망연자실한 상태가 되어 누구도 전문보고를 들고 읽으려고 하지 않았다.

이제 남은 일본 항공모함은 쇼가쿠(翔鶴)와 즈이가쿠(瑞鶴)로서 양측의 항공모함 수는 같았고 양측이 갖고 있는 함재기는 미국과 일본 각각 121대와 122대로서 비슷한 전력(戰力)이었다. 인류사상 첫 항공모함끼리의 전투였으므로 양측사이에는 엉뚱한 사건도 일어났다. 즉, 일본 항공모함에서 발진한 함재기들이 귀환할 때 미국의 요크타운을 자기들 항공모함인줄 알고 착함(着艦)하려고 고도를 낮추어 적 항공모함에 접근하였고 요크타운도 착함하려고 고도를 낮추어 접근하는 항공기들을 아군 함재기로 착각하는 사건이 발생하기도 하였다. 착함하려고 내리던 일본기 조종사가 뭔가 이상하다고 생각하여 자세히 살펴보니 미군 항공모함이었으므로 착함을 포기하고 상공으로 솟아 올랐고 그 뒤를 따르던 일본기들도 모두 상공으로 날아 올랐다. 미군도 그제서야 적기인줄 알고 대공포 사격을 시작하였으나 일본기들은 이미 상공 높이 솟아 오르는 바람에 한 대도 격추하지 못하였다.

5월 8일, 오전 4시에 발진한 양측의 정찰기들은 거의 동시에 상대방을 발견하였고 양측은 거의 동시에 공격대를 발진시켰다. 이 전투에서 일본기들은 미 항모 렉싱턴을 격침시키고 요크타운에 큰 피해를 입혔다. 그러나 일본측도 쇼가쿠에 미군의 폭탄이 명중하여 대파됨으로써 비행기의 이착함이 불가하게 되었다. 즈이가쿠는 피해를 입지 않았다. 즉 산호해 해전에서 일본은 배수량 11,000톤의 경항모 쇼호를 잃었고 미군은 당시 미군이 보유한 가장 큰 항공모함인 배수량 36,000톤의 렉싱턴과 구축함 1척, 급유함 1척을 잃었다. 쇼가쿠와 요크타운은 상대방 공격을 받아 침몰을 면하였으나 대파되었다. 일본군 조종사들은 요크타운에서 큰 화재가 발생하는 것을 보고 요크타운이 침몰되었다고 판단하였으나 요크타운은 간신히 항해를 하여 하와이에 도착하였다.

(3) 승리와 패배의 혼돈

해전 자체의 결과를 보면 일본측이 승리한 해전이었다. 그러나 산호해 해전에서 일본함대를 지휘한 제4함대 사령관 이노우에 시게요시(井上成美) 중장은 자기들이 패배하였다고 오판을 하고 포트모스비를 향하여 가고 있던 함대에 상륙작전 중지 명령을 내리고 함대를 모두 철수시켰다. 이노우에 제독은 전투에 소극적인 자세로 임하여 결국 산호해 해전에서 실패하였다는 비판을 받고 히로시마 인근의 조그만 섬인 에다지마(江田島)에 있는 해군병학교 교장으로 좌천 발령받았다. 연합함대 참모장 우가키 마도메(宇垣纏) 소장은 일기 전조록(戰藻錄)에 산호해 해전을 언급하며 "제4함대는 쇼호 한 척의 손실로 인해 패전 사상에 빠졌다"라고 기록하였다. 전투에서는 순간적인 판단과 용기가 결정적으로 필요하다. 이 점에서 이노우에는 소극적이었다. 마치 진주만 기습시 제1항공함대 사령관 나구모 제독이 제3차 공격(연료저장 시설, 함정

오늘날 미드웨이 환초안의 샌드섬

수리시설, 잠수함 기지)을 하지 않아 미국 태평양 함대가 시간이 지나면서 다시 부활 할 수 있는 기회를 만들어 준 것처럼 이노우에는 소극적인 판단과 지휘를 한 것이다. 나구모 제독은 산호해 해전 이후 1개월 뒤에 일어난 미드웨이 해전에서도 소극적인 판단을 하다가 해전에서 일본이 패배하는 데 원인을 제공하였다. 이러한 나구모나 이노우에나 모두 상관인 야마모도가 임명한 것이다. 야마모도는 전쟁을 위에서 내려 보며 과감한 작전을 구상하고 시행하는 데 유능한 사령관이었으나 부하를 적재적소에 배치하는 인사(人事)에 있어서는 유능하지 못한 인물이었다.

앞서 제 34페이지에서 언급한 바와 같이 이노우에 제독은 미국과의 전쟁을 야마모도보다 더 강하게 반대하였다. 그러므로 그는 일본해군 안에서 소신이 강한 인물로 알려져 있다. 당시 미국, 영국을 적으로 싸우고있는 일본에서는 미국과 영국의 음악은 적성국의 음악이므로 금지하고 있었다. 그러나 제독은 해군병학교 졸업식에서 군악대에 영국 민요 올드랭사인을 연주시켰다. 이를 비난하는 사람들에게 제독은 "적은 적이고 명곡은 명곡이다"라고 대답하였다. 일본 해군은 올드랭사인을 행진곡으로 편곡하여 '고별(告別)행진곡'이라고 제목을 붙였고 해군병학교 졸업식에서 졸업생들이 후배들 앞에서 서로 마주보며 마지막 행진을 하는 동안 군악대는 이 곡을 힘차게 연주하였다. 제2차 세계대전 당시 에다지마 해군병학교는 미국의 아나폴리스, 영국의 다트머스 해군사관학교와 함께 세계 3대 해군사관학교로 손꼽혔다.

2. 미드웨이 해전

(1) 해전의 배경

도쿄에서 동쪽으로 3,700km, 하와이에서 서북쪽으로 1,800km 떨어진 곳에는 지름 10km의 초호(礁湖) 안에 2개의 섬을 가진 미드웨이 환초가 있다. 우리가 일반적으로 미드웨이 해전을 이야기할 때 미드웨이섬이라고 이야기하지만 사실은 미드웨이는 섬이 아니고 환초이며 이 환초 안에는 두 개의 섬이 있다. 환초안 동쪽에 있는 섬은 이스턴섬이고 서쪽에 있는 섬은 샌드섬으로서 이스턴섬에는 태평양전쟁 이전에 미군이 군용 비행장을 만들고 방어시설을 설치하였다. 그러므로 미드웨이 해전시 항공모함 4척에서 발진한 일본 항공기들은 이스턴섬을 폭격하였다. 다른 섬인 샌드섬은 이스턴섬보다 약간 크며 미드웨이 해전 이후에 미군은 이 섬에도 비행장을 건설하였다. 오늘날 이스턴섬의 비행장은 사용하지 않고 샌드섬의 비행장만 사용되고 있다.

일본 해군을 비롯하여 일본군과 일본 국민은 진주만 기습 성공으로 열광하였지만 야마모도는 일본이 선전포고 이전에 진주만 기습을 한 것은 잠자는 사자(미국)를 깨운 것이라고 생각하면서 미국이 반격으로 나오면 1942년 4월에 있었던 도쿄 폭격같이 미군의 일본 본토에 대한 폭격은 향후 자주 일어날 것으로 염려하였다. 그러므로 야마모도는 미드웨이 환초를 점령하여 환초 안에 이미 미군이 만들어 놓은 비행장에 제로전투기와 폭격기를 배치하면 하와이에 있는 미 태평양 함대의 행동을 억제할 수 있고, 나아가 미 해군 기동부대(항모를 포함)를 유인해 내어 항모 결전을 벌임으로써 미 해군을 남태평양에 들어오지 못하도록 하려는 전략을 세웠다. 그러나 대본영(군령부)은 야마모도의 이러한 전략에 반대하였으므로 야마모도는 만약 이 계획을 막는다면 연합함대 사령관직을 그만 두겠다고 자신의 주장을 굽히지 않았다.[6] 결국 대본영은 야마모도의 계획을 승인해주어 미드웨이 해전이 일어나게 된 것이다.

미드웨이 공략차 일본함대는 1942년 5월 27일 오전 6시 경순양함 나가라(長良)가 선두에 서고 그 뒤를 중순양함, 전함, 항공모함 아카기(赤城), 가가(加賀), 소류(倉龍), 히류(飛龍) 등의 순서로 히로시마 앞바다의 연합함대 정박지 하시라지마를 출발하였다. 일본 함대가 진주만 기습차 출발하던 때에는 보안관리가 철저하였으므로 지휘부 일부 밖에는 목적지를 아무도 몰랐으나 진주만에서 큰 승리를 거두자 일본해군은 미군을 깔아보는 풍토가 군 내부에

---

6) 星亮一 『ケネディを沈めた男』 p.62, 光人社, 東京, 日本, 2021

퍼지면서 보안관리가 제대로 되지 않아 말단 수병까지도 함대의 목적지를 알고 있었을 정도였다. 그러므로 진주만으로 향할 때에는 함과 함 사이에 무전교신이 금지되었으나 미드웨이로 행하고 있는 함대에서는 승전 분위기에 들떠서 함정들 사이에 평문으로 무전을 주고 받는 정도까지 보안관리가 제대로 되지 않았다. 일본함대가 태평양으로 나오자 기다리고 있던 미국 잠수함이 일본함대 뒤를 따라가면서 항해상황을 진주만에 보고하였으므로 미군은 일본함대의 움직임을 파악할 수 있었다.

미드웨이 공략함대 사령관직은 진주만 기습시 사령관이었던 나구모 중장이 맡았다. 나구모는 진주만 기습시 소극적 자세를 보였으므로 후일 비판을 받았으나 그럼에도 야마모도는 미드뤠이 공략작전 함대지휘를 다시 나구모에게 맡겼다. 이러한 일본군에 비해, 진주만 기습 직후 새로이 태평양 함대 사령관이 된 니미츠 대장(Chester Nimitz)은 일본 해군의 차기 목표 가운데에는 미드웨이도 포함되었을 것으로 예측하고 참모들을 데리고 1942년 5월 2일, 미드웨이 환초를 방문하여 대공포대, 엄체호, 지하지휘소, 활주로의 격납고 등 방어진지 구축상황을 점검하였다. 그리고 미드웨이 방어 지휘관 시마드(Cyril Simard) 해군 중령에게 미드웨이를 사수하라고 명령하였다

(2) 태평양전쟁의 분수령

미국과 일본의 해군함대는 1942년 6월초, 미드웨이 환초 인근에서 그때까지 사상최대의 항공모함끼리의 전투를 벌여 미 해군이 승리하였다. 일본해군은 앞에 언급한대로 4척의 항공모함을 투입하였고 미국해군은 3척의 항공모함인 엔터프라이즈, 호넷, 요크타운을 전투에 투입하였다. 당시 미국해군

이 보유한 대형 항공모함 사라토가는 본토 서해안에서 수리중이었으므로 미드웨이 해전에 참가할 수 없었다. 그러므로 미드웨이 해전에 투입된 항공모함 전력은 미국과 일본이 3:4였으나 함대 전체 규모는 미국과 일본이 1:3으로서 일본이 우세하였고 4척의 항공모함에 탑재된 280대 함재기 조종사들은 진주만 기습에도 참가하였던 베테란 조종사들이었으므로 조종실력 역시 일본이 더 우수하였다. 그러므로 미드웨이 해전이 일어나기 전에 미군은 일본군 암호를 해독하여 일본함대가 미드웨이 환초를 공격할 것이라는 사실을 이미 알고 있었지만 막상 전투가 시작되자 일본함대를 공격하던 미군기는 일본군 전투기와 대공포에 의해 거의 격추되었다. 마지막 공격으로 보이는 미군의 뇌격기 대편대도 일본군의 제로전투기와 대공포에 격추되었으므로 더 이상의 미군기 공격은 없을 것으로 보였다.

(3) 기적의 순간

그러므로 이제 일본의 공격차례가 되자 사령관인 나구모 제독부터 말단 수병까지 일본의 신(神) 아마데라스 오미가미(天照大御神)가 일본을 도와준다고 믿고 감격하면서 이번 해전으로 태평양전쟁은 일본의 승리로 끝날 것이라고 믿었다. 이제 일본군이 미국 함대를 무자비하게 공격할 차례였다. 그 순간 일본항공모함군(群) 상공에 떠 있는 하얀 구름을 뚫고 미군의 돈틀리스 급강하 폭격기가 거의 수직으로 내려왔으므로 일본군은 고각도 사격이 불가하였다. 미국으로서는 최후의 공격대인 이들 돈틀리스 급강하 폭격기들이 폭탄 명중율을 높이려고 항공모함 상공 바로 가까이 내려와 투하한 폭탄이 모두 일본 항공모함 갑판에 명중하자 일본 항모 4척은 큰 화재를 일으키며 침몰하였다. 일본은 항모 요크타운이 산호해 해전에서 침몰하였다고 판단하였으므로 요크타운이 미드웨이 전투에 참전하였다는 사실을 알지 못하였다. 항공모함 갑판에 명중시키자. 갑판 위와 갑판 아래 격납고에서 비행기 옆에 놓아둔 어뢰와 폭탄이 연쇄적으로 폭발하는 바람에 순식간에 일본군 항공모함 3척이 화염에 싸여 침몰하였고 마지막으로 남은 항공모함 히류도 잠시 후 미군 항공기의 공격을 받아 침몰하였다. 항공모함과 함께 역전(歷戰)의 일본군 조종사 300여 명도 전사하였다. 새로운 항공모함을 건조하는 것보다 A급 조종사를 양성하는 데에는 더 오랜 세월이 걸리므로 일본 해군으로서는 큰 타격을 받은 것이다. 여기에 비해 미군은 미드웨이 해전에서 항공모함 요크타운을 잃었다. 요크타운은 산호해 해전에서 대파된 상태로 하와이에 귀환하여 급히 수리하여 미드웨이 해전에 참가하여 공을 세웠다. 일본군은 요크타운이 산호해 해전에서 침몰한 것으로 판단하였으므로 요크타운이 미드웨이 해전에 참가할 것은 생각하지 못하였다.

(4) 미드웨이 상륙에서 과달카날 상륙으로

일본함대는 미드웨이 환초에 육군부대를 상륙시켜 환초 전체를 점령하려고 이치기 기요나오(一木淸直) 대좌(대령)가 지휘하는 상륙부대인 보병 제28연대 5천명을 수송선에 태워 왔다. 그러나 순식간에 항공모함 4척을 잃고 순양함들까지 미군 항공기에 잃게 되자 미드웨이 공략 기동부대 후미 500km에서 또 다른 항모 2척과 인류사상 최대의 전함 야마토(大和) 등 함대를 이끌고 미드웨이를 향하여 가던 연합함대 사령관인 야마모도 이소로쿠(山本五十六) 제독은 미드웨이 공략작전을 중지하였다. 그러므로 야마모도 제독이 탄 전함 야마도와 함께 육군상륙부대를 태우고 미드웨이를 향하여 가던 수송선들은 목적지를 변경하여 중부 태평양의 괌섬으로 향하였다. 2개월 후인 8

솔로몬 제도와 뉴기니

월초 이 육군부대의 일부병력(916명)은 구축함들에 실려 급히 남태평양의 솔로몬 제도에서 가장 큰 섬인 과달카날로 보내졌다.

미군은 태평양전쟁 당시 이스턴섬에 배치된 해병 항공대의 돈틀리스 급강하 폭격기 조종사 헨더슨(Lofton Henderson) 소령이 1942년 6월초 벌어진 미드웨이 해전에서 일본 항공모함 히류를 공격중에 장렬한 전사를 한 것을 기념하여 후일 이스턴섬의 비행장에 '헨더슨 비행장(Henderson Field)'이라고 이름붙였다. 미드웨이 해전이 끝나고 2개월 후인 8월 7일, 미 해병대는 남태평양 솔로몬 제도에서 가장 큰 섬인 과달카날에 상륙하여 일본군이 만든 비행장을 탈취한 뒤 이 비행장에도 '헨더슨 비행장'이라는 이름을 붙였다. 미드웨이 해전은 태평양전쟁이 발발한 이후 미국해군이 일본해군에 대해 거둔 첫 승리로서 태평양전쟁의 분기점을 만든 해전이고 과달카날 전투는 태평양전쟁이 일어난 후 미군이 지상전에서 일본군에 대해 승리한 첫 전투로서 미군의 반격작전이 시작된 전투이다. 이 두 전투에서 사용된 비행장에 미군은 동일한 군인의 이름을 붙여준 것이다.

하여간에 미드웨이 환초와 과달카날섬은 지리적으로 수 천 km 떨어져 있으나 두 곳에서 일어난 육상전과 해전은 이렇게 직·간접적으로 서로 유기적으로 연결되어 있는 것이다.

• 제3장
과달카날 전투

1. 헨더슨 비행장

(1) 일본군이 건설

 태평양전쟁을 총괄지휘하는 일본의 대본영(大本營)은 남태평양과 호주를 점령하려는 계획의 일환으로서 뉴헤브리디즈 제도(오늘날 독립국인 바누아투)와 프랑스령 뉴칼레도니아섬에 있는 미군 기지를 공격하고 미국과 호주의 보급·연락선을 차단하기 위해 솔로몬 제도에 육상항공기지(비행장)가 필요하다고 느꼈다. 이러한 목적으로 일본은 솔로몬 제도에 대한 항공정찰을 한 결과 과달카날섬의 서북부 룽가(Lungga)강의 동쪽에 있는 평원을 선택하고 비행장 건설을 추진하였다.

 이 계획에 따라서 일본 해군 설영대 약 2,700명(인원 대부분이 강제징용당해 끌려간 한국인 노무자들)은 수송선편으로 과달카날에 도착하자마자 1942년 7월초부터 공사를 시작하여 8월 5일에 길이 1,200m, 폭 50m의 비행장을 완공하였다. 일본군은 이 비행장에 비행장 서쪽을 흐르는 룽가강의 이

1. 태평양전쟁 당시 헨더슨 비행장
2. 오늘날의 헨더슨 비행장

름을 따라 '룽가 비행장'이라고 이름 붙였다. 그러나 비행장이 완공되자 마자 이틀 뒤인 1942년 8월 7일 아침, 과달카날섬 북쪽 해상에 나타난 미국 함대는 과달카날의 북부 해안을 향하여 일제히 함포사격을 한 후, 이어서 상륙부대가 수륙양용전차(LVT)를 타고 섬에 상륙하였다. 상륙한 미국 해병대는 그날, 일본 해군 설영대가 이틀 전에 완공해 놓은 비행장을 탈취한 후, 미드웨이 해전에서 전사한 미국 해병대 조종사 헨더슨 소령의 이름을 따라서 헨더슨 비행장이라고 이름 지었다. 그 뒤 6개월 동안 비행장을 다시 탈환하려는 일본 육군 2개 사단과 비행장을 방어하려는 미군 2개 사단(해병대, 육군 각각 1개 사단) 사이에 치열한 격전이 일어나 미군이 승리하였다. 당시 미군에게 포로가 된 많은 조선인(한국인)들은 뉴질랜드 북섬에 있는 작은 마을 페더스턴(Featherston)에 세운 포로수용소에 보내졌다. 필자는 과달카날 전투에서 미군에 포로가 된 조선인 노무자들을 찾으려고 미국 해병대 사령부에도 연락을 하였고 페더스턴 수용소에 혹시 남아있을지 모르는 조선인들의 흔적을 찾으려고 수용소를 방문하였으나 아쉽게도 흔적을 찾지 못하였다.

(2) 일본 전투부대 상륙

일본군은 헨더슨 비행장을 탈환하기 위해 괌섬에 대기하고 있던 이치기 지대(支隊)를 급히 과달카날섬으로 파견하였다. 홋카이도의 아사히가와(旭川)에서 창설된 보병 제7사단 예하 제28연대장인 이치기 기요나오(一木清直) 대좌(대령)가 지휘하는 이 부대는 일단 괌을 떠나 트럭 환초까지 이동한 후에 8월 15일에 6척의 구축함, 가게로(陽炎), 아키가제(秋風), 우라가제(浦風), 다니가제(谷風), 하마가제(浜風), 아라시(嵐)에 916명이 분승하였다. 이날 구축함 가게로에 탑승한 이치기 지대의 장병들은 사기가 왕성하였고 특히 장교들 가운데

1. 헨더슨 비행장 앞에 있는 일본군 75mm 대공포
2. 미군에게 포로가 된 조선인 노무자(중부태평양, 베시오 비행장)

는 육군사관학교 출신이 많아 그 가운데 선임장교는 가게로의 항해장인 이치키 도시오(市來俊男) 대위에게 "우리가 과달카날에 상륙하면 적은 도망갈 것이므로 섬은 즉시 탈환할 수 있다"고 자신있게 말하였다. 태평양전쟁이 발발하고 일본군은 즉시 필리핀, 괌섬과 웨이크섬에서 미군과 교전하여 미군의 항복을 받았으므로 미군을 업신여기며 자신감이 넘쳐나고 있었던 것이다.

며칠 후, 이치기 지대는 헨더슨 비행장 동쪽 해안에 야음을 틈타 은밀하게 상륙하였다. 앞서 언급한대로 원래 이 부대는 미드웨이 환초를 점령하기 위해 미드웨이 해전에 수송선을 타고 참가하였으나 미드웨이 해전에서 예상을 뒤엎고 일본 함대가 미국 함대에 패배하자 일본으로 귀환하지 않고 다음 작전을 위해 괌섬에서 대기중이었다.

1942년 8월 21일 야간에, 헨더슨 비행장의 동쪽 바로 앞을 흐르는 일루(Ilu)7)강가에서 헨더슨 비행장을 방어하는 미 해병대와 비행장을 공격하는 일본 육군 사이에 첫 지상전투가 벌어졌다. 이날 전투에서 일본군은 상륙병력 916명 가운데 97%인 871명이 전사하였고 전투에 참패한 이치기 대좌는 연대기를 불태우고 권총으로 자결하였다(전사하였다는 설도 있다). 이치기는 1937년 7월 7일, 중일(中日)전쟁의 시발점이 된 노구교(盧溝橋) 사건 당시 소좌(소령)로서 대대를 지휘하여 중국군을 공격한 장본인이었다. 이러한 노구교 사건과 솔로몬 제도에서의 전투의 연관성에 대해서는 중국인도 잘 모르고 있어 중국본토, 홍콩 또는 타이완 사람들에게 이 이야기를 해주면 다들 통쾌해 하는 것을 보았다. 이런 데서 세월이 흘러가도 변치않는 중국인들의 대일관(對日觀)을 엿볼 수 있다.

노구교는 1192년에 만들어져 북경 근처에 지금도 남아있는 가장 오래된 다리로서 마르코폴로가 유럽인들에게 처음 소개함으로써 '마르코폴로 다리

---

7) 과달카날 전투에 관련된 책이나 잡지에 테나루(Tenaru)강이라고 잘못 기재되어 있다. 테나루강은 헨더슨 비행장에서 동쪽으로 2km 떨어져 있는 강으로서 일본군 보병이 돌격할 수 있는 거리가 아니다. 과달카날 전투관련된 미국 육군 공간전사(公刊戰史)책에 이러한 기록 착오에 대해 명확하게 설명되어 있다.

뉴질랜드 페더스턴 포로수용소

(Marco Polo Bridge)'라고도 부른다. 길이 266.5m, 폭 7.3m 그리고 다리 밑 부분은 11개 아치(arch)로 되어 있는 이 다리의 양쪽 난간 위에는, 각기 다른 모양으로 501개의 사자(獅子)상이 있다. 아직도 중국과 일본 양국은 이 다리에서 서로 상대방이 먼저 공격했으므로 중일전쟁이 시작되었다고 주장하고 있다. 그러나 필자가 보기에는 여러 정황을 볼 때 일본군이 먼저 공격한 것으로 판단하고 있다.

일본 대본영은 이치기 지대가 일루강 전투에서 전멸하였음에도 헨더슨 비행

헨더슨 소령의 동생, 프레데릭 헨더슨 해병대 준장(예)과 헨더슨 비행장에서 필자(1995년 10월).
헨더슨 준장은 한국전쟁중 영관 장교로서 서부전선에서 한국 해병 제1연대와 함께 싸웠다.

장을 탈환하려고 가와구치 기요다케(川口淸健) 소장이 지휘하는 보병 제35여단을 보냈고 이어서 육군 2개 사단(제2, 제38사단)을 투입하였으나 결국 헨더슨 비행장을 탈환하지 못하고 일본은 헨더슨 비행장이 전투의 중심이 된 과달카날섬 전투에서 패배하였다. 한편, 미국으로서는 과달카날 전투이전까지는 지상전에서 일본군에 계속 밀리다가 태평양전쟁 발발후 과달카날에서 처음으로 지상전에서 일보군을 패배시켰다. 그러므로 과달카날은 미국의 반격작전이 시작된 곳이다.

태평양전쟁에서 미국의 반격이 시작된 과달카날 전투의 중심이었던 헨더슨 비행장은 필리핀의 클라크, 태국의 사타힙, 오키나와의 가데나(嘉手納), 베트남전 당시의 비엔호아(Bien Hoa), 그리고 가까이는 우리나라의 오산 또는 수원 비행장처럼 큰 군용비행장이 아니다. 그러나 역사를 바꿔버린 역사(役事)를 이룩한 비행장이다. 군용 비행장으로서 헨더슨 비행장처럼 육지, 바다, 공중에서 장기간(6개월) 동안 많은 공격을 받았거나 비행장이 전쟁터의 중심이 되어 이를 탈취하기 위해 여러 차례 대규모 전투가 입체적으로 치러지고, 또한 한 개의 비행장 상공에서 장기간 치열한 공중전을 벌여 한 국가의 공군력이 휘청거릴 정도로 타격을 받은 비행장은 아직까지 역사상 없었으며 앞으로도 나올 것 같지 않다.

2. 쇠바닥만 해전

(1) 사보 해전

솔로몬 제도에서 가장 큰 섬인 과달카날의 북부해안에 있는 수도 호니아라에서 맞은 편을 보면 약간 왼편에 마치 큰 거인이 누워있는 모양을 하고 있는 섬이 있는 데 이 섬이 사보(Savo)섬이다. 마치 과달카날을 서북쪽에서 침입하는 누군가를 지켜주는 수문장 모습이다.

미군이 과달카날과 툴라기에 상륙하였다는 보고가 라바울 일본군 기지에 도착하자 미가와 군이치(三川軍一) 중장이 지휘하는 제8함대의 8척의 함대 (중순양함 5척, 경순양함 2척, 구축함 1척)가 라바울을 떠나 과달카날 앞바다에 8월 9일 오전 1시에 도착하였다. 일본 함대가 급습하러 온 사실을 모르는

상공에서본 쇠바닥만.
왼쪽은 과달카날섬 서북부해안. 오른쪽의 섬이 사보. 헨더슨 비행장은 사진 아래 방향이다.

미국 수송선단과 이를 호위하는 미국 함대는 닻을 내리고 잠들어 있었다. 절호의 기회를 잡은 일본 함대는 오전 1시 35분부터 미국 함대에 대해 함포사격을 시작하였고 동시에 어뢰를 발사하였다. 이 해전에서 미군 중순양함 3척과 호주 중순양함 1척이 침몰되었고 구축함 1척이 대파되어 미국·호주 연합군은 전사 1,024명과 부상 709명의 인명피해를 입었다. 반면 일본군은 중순양함 2척이 손상을 입었고 전사 58명, 부상 53명의 손실을 입어 일본 해군이 일방적인 승리를 거두었다. 미군 수송선단을 호위하고 있던 미군 호위함대를 격파한 일본함대는 이제 수송선단을 향해 포격과 어뢰 공격을 하면 사실상 미군 수송선단은 전멸되어 미군의 과달카날 전투는 큰 어려움에 봉착하였을 것이다. 그러나 이 순간에 미가와 제독은 근처에 미 항공모함이 있을 것으로 판단하고 미 수송선단을 괴멸시키기 바로 전에 후퇴명령을 내려 라바울로 귀환하였다. 당시 미가와 제독이 두려워하였던 미 항공모함들은 혹시 있을지 모르는 일본군의 공격을 피해 이미 솔로몬 제도 해역을 떠나 뉴칼레도니아 방면으로 항해중이었다. 이 해전에서 일본은 승리하였으나 더 큰 승리의 기회를 놓쳤다. 만약 미가와가 미 수송선단을 공격하였더라면 태평양전쟁은 완전히 다른 방향으로 전개되었을 것이다. 일본군은 이 해전을 '제1차 솔로몬 해전'이라고 부르고 미국은 '사보 해전(Battle of Savo)'이라고 부른다.

사보 해전은 2개월 전에 일어난 미드웨이 해전에서 일본 해군의 허리뼈를 꺾어 놓았다고 생각했던 미 해군 지휘부에 아직도 일본 해군이 막강하다는 상당한 충격을 주었고, 미 해군 역사상 오늘날까지 가장 치욕적인 패배로 기록되어 있다.

(2) 쇠바닥만 바닥의 군함들

지상에서 이러한 치열한 격전이 일어나는 동안 헨더슨 비행장이 위치한 해안 앞바다에서는 일본 해군과 미국 해군 사이에 큰 해전이 5번이나 일어났다. 일본 해군은 순양함과 구축함은 물론 이 함정들보다 훨씬 큰 전함(戰艦:해전을 위해 만든 거대한 군함)들까지 투입하여 바다에서 헨더슨 비행장에 거대한 함포사격을 하였고 이러한 일본함대를 저지하려고 미국도 전함이 포함된 함대를 투입함으로써 헨더슨 비행장 앞바다에서는 전함과 전함 사이의 해전도 일어났다. 1941년 12월초 하와이 진주만을 기습공격한 일본 해군 기동부대(31척으로 구성)에는 항공모함 6척과 전함 2척(기리시마, 히에이)도 포

호니아라 시내 뒤편 언덕위에서 본 쇠바닥만과 사보섬(머리를 왼편에 두고 누워있는 거인처럼 보인다).
왼편 건물은 미국의 원조로 세워진 솔로몬 제도 국회의사당

함되어 있었는바 헨더슨 비행장이 있는 과달카날 북부해안과 사보섬 사이에 있는 만(灣)에서 진주만 기습에 참여하였던 일본 해군의 전함 2척 모두 미군 전함과 헨더슨 비행장에서 출격한 항공기들에 의해 격침되었다. 미국으로서는 통쾌하게 진주만의 복수를 한 것이다. 헨더슨 비행장이 있는 과달카날섬 북부해안과 사보섬 사이의 만에는 헨더슨 비행장을 점령하려고 미·일 해군 사이에 벌어진 5번의 해전에서 양측의 대소 함정 44척이 만 바닥에 가라앉아 있으며 양측의 항공기도 가라앉아 있다. 그러므로 전쟁이 끝난 뒤 이 해상에는 '쇠바닥만(Iron Bottom Sound)'이라는 이름이 공식적으로 붙었다.

1992년 이 해협에는 이미 그 전에 대서양에서 영국의 여객선 타이타닉호와 제2차 세계대전때 독일 해군의 전함 비스마르크호의 침몰된 위치를 찾아낸 미국의 해저 탐사선 래니 초스트(Laney Choest)호가 나타났다. 이 탐사선은 미국 해군과 내셔널지오크래픽사(社)의 후원을 받아 이곳에 오게 된 것이다. 탐사선은 밸러드(Robert Ballard) 박사의 지시를 따라 쇠바닥만을 샅샅이 조사한 뒤 물속 깊이 가라앉아 있는 함선 44척 가운데 12척을 발견하였다. 이 수색작업 결과 위치가 정확하게 파악된 12척의 군함은 다음과 같다.

① 미국(9척)
- 중(重)순양함[8] : 노덤턴(Northampton), 퀸시(Quincy)
- 경(輕)순양함[9] : 애틀란타(Atlanta)
- 구축함[10] : 드하벤(De Haven), 라피(Laffey), 쿠싱(Cushing), 발턴(Barton)
- 수 송 선 : 리틀(Little) 또는 그레고리(Gregory), 두척 가운데 한 척으로서 확인불가

② 일본(3척)
- 전　　함 : 기리시마(霧島)
- 구축함 : 아야나미(綾波), 유다치(夕立)

③ 호주(1척)
- 중순양함 : 캔버라(Canberra)

---

[8] 주포(主砲) 구경, 8인치
[9] 주포 구경, 6인치
[10] 주포 구경, 4~5인치

미·일 양측의 수많은 군함을 삼켜버린 쇠바닥만은 오늘도 말없이 호수같은 잔잔한 수면만을 보여주고 있다. 한편, 쇠바닥만에 있는 사보섬은 태평양전쟁 당시 여러 차례에 걸친 해전이 이 섬 근처에서 일어나 일약 세계 해전사에 오르게 되었다. 이 섬은 화산도로 이루어져 섬 중앙에 솟아 있는 산에는 아직도 미약하게 활동중인 분화구가 있다. 물론 필자는 원주민의 안내를 받아서 이 분화구에 걸어서 올라가 보았다. 이 섬의 명물로는 화산재로 이루어진 흙을 깊숙하게 파고서 그 속에 알을 낳는 메가포드(Megapode)라는 새가 있다. 아침 일찍 해뜨기 전, 그리고 저녁 어둠이 깔리기 전에 메가포드가 잠깐 나와서 움직이는 것을 볼 수 있다. 이 새의 알은 보통 달걀보다 훨씬 크므로 주민들은 이 알을 파내서 호니아라 시장에 가져와 팔기도 한다.

(3) 구축함에서 설교단으로

남태평양의 솔로몬 제도에서 가장 큰 섬인 과달카날섬(제주도의 3배)과 사보섬 사이에 있는 해협에서는 태평양전쟁 동안 과달카날섬을 점령하기 위해서 미국해군과 일본해군 사이에 여러 번의 대규모 해전이 일어났다. 그러므로 세계에서 가장 많은 현대식 군함들이 해저에 가라앉아 되어 전쟁이 끝나자 이곳에는 방금 앞서 언급한 대로 '쇠바닥만'이라는 이름이 공식적으로 붙여졌다. 전쟁이 한창이던 1942년 11월 13일 새벽부터 15일 저녁까지, 이 해협에서는 미국함대와 일본함대 사이에 거대한 해전이 벌어졌다. 이 해전에서 미일 양측해군 모두 27척의 군함이 이 해협에 침몰하였다. 이 가운데에는 일본 구축함 아카츠키(曉)도 포함되어있다. 배수량 2천톤인 아카츠키는 최고속력 34노트를 내며 6문의 5인치 함포를 장착하고 220명의 승조원이 승선하고 있었다. 당시 아카츠키의 수뢰장(水雷長)이던 신야 미치하루(新屋德治) 대위는 타

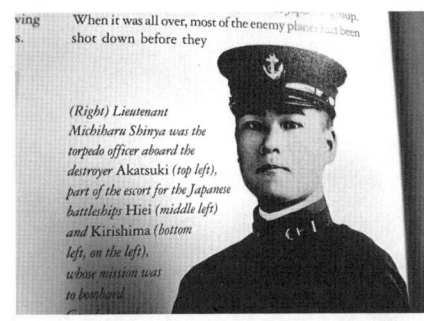

1. 미국에서 발간된 서적 'The Lost Ships of Guadalcanal'에 실린 신야 미치하루 대위의 전쟁 당시 사진
2. 구축함 아카츠키

고 있던 구축함이 침몰하자 부상당한 몸으로 물속에 뛰어들었으나 해전이 끝난 뒤 바다 위를 수색하던 미군 경비정에 포로가 되었다. 구축함에 타고 있던 제6구축함대 전대장 야마다 유스케(山田勇助) 대좌(대령), 함장 다카스카 오사무(高須賀修) 중좌(중령)와 거의 모든 승무원이 전사하였으나 신야 대위를 포함한 몇 명만이 물에 뛰어들어 살아남은 것이다. 그는 다른 일본군 포로들과 함께 과달카날섬을 떠나 뉴칼레도니아섬을 거쳐 뉴질랜드 북섬의 남부, 즉 수도 웰링턴에서 북쪽으로 60km 떨어져 있는 페더스턴 마을의 포로수용소로 보내졌다. 이 수용소에는 750명의 포로가 수용되었는데 이 가운데 400명은 일본 정부에 징용되어 과달카날섬에서 비행장 건설 공사를 하다가 미군에 포로가 된 한국인 노무자들이었다. 미군은 이 비행장을 일본군으로부터 탈취한 후, 앞서 언급하였듯이 '헨더슨 비행장'이라고 이름 지었다. 미드웨이 해전

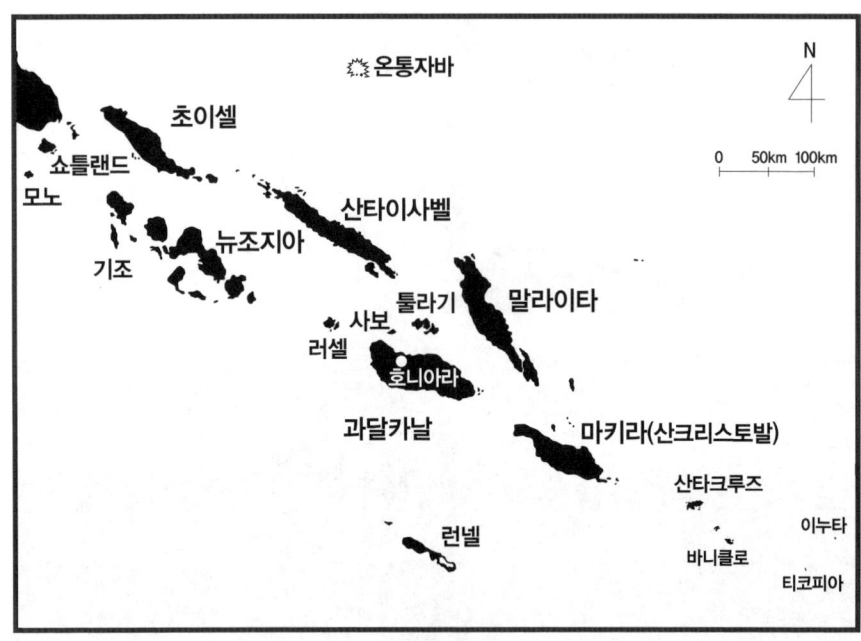

솔로몬 제도

에서 돈틀리스 급강하 폭격기 조종사로서 용감하게 싸우다 전사한 미국 해병 항공대 헨더슨 소령의 이름을 붙인 것이다. 필자는 1995년에 헨더슨 소령의 친동생(한국전쟁때 미국 해병대 장교로 참전함)과 조카 부부도 만나서 형과 삼촌에 대한 자세한 이야기를 들었다.

사무라이의 전통을 갖고 있는 일본군에게는 포로가 되는 것이 가장 큰 치욕이었다. 그러므로 포로수용소에서 뉴질랜드 군목이 아무리 전도를 하여도 일본군 포로들은 포로가 된 사실조차 치욕인데 거기다 적의 종교까지 받아들일 수 없다고 생각하여 전도를 거부하였다. 신야 대위도 마찬가지였다. 그러나 하나님의 택하심으로 신야 대위는 인생이 무엇인가를 생각하며 성경을 읽는 동안 마음이 움직이기 시작하였다. 결국 그는 포로수용소에서 전쟁이 끝날 때까지 3년을 보내는 동안 수용소의 트러톤(Hessell W.F. Troughton) 군목을 통해 예수를 알게 되어 수용소에서 세례를 받았고 전쟁이 끝나면 다른 사람에게도 그리스도의 구원을 전하기 위해 목사가 되기로 결심하였다. 전쟁이 끝난 뒤 일본에 돌아온 그는 가정 형편이 어려워 다른 직업을 찾으려고 하다가 수용소에서 결심한 대로 목사가 되기로 결정하고 '일본 성서 신학교'에 들어가 신학을 공부하여 목사가 되었다. 1920년 도쿄에서 태어난 그는 어릴 때부터 해군이 되고 싶어 고등학교를 졸업한 뒤 해군병학교(해군사관학교)에 제68기(입학 300명, 졸업 280명)로 입학하였다. 그는 3년 6개월의 교육 기간이 끝난 뒤 해군 소위가 되었고 그 후 태평양전쟁이 일어나자 남태평양 해역에 구축함을 타고서 참전하였던 것이다.

포로수용소에서 예수를 믿은 사람은 여러 명이었으나 이들 가운데 거의 대부분은 일본에 돌아와서는 예수 믿는 것을 포기하였다. 성경에 나오는 씨 뿌리는 비유를 생각나게 한다.

1949년에 신학교를 졸업한 신야 목사는 도치기현의 가누마(鹿沼)교회와 우쓰노미야(宇都宮)교회에서 목회를 하면서 '구축함(驅逐艦)에서 강단(講壇)으로'라는 글을 월간 교회소식지에 올렸다. 이것이 계기가 되어 그는 1957년에 '죽음의 바다에서 강단으로'라는 책을 발간하였는데 책이 출판되자 많은 일본인들을 감동시켰다. 이 책은 1973년에 뉴질랜드에서는 '죽음과 불명예를 넘어서(Beyond Death and Dishonour)'라는 제목으로 영문판으로 출판되었다. 신야 목사는 도쿄 스기나미구(杉並區)의 아케보노(曙)교회에서도 목회를 하였고 도쿄의 덴야에다(田園江田)교회에서 마지막으로 목회를 하였다. 소년 시절부터 군인이 되기를 원하였던 신야 목사의 요코하마 집 서재에는 물론 기독교 서적이 책장을 메우고 있었으나 벽 한 면에는 그가 참전하였

신야 목사 부부와 함께 요코하마 자택에서. 왼쪽이 필자

던 해전을 자세하게 보여주는 쇠바닥만의 해전(海戰)지도 3장이 붙어있었다. 그는 설교 도중 '태평양전쟁에서는 적군의 포로가 되었으나 이제는 예수 그리스도의 포로가 되었다'고 수시로 간증하였다고 한다. 필자도 중학교 1학년 때부터 직업군인이 되기를 원하였기에 신야 목사를 만났을 때 국경을 넘어서 신앙과 애국심에 동질감을 느꼈다.

필자는 중학교 1학년때 헨더슨 비행장을 둘러싼 과달카날섬 전투를 처음으로 알게 되어 그 후 헨더슨 비행장을 꼭 보게 되기를 원하였다. 결국 필자는 1980년에 헨더슨 비행장, 과달카날섬 그리고 신야 목사의 구축함이 침몰한 쇠바닥만을 볼 수 있었고 신야 목사가 포로생활을 한 뉴질랜드의 페더스턴

수용소에도 가 보았다. 그 수용소의 기념품 상점에서 구입한 '죽음과 불명예를 넘어서' 책을 읽고서 신야 목사에 대해 처음으로 알게 되었다. 그 후, 필자가 근무하던 회사에서 생산한 상품(목재)을 수입하던 일본 회사 거래처에 부탁하여 그의 주소를 얻어서 집을 방문하였다. 신야 목사에 관련된 해전과 신앙 글을 쓰자면 별도로 한 권의 책이 될 것이므로 이 정도로 마무리한다.

3. 공중전

(1) 태평양전쟁 최대의 공중전

미드웨이 해전에서 A급 조종사 300여 명을 잃은 일본군은 1942년 8월 7일 이른 아침에 미군이 과달카날에 상륙한 이후부터 1943년 2월 일본군이 과달카날에서 철수할 때까지 거의 매일 과달카날 상공에서 벌어진 공중전으로 수많은 숙련된 조종사와 승무원을 잃었다. 미군이 과달카날에 상륙하였다는 보고를 받은 라바울 기지의 제4함대는 즉시 이날 미 함대를 공격하려고 육상공격기 27대, 함상폭격기 9대, 제로전투기 17대를 발진시켜 과달카날 앞바다에 정박해 있는 미국 함대를 공격하였으나 미군에 피해를 주지 못하고 오히려 미군 전투기와 대공포에 맞아 육상공격기와 함상폭격기 5대, 전투기 2대 도합 7대를 잃었다. 이날부터 6개월 동안 과달카날 상공에서는 거의 매일 공중전이 벌어졌다.

이 과달카날 항공전에서 미군 전투기에 격추된 일본군 폭격기와 전투기는 육군기와 해군기 합쳐 약 600대에 이르렀고, 이를 조종하던 육군과 해군의 숙련된 조종사와 승무원 전사자는 약 2,300명에 이르렀다. 이들 경험있는 조종사와 승무원이 사라진 뒤 일본은 이를 대체할 인원을 신속히 양성하지 못해 과달카날 전투 이후에 미숙련된 일본 조종사들은 전쟁 초기 공중전에서 미군을 능가하는 실력을 보여 준 선배들의 기록을 한 번도 다시 펴보지 못하고 전쟁이 끝날 때까지 공중전에서 미군에게 일방적으로 압도 당하였다. 즉, 일본 해군 항공대의 경우, 진주만 공격 이후 초기 3개월 동안 동남 아시아에서 대승리를 거두면서 잃은 항공기 승무원이 509명, 그 후 산호해 해전과 미드웨이 해전을 비롯하여 뉴기니 작전이 진행되던 5개월 동안 다시 655명을 잃었고 연이어 6개월 동안 벌어진 전투(거의 과달카날 전투)에서 1,881명을 잃었다.

일본이 태평양전쟁을 일으킬 당시, 일본 해군은 2년 이상 비행경력을 가진 숙련된 항공기 승무원이 3,478명이나 되었으나 과달카날 전투가 끝난 1943년 2월까지 그 숙련된 조종사의 88%에 해당하는 3,045명을 잃었다. 물론 이 숫자에는 일부 미숙련된 승무원도 섞여 있었을 것이다. 결국 과달카날 상공에서 잃은 숙련된 항공기 승무원의 수는 미드웨이 해전에서 일본이 잃은 숙련된 승무원 숫자를 몇 배나 상회함으로써, 개전 이후 정예 항공 승무원 전력은 거의 과달카날 상공에서 소모되어 버렸다. 여기에 과달카날 항공전의 또 다른 의미가 있다.[11]

(2) 일본이 공중전에서 패한 이유

일본인들은 "태평양전쟁은 제로전투기의 날개 아래서 시작되었다"라고 당시 세계 최고의 전투기 성능을 가진 제로전투기에 대해 자부심이 대단하다.

---

11) 권주혁 『헨더슨 비행장』 p.269, 지식산업사, 서울, 2001

태평양전쟁초기 제로전투기에 대항할 미군 전투기는 없었다. 그러나 과달카날 항공전에서 제로전투기의 신화는 헨더슨 비행장에 배치된 미군 F4F 와일드캣 전투기에 의해 여지없이 깨져버렸다. 와일드캣은 제로전투기보다 성능이 떨어졌으나 1천km 떨어진 라바울 기지에서 과달카날까지 몇 시간 동안 비행해 온 제로전투기들은 헨더슨 비행장 위 높은 상공에서 미리 이들을 기다리고 있던 와일드캣 편대에 먹이감이 되곤 하였다. 제로전투기는 성능은 좋았으나 먼 비행거리(귀환할 연료까지 채우고 있으므로 기동성을 제대로 발휘 못함)와 제로전투기의 접근 고도보다 더 높은 상공에서 미리 기다리고 있던 와일드캣의 요격 전술 때문에 성능을 발휘하지 못하고 공중전에서 패하게 됨으로써 제로전투기의 신화가 과달카날 항공전에서 여지없이 붕괴되었다. 미군기는 격추되어도 조종사가 과달카날 앞바다로 비상탈출하면 해변에서 이를 지켜보던 미군이 가서 쉽게 구조하였으나 일본기는 적진이므로 그러지 못하였고 기체에 손상을 입을 때도 미군기는 잠시 후 헨더슨 비행장에 안전하게 착륙할 수 있었으나 일본기는 1천km 떨어진 라바울 기지까지 귀환하는 도중에 바다에 추락하는 경우가 다반사였기 때문이다. 일본기는 불리한 조건에서 항공전을 수행하였던 것이다. 필자는 라바울과 과달카날 중간에 있는 벨라벨라(Vella Lavella)섬 남부 해안에 추락한 제로전투기의 잔해를 현지 원주민의 도움을 받아서 발견한 적이 있다. 아마 조종사가 라바울로 귀한 중에 해변에 불시착한 것으로 짐작된다. 날개는 이미 착륙시 떨어져 나갔거나 해변 모래 속에 파묻혔는지 엔진과 동체 일부 앞부분만 해변에 남아 있었다. 조종석 캐노피도 일부 남아 있었으므로 이미 녹슨 엔진은 무거워 떼어낼 수 없었으나 캐노피의 일부는 떼어내어 기념으로 필자의 집에 갖다 놓았다. 헨더슨 비행장 인근 정글에는 미군기 공격을 받고 추락한 일본 육상공격기(폭격기)와 전투기가 수풀에 덮여있다. 이들 항공기를 발견하려고 필자는 현지인 10여 명을 데리고 정글 속에 들어가 포기하지 않고 수색 작업을 한 끝에 결국 두꺼운 수풀에 덮여

1. 벨라벨라섬 정글 속에 추락한 미군 수송기 잔해를 덮고 있는 수풀을 제거 작업하는 필자와 원주민들. 날개에 미 육군항공대 마크가 그대로 남아있다
2. 벨라벨라섬 정글 속에서 발견한 미 군기 잔해 앞에서 필자

있는 폭격기 한 대를 발견한 적도 있다. 그 폭격기의 랜딩기어 기둥과 조종석 캐노피를 떼어내 집에 가져다 놓았다. 서울에 가져 왔을 때는 캐노피에 유리가 약간 붙어있었는데 이사를 몇 번 다니다 보니 유리는 어디론가 사라져 버렸다.

4. 마(魔)의 280km

솔로몬 제도에서 가장 큰 섬인 과달카날(제주도의 3배)의 헨더슨 비행장을 소형비행기를 타고 이륙하여 서북쪽으로 1시간 30분을 날아가면 아무리 성능 좋은 카메라를 갖고서도 담을 수 없는 기막히게 아름다운 라군(Lagoon:礁湖)이 전개된다. 여기가 뉴조지아섬의 남단이다.

뉴조지아섬의 남쪽 부분은 태평양전쟁 당시 일본군이 '마(魔)의 150리(浬)'라고 부르던 지역이다. 이 거리는 과달카날섬의 헨더슨 비행장으로부터 280km(일본측의 1리는 1.852km)정도 떨어져 있다. 당시 헨더슨 비행장에서 완전무장을 하고 출격하던 미군 F4F 와일드캣 전투기의 유효 행동반경이 280km이었으므로 여기서 나온 말이다. 당시 솔로몬 제도 방면으로의 일본군 최전선 보급기지는 부겐빌섬 바로 밑에 있는 쇼틀랜드섬에 있었다. 그러므로 병력과 군수품을 싣고 그곳을 떠난 일본군 수송선, 구축함은 6개의 항로를 통해 과달카날에 보급품을 수송하였다. 솔로몬 제도는 섬이 많으므로 이 섬 사이를 지나는 일본군 함선은 곧 주요 섬에 배치되어 있는 연합군 연안감시대에 탐지되었고 연안 감시대원은 이를 즉시 헨더슨 기지에 보고하였다. 그러면 헨더슨 비행장에서는 대기하던 미군기가 발진하여 일본군 함선을 공격하여 침몰시키거나 파괴하였으므로 일본군의 피해는 나날이 심각하게 커졌다. 미군은 과달카날섬에 상륙한 2개 사단이 필요로 하는 탄약, 무기, 식량 등의 보급품을 매일 대형 수송선 서너 척에 실어 대낮에 과달카날 해안에서 양육작업을 하였으나 일본군은 과달카날에 상륙한 일본 육군 2개사단이 필요한 물자를 대낮에는 헨더슨 비행장에서 날아오는 미군 전투기와 폭격기 때문에 수송선으로 보낼 수 없어 달이 없는 밤에만 구축함과 잠수함에 식량과 탄약을 실어 보냈다. 구축함이나 잠수함은 전투를 위해 설계된 크지 않은 함정이므로 일본 해군이 구축함과 잠수함에 실어 보내는 탄약과 식량은 극히 소량이었다. 그리고 야음을 이용하여 일본 구축함과 잠수함이 나타나기를 기다려 툴라기에서 발진해 온 미군 어뢰정들이 어뢰와 기관총으로 일본 구축함과 잠수함을 공격하였으므로 구축함들은 불과 15분 만에 급히 쌀 등 식량을 넣은 드럼통을 해안가에 떨어트리면 육지에서 수영이 가능한 병사들이 수영하여 와서 드럼통을 수거하였다. 이렇게 수거한 식량으로 3만 명이 넘는 일본군 병사를 먹인다는 것은 불가능하였으므로 일본군은 아사자가 속출하였다. 미군기의 공격으로 수송 도중에 많은 피해를 입으며 극소량의 보급품을 간신히 받고 있던 일본군은 자기들 스스로를 비하하여 이 수송 방법을 '쥐수송'이라고 불렀다. 반면 미군은 병력과 보급품을 잔뜩 싣고 라바울이나 쇼틀랜드를 떠나 밤새 과달카날로 향해오는 일본군 수송단(고속 구축함)을 '도쿄급행(東京急行: Tokyo Express)'이라고 불렀다.

뉴조지아 섬은 과달카날과 쇼틀랜드섬 사이 중간 지역에 있었으므로 일본군은 6개 항로 가운데 이 중앙 항로를 많이 이용하였고 따라서 많은 함선이 뉴조지아 부근 해역에서 침몰되었다. 이 중앙항로 즉, 큰 섬들인 초이셀, 산타이사벨, 말라이타와 주위의 작은 섬들이 한줄로 서있고 이줄과 평행하게 뉴조지아, 과달카날과 작은 섬들이 나란히 달리고 있는데 이 두 줄 가운데의 항로를 일본군은 중앙항로라고 불렀다. 반면, 미국 해군은 이 지역을 슬롯(Slot)이라는 별명을 지어 불렀다. 지금은 거의 모두 전자화되었지만 오래 전에는 오락장에 가서 볼 수 있는 슬롯기계의 손잡이를 당겼다 놓으면 구슬이 튀겨 올라가서는 내려온다. 게임기 안의 공간을 위에서 아래로 여러 가지 모양으로 만든 간막이들 사이를 지나 구슬이 내려오는 것을 보고 솔로몬 제도의 슬롯을 생각해 보면 왜 미군이 이 지역을 슬롯이라고 불렀는지 이해 할수 있을 것이다. 오래전에 필자는 미국 라스베가스에서 열린 국제 건축자재 전시회를 처

① 벨라라벨라섬
② 콜롬방가라섬
③ 뉴조지아섬
④ 렌도바섬
⑤ 기조섬
⑥ 샤보섬
⑦ 러셀제도

말라이타섬

툴라기섬

과달카나날섬

헨더슨비행장

산타이사벨섬

중앙항로(제4항로)

제1항로

제2항로

제3항로

제5항로

제6항로

북방항로

초이셀섬

남방항로

매일 280km

뉴아일랜드섬

부겐빌섬

부인

쇼틀랜드섬

벨라라에섬

뉴브리튼섬

라바울

0 100 200km

일본군, 보급작전 6개 항로(부겐빌, 쇼틀랜드에서 과달카나날까지)

제3장 과달카나날 전투

음 관람하였는데 시내 곳곳에 슬롯머신이 수없이 많이 있는 것을 보고 놀란 적이 있다. 또 라스베가스와 바로 붙어있는 헨더슨시(우리나라의 인천시와 부평시가 붙어있는 것처럼)에 있는 비행장이 헨더슨 공항으로 이름 붙여져 있는 것을 보고 다시 한번 놀란 적이 있다. 라스베가스에는 여행객들이 이용하는 맥카란(McCarran) 국제공항이 있지만 헨더슨 공항에서는 화물기와 개인 소유의 소형비행기들이 뜨고 내린다고 한다.

미군 전투기의 행동 반경을 알고 있는 일본군은 이 280km 지역에 들어오면 특별 경계령을 내리고 함선의 엔진을 최대 고속으로 돌리며 항해를 하여 가능한 미군기의 공격을 피하려고 하였다. 일본군은 구축함과 대형 수송선 외에도 배의 앞문이 열리는 소형 발동선을 이용하기도 하였다. 속력이 느린 이 배는 크기가 작았으므로 여기에 소규모 병력과 보급품을 싣고 배 위에 잎사귀가 많은 나무가지를 덮어 위장을 하고 운행하였다. 뉴조지아섬 근처의 해안은 많은 나무로 덮였으므로 밤에는 운항하다가 낮에는 나무가 많이 있는 섬 해안에 붙어있음으로써 미군 정찰기는 이들 선박을 제대로 발견할 수 없었다. 그러므로 미군 정찰기를 피해 야간에 은밀하게 운행하는 이런 일본군의 소형 선박을 공격하기 위해 미군은 어뢰정 편대를 사용하였다. 그때 활약했던 어뢰정 가운데에는 케네디 중위가 정장으로 있던 PT 109호도 있었다. 하여간에 과달카날에 보급품과 병력을 내려놓은 일본군 함선은 신속하게 전속력으로 다시 쇼틀랜드로 향하여 가면서 뉴조지아 남부, 마의 280km 해역에 다다르면 약간 숨을 돌릴 수 있었다.

필자가 34년 동안 근무하였던 목재 회사(본사는 인천)는 각각 제주도 2배 크기의 초이셀섬과 뉴조지아섬에서 호주산 속성수(速成樹)인 유칼립투스를 대규모로 조림(造林)하여 나무가 크게 자라면 벌목하여 한국, 일본, 베트남,

1. 뉴조지아섬 북부해안 정글 속에 설치된 일본군 해안포에서 필자(가운데)와 원주민
2. 뉴조지아섬 비루 항구를 방어하던 일본군 75mm 대공포

중국 등지에 수출하였다. 우리나라 같은 온대지역에서 200년은 자라야 되는 크기의 나무가 열대우림 기후인 솔로몬 제도에서는 8년이면 자란다. 겨울이 없고 연중 기온이 높고 강우량이 많으므로 나무의 성장 속도가 놀랄만큼

'도쿄 급행' 별명을 가진 일본 구축함대가 솔로몬 제도 해역을 고속으로 달리고 있다

빠르기 때문이다. 그러므로 뉴조지아에 있는 회사 임지(林地)에는 속성수 조림목을 수입하려고 오는 외국인 방문객도 많으므로 회사가 작업을 하고 있는 비루(Viru) 항구 근처 바닷가 절벽 위에 오래 전에 손님 숙소를 지어 놓았다. 거실과 방에는 매달 발행되는 대한항공 기내잡지 중간에 있는 우리나라 풍속화를 사용하여 만든 액자들을 붙여놓았더니 머무는 외국인들이 이 그림을 아주 좋아한다. 거실에서 앞을 내려다 보면 탁 터진 바다에서 불어오는 시원한 바람이 가슴을 넓게해 준다. 필자는 회사의 뉴조지아 조림지를 방문할 때는 이 숙소에 머물었는데 양쪽에 바다가 펼쳐져 보이는 거실에 앉아 이 바다를 바라보면서 바로 앞에 펼쳐진 마의 280km 해상에서 80여 년 전에 일어난 전투를 혼자서 신나게 상상하다가 현실로 돌아오곤 하였다.[12]

---

12) 권주혁 『탐험과 비즈니스』 p.264, 지식산업사, 서울, 2004

5. 호니아라 밤하늘의 한국 해군가

　1999년 11월 30일 이른 아침, 해군사관학교 졸업반 생도들을 태운 해군 순항 훈련함대가 호니아라에 입항하였다. 한국 함대로서는 1993년 첫 번째 방문에 이어 두 번째 방문이었다. 이날 따라 당장 비가 내리려는 듯이 검은 구름이 낮게 호니아라 앞의 쇠바닥만(Iron Bottom Sound)을 덮고 있었으나 비는 내리지 않았다. 호니아라에는 미국, 영국, 호주, 뉴질랜드, 일본, 대만의 군함들이 가끔 친선 방문을 하지만 보통 한 척씩 들린다. 그러나 우리 해군의 경우는 세 척이 일정한 간격을 유지하면서 호니아라에 맞다은 잔잔한 쇠바닥만에 나타나자 원주민들은 이 당당하고 멋있는 모습을 보고 많은 사람들이 부둣가에 몰려 들었다. 부두에는 이미 필자가 근무하던 회사의 한국인 직원들과 얼마 안되는 교민들이 원주민들과 함께 양국 국기를 흔들면서 이들을 반갑게 맞아 주었다. 이들을 맞아 솔로몬의 대나무 무용단이 부둣가에서 공연을 하는 동안 기함인 화천함은 부두에 접안하면서 함의 뒷 갑판에 서있는 군악대가 '돌아와요 부산항에'를 군가식으로 편곡하여 신나게 연주하였다. 이 모습에 원주민들은 모두 열광하였다. 노래도 멋있거니와 그때까지 어떤 다른 나라의 군함에서도 호니아라 항구에 입항하면서 노래를 연주하는 군악대를 본 적이 없었던 것이다. 이들의 방문을 환영하는 첫날 저녁식사는 우리회사에서 맡았다. 우리는 함대의 지휘관, 참모들과 교민 모두를 시내에 있는 중국 식당에 초대하였다. 식사를 하며 여흥의 시간을 갖는 동안 우리는 모두 하나가 되었다. 식당 문닫을 시간이 되어 우리가 식탁에서 일어나기 전에 필자가 해군가 합창으로 이날의 파티를 끝내자고 제안하자 우리 모두는 식당벽이 무너지라고 있는 목소리를 다내어 해군가를 불렀다.

우리는 해군이다. 바다의 방패.
죽어도 또 죽어도 겨레와 나라
바다를 지켜야만 강토가 있고
강토가 있는 곳에 조국이 있다.
우리는 해군이다 바다가 고향
가슴속 끓는 피를 고이 바치자

호니아라에 며칠 머무는 동안 함대 사령관인 조학제 제독을 비롯한 장병들은 외교관의 역할을 단단히 하였다. 호니아라 운동장에서 열린 태권도 시범행사에는 부슬비가 내리는데도 불구하고 입추의 여지 없이 현지인들이 들어차 장병들의 동작이 끝날 때마다 열렬하게 환호하였다. 그 다음날 밤에 벌어진 함상 파티에는 솔로몬 제도의 총리, 대법원장, 장관, 외교사절들이 모두 참석하여 화천함의 취사반에서 준비한 우리의 전통적인 음식을 들고 노래와 춤을 추면서 모두 즐거운 시간을 가졌다. 장병들 가운데에는 노래 솜씨가 좋은 젊은 이들이 많아 이들은 영어노래도 불러 함상 파티에 참석한 외국 대사관 직원들을 포함한 많은 외국인들을 즐겁게 해주었다.

순항훈련 함대가 떠나는 날 아침은 함대가 오던 날과는 아주 대조적으로 열대의 전형적인 맑고 화창한 날씨였다. 부둣가에 서서 손을 흔드는 우리나 흰 제복을 입고 군함의 갑판과 함교에 일렬로 서서 손을 흔들고 있는 장병들이나 잠간 동안의 만남이었지만 정이 들어 모두 섭섭하게 석별의 정을 나누었다. 초계함인 제주함과 경북함이 순서대로 이미 항구를 빠져나가고 군수지원함인 화천함의 스크류가 흰거품을 일으키며 거대한 함체를 움직이는 동안 뒷 갑판에서는 군악대가 아리랑 행진곡을 힘차게 연주하였다. 부두에 선 우리는 화천함의 뒷모습이 쇠바닥만에서 모습을 감출 때까지 계속 손을

호니아라 항구에 입항한 한국해군순항함대. 왼편이 기함인 회천함

흔들었다.

　필자는 3인치(76mm) 주포 1문을 장착한 우리나라 최초의 전투함 '백두산'함이 1950년 6월 25일밤, 부산에 상륙하려는 북한해군 무장 수송선을 격침시킨 사건을 조사하여 2003년에 "바다여 그 말하라!(영광의 초계함 백두산)"를 발간하자 해군에서는 명예해군 8호를 수여하여 주었다. 필자는 이를 개인의 명예로 여겨 해군에 감사하는 뜻에서 앞서 나온 대한민국 해군가를 휴대폰 칼라링 음악으로 넣어 여태까지 사용하고 있다.

● 제4장
케네디, 솔로몬 제도 도착

1. 해군 입대

(1) 출생과 성장

케네디는 19세기 중반에 아일랜드에서 미국에 이민 온 가정의 후손이다. 아일랜드인들의 주식은 감자인바 감자에 병이 생김으로써 1845년부터 1852년까지 아일랜드에서 일어난 대(大)기근 때문에 기근 이전에 800만명이던 인구는 100만 명이 굶어죽고 100만 명은 배를 타고 대서양을 건너가 미국에 도착하였다. 케네디의 증조부 패트릭 케네디도 가난한 농부였으나 3등실 배삯 20 달러를 지불할 수 있어 기선을 타고 대서양을 건너가 1849년에 미국에 도착한 것이다. 당시 아일랜드 농민 사이에는 굶주림을 피해 미국으로 가는 사람들이 많았는바 케네디의 증조부도 그 가운데 한명이었다. 그는 미국에 도착하자 시작한 사업이 잘되어 같은 아일랜드 출신 여성과 결혼하고 4명의 자식을 두었다. 4명 가운데 막내 아들이 부친의 이름인 패트릭을 이어받았고 성인이 된 뒤에 양조장을 만들었다. 이 사람이 케네디의 조부(祖父)인 것이다. 조부 패트릭은 책 읽는 것을 좋아하여 특히 미국 역사에 관한

책을 많이 읽었
다. 드디어 그는
매사추세츠주의
하원의원에 출마
하여 당선되었고
그 후 민주당원으
로서 상원의원에
도 당선되어 보스
턴시의 소방위원
장, 도로위원장,
선거관리위원장

브룩클린에 있는 케네디 대통령 생가

등을 역임하였다. 당시 민주당의 젊은 정치인 가운데에는 존 F, 피츠제럴드 (Fitzgerald)라는 정치인이 있었다. 그는 시의원, 주의회 의원, 보스턴 시장을 역임하였다. 그의 딸이 패트릭의 아들 조셉(Joseph Patrick Kennedy)과 결혼하였다. 이들이 케네디의 부모가 된 것이다. 케네디의 부친 조셉은 하버드 대학을 졸업한 수재로서 재학중에 버스 회사를 경영하여 돈을 벌기도 하였다. 대학 졸업후에 결혼한 조셉은 민주당 루스벨트 대통령을 지지하였다. 그는 젊었을 때 은행직원으로 일하면서 보스턴에서 주택을 구입 할 정도의 경제력을 갖고 있었으나 후일 부호(富豪)가 되어 루스벨트로부터 영국주재 미국대사직에 임명되기도 하였다. 이렇게 하여 케네디 증조부때 미국에 이민 온 케네디 가문은 미국 상류사회에 진입하게 되었다. 참고로 조셉 케네디는 주(駐)영국 대사직을 발판으로 미국 대통령이 되려는 꿈도 가졌었으나 제2차 대전 초기에 독일이 프랑스를 순식간에 패배시키는 것을 목격하고 독일이 영국도 패배시킬 것으로 예상하여 개인적으로 히틀러에 유화적인 제스처를 보였다. 그러나 뜻밖에 영국이 1940년 5월말부터 6월초까지 됭케르크에서 성공적으로 영국군과 프랑스군 합계 31만명을 철수시키자 영국국민이 처칠 수상(총리)을 중심으로 단결하여 전쟁을 계속하겠다는 강한 결의를 보고 1940년 말에 주영 미국대사직에서 물러났다.[13] 조셉 케네디가 친(親)나치주의자임을 알게 된 루스벨트가 사임시킨 것이다.

케네디는 1917년 5월 29일, 미국 동북부의 매사추세츠주 보스턴 교외의 브룩클린(Brookline)에서 출생하였다. 조셉은 9명의 자녀를 갖고 있었는바 장남은 조셉 2세, 케네디는 차남이었고 그 밑에는 5명의 딸과 2명의 아들이 있었다. 즉, 케네디의 여동생은 로즈마리(Rosemary), 캐더린(Kathleen), 유니스(Eunice), 패트리시아(Patricia), 진(Jean)이었고 남동생은 로버트(Robert)와 에드워드(Edward)가 있었다. 케네디가 초등학교 4학년 일 때 가족은 보스턴에서 뉴욕으로 이사하였다. 13살 때에는 코네티컷주로 이사하여 명문 사립고등학교인 초트(Choate) 고등학교에 입학하였다. 그는 매일 새벽 3시30분에 기상하여 5시 30분까지 공부하였고 그 뒤에는 호텔에서 아르바이트 일을 하고 학교에 등교하였다. 운동은 미식축구와 수영 그리고 요트를 잘 하였다. 그러나 자주 몸 상태가 좋지 않아 졸업 전에는 원인불명의 발진과 후두염으로 고생하다가 미네소타주의 병원에 입원하여 과민성 대장염으로 진단받기도 하였다. 당시 그의 신장은 180cm였으나 몸무게는 50kg밖에 되지 않았다. 몸이 아픈 그는 고등학교 시절에 미네소타주에 있는 병원에 입원하여 친구 빌링스(Lem Billings)에게 빨리 학교에 돌아가고 싶다는 편지를 보냈다. 빌링스는 케네디가 병상에서조차 긍정적이고 쾌활한 것에 놀라 케네디에게 반농담조로 "내가 만약 나중에 너에 대한 전기를 쓴다면 책 제목은 '존 F 케네디의 메디칼 역사'가 될 것이다"라고 말할 정도로 케네디는

---

13) 『됭케르크 철수와 조셉 케네디』 KFN TV, 2025년 1월 13일

항상 모든 일에 긍정적이었다.14) 그는 '먼지 청소부'라는 의미를 가진 모카스(Muckers)라고 이름을 붙인 클럽을 만들어 규율에 얽매이지 않는 학교생활을 즐기기도 하였다. 그러므로 고등학교 졸업시 그의 성적은 110명 가운데 65번으로서 그다지 좋지 않았으나 장래 출세할 것으로 보이는 사람을 뽑는 앙케이트에서는 1번을 차지하였다. 고등학교를 졸업한 후에 케네디는 명문 하버드 대학의 법과대학 정치학과에 입학하였다. 하버드 대학은 미국 대학 가운데 가장 오래된 대학으로서 매사추세츠주의 보스턴 근교에 있는 케임브리지시(市)에 위치하고 있다.

(2) 케네디가 본 첫 어뢰정

케네디는 소년 시절에 아버지로부터 길이 5m 작은 요트 한 척을 선물로 받았다. 이 요트를 조종하여 케네디는 난투켓(Nantucket)섬 주변에서 벌어진 요트경기에서 우승하기도 하였다. 케네디는 요트를 조종하는 것을 좋아하여 대학생일 때 동부 대학들 사이의 요트경기인 맥밀란 배(McMillan Trophy) 경기에서 하버드 학생선수들을 태우고 우승한 적도 있다. 케네디는 1941년 여름에 요트 빅투라(Victura)를 타고 매사추세츠주 동남부 케입코드(Cape Code) 반도의 하이애니스(Hyannis) 항구에서 난투켓만을 가로질러 마서스비니아드(Martha's Vineyard)섬의 동부해안에 있는 에드가타운(Edgartown)까지 자주 요트를 조종하며 다녔을 정도로 요트 타는 것을 아주 즐겼다. 난투켓은 최근까지만 해도 우리나라 사람들에게는 생소한 이름이었으나 요즘 초콜릿, 바스켓 콜렉션 등에 이 이름이 상표로 사용되고 있는바

---

14) Robert Dallek 『John F. Kennedy』 p.39, Penguin Books, London, UK, 2004

1
2

1. 파도를 시원하게 가르며 고속으로 질주하는 PT정. 선수에 바퀴를 떼어낸 육군용 37mm 대전차포가 보인다
2. 낸터켓 항구

1. 하이애니스 항구
2. 케네디 가문의 거대한 거주·생활지역(사진 왼편)

하이애니스 항구에서 배를 타고 남쪽으로 가면 나오는 섬이다. 이 섬은 19세기에 세계 최대의 고래잡이 포경(捕鯨) 기지가 있었던 곳이므로 대서양과 태평양으로 떠나는 포경선들은 거의 이곳을 모항으로 삼았다. 장편 해양모험소설 백경(白鯨, Moby-Dick)의 저자 미국인 허만 멜빌도 포경선원이었을 때 이곳에서 포경선에 승선하였다. 필자는 오래전에 읽은 백경의 배경인 난투켓 섬을 회사 은퇴 후에 방문하였는데 하이애니스 항구에서 배를 타고 난투켓을 가는 도중에 오른편에 보이는 캐입코드 반도의 해안에 케네디 가문이 갖고

있는 거대한 컴파운드(넓은 토지 위에 집과 각종시설을 만들어 놓은)와 컴파운드를 지나면 역시 오른편에 나타나는 마서스비니아드섬을 본 적이 있다.

소년시절부터 요트를 좋아하는 케네디가 1941년에 요트를 몰고 난투켓만을 휘젓고 다닐 때 성능 시험차 난투켓만을 고속으로 질주하던 PT정이 마서스비니아드섬의 에드가타운 항구 안에 정박하고 있는 것을 보았다. 멋진 PT정을 옆에서 둘러 본 케네디는 정장이 앉아서 조타대(배의 운전핸들)를 잡는 지붕없는 조타실에 올라가서 스로틀(조절판)을 최대로 열고 난투켓만을 달려보고 싶은 충동을 느꼈다. 결국 케네디는 머지 않아 PT정장이 되는 꿈을 이루게 된다. 어릴 때부터 수영을 잘하고 요트를 잘 조종하였기에 케네디에게는 아마도 PT정이 제격이었다고 필자는 생각한다.

(3) 해군 입대

케네디는 2학년까지는 공부보다 미식축구, 골프 등 운동에 열중하였는데 특히 수영을 잘하였다. 이 점은 후일 남태평양에서 어뢰정장으로 근무하는 동안 일본 구축함과 충돌하여 어뢰정이 침몰할 때 부하들과 함께 인근 섬으로 수영할 때 큰 도움이 되었을 것이다. 대학에서는 역사, 정치, 경제학을 공부하였으나 학업성적은 B학점이 1개이고 나머지는 C와 D였을 정도로 중간 이하였다. 스스로 공부를 열심히 해야겠다고 자각한 것은 1939년에 친구와 영국, 프랑스, 폴란드, 러시아, 튀르키예, 팔레스타인, 스페인, 이탈리아 등지를 여행하고 나서부터였다. 이 여행을 통하여 국제정치에 자각하고 정치학 부문에서 뛰어난 논문(Appeasement at Munich)을 쓰고 우수한 성적으로 졸업을 하였다. 그 후, 샌프란시스코의 스탠포드 대학의 경영대학원에 진학하였으나 6개월만 공부하고 남아프리카로 여행을 떠났다. 미국 사회에서 정치인이 되려면 군인 경력이 기본적 장점이 된다. 우리나라 국민은 병역의무를 이행하지 않은 정치인들에게도 표를 주기 때문에 정치인 가운데에는 병역의 의무를 이행하지 않은 사람들이 적지 않다. 그러나 미국 국민은 지도자가 용감하고 모험적인 사람을 좋아하므로 정치인들은 일단 병역을 마치는 것이 정치인의 길을 가는 데 유리하다. 당시 세계적인 국제정세(특히 유럽)는 불안정한 (유럽에서 제2차 세계대전이 발발한) 상황이었는바 만약 정치인이 군대경력 (특히 전장터에 나가는)이 없다면 이는 미국사회에서 비겁한 자라는 인상을 피할 수 없었다. 이런 점을 고려해서 결정하였는지는 모르겠지만 케네디는 태평양전쟁이 일어나기 전에 육군에 입대하려고 하였으나 하버드 대학시절 미식축구를 하다가 다친 등뼈의 통증 때문에 신체검사에서 불합격되었다. 그러자 케네디는 5개월 동안 등뼈 치료운동을 한 뒤에 1941년 9월에 해군예비학교에 지원하여 합격하였고 그해 10월에는 미 해군 예비역 소위로 임관되었다. 이 학교는 해상근무를 할 장교를 단기간에 양성하는 학교로서 교육과정을 끝낸 케네디는 더 이상 정규과정을 밟지않고 1941년 10월에 해군 소위로 임관한 것이다. 해군 장교를 속성으로 양성하는 이 제도는 제2차 세계대전이라는 특수한 상황 때문에 당시 일부 대학에 설치된 '해군 학군단(ROTC)'과는 다른 해군장교양성 과정이었다.

케네디는 어렸을 때부터 애디슨(Addison)병에 걸린 적이 있으므로 부신피질(副腎皮質) 홀몬의 분비저하에 의한 전신권태피로, 식욕부진, 체중감소, 저혈압증의 잠재성을 갖고 있었다. 그러므로 몸이 야위어 눈이 움푹 들어가 있었다. 케네디는 하버드 시절에도 이런 병이 있으면서도 미식축구를 했기에 등뼈의 통증이 완치되지 않았으나 체조교사가 꾸준히 등을 마사지 해주었기에 결국 해군에 입대 할 수 있었던 것이다.

(4) 케네디 소위

　소위가 된 케네디는 국방부의 해군 정보부에 배치되어 근무를 시작하였다. 12월 7일, 일요일 그는 친구와 함께 워싱턴 D.C에 있는 그리피스 스타디움에 가서 미식축구 경기를 관람하고 귀가하는 도중에 일본 해군 기동부대가 진주만의 미 태평양 함대를 기습공격하였다는 소식을 듣고 놀라는 한편 일본이 이렇게 그런 힘을 갖고 있었는가 신기하게 생각하였을 뿐 그의 관심은 유럽에서의 전쟁에만 있었고 일본과의 전쟁에는 없었다. 그럼에도 진주만 기습 소식을 들은 케네디는 즉시 해상근무를 신청하였다. 그러나 실망스럽게도 케네디는 사우스 캐롤라이나주의 찰스턴 항구에 있는 해군 제6관구 사령부에서 근무하라는 명령을 받았다. 그러므로 그는 6개월 정도 찰스턴에서 독일이 미국을 폭격할 것에 대비한 군수공장 방어계획을 작성하는 임무에 배치되어 근무하였다. 케네디는 당시 독일이 대서양을 건너 미국까지 폭격기를 보낼 능력이 있을 것이라고는 생각하지 않았으나 상부의 명령이므로 그곳에서 근무하였다. 그러므로 그에게는 지루한 나날이었다. 그러나 상관이 그에게 공부를 해보라며 1942년 여름에 일리노이주의 노스웨스턴(Northwestern) 대학에 있는 '해군 예비사관 훈련학교 (Naval Reserve Officers' Training School)'의 60일 교육과정에 보냈다. 이것이 케네디의 일생에 작은 전환점이 되었다.

　당시 일본에서는 히로시마 앞바다에 있는 작은 섬, 에다지마에 있는 해군병학교(해군사관학교)가 해군장교 교육에 있어 가장 중추적인 교육기관이었고 군함과 무기의 개발과 제조를 하는 기술장교는 일반대학에 위탁교육을 시켰다. 즉, 일본 해군은 도쿄대, 교도(京都)대, 도호쿠(東北)대 등의 공과대학과 공업전문대의 학생들을 위탁생도로서 연 2회 모집하여 채용하고 매월 수

당을 지급하며 이들이 졸업할 때는 해군기술장교(중위)로서 해군에 입대시켰다. 이들이 배치되어 근무하는 곳은 군함 건조, 무기 제조 분야로서 태평양전쟁이 일어나기전 일본의 군함과 무기가 우수하였던 바탕에는 이들 기술장교들의 기여가 있었다.

미국에서는 매릴랜드주(州) 아나폴리스에 있는 해군사관학교 이외에 해군학군단(ROTC) 제도를 만들어 해군 장교를 양성하였다. 당시 해군 학군단이 설치되어 있던 대학교는 하버드, 예일, 워싱턴, 노스웨스턴, 캘리포니아, 조지아 공과대학 등 6개 대학이었다. 이들 대학에 해군 교관들이 파견되어 생도들은 국제법, 전략전술, 전기학, 기관학 등을 공부하고 졸업후에는 해군장교로 임관되었다. 이와 별도로 뉴욕의 롱아일랜드에 있는 해양대학교 학생들도 졸업과 동시에 해군소위로 임관되어 군함이나 민간 상선에 승선하였다. 참고로 현재 우리나라에는 해군사관학교 이외에도 해양대, 목포해양대, 부경대, 제주대의 해군 ROTC에서도 해군장교들을 배출하고 있다.

2. 벌클레이 소령과 만남

케네디가 '해군 예비사관 훈련학교'에서 교육을 받고 있을 때 미 해군 제3어뢰정 전대에 근무하는 벌클레이(John D. Bulkeley) 소령과 할리(John Harllee) 대위가 이 학교를 찾아왔다. 소령은 해군이 관심을 갖고 있는 하버드, 예일 등 동부 명문 대학출신자들을 어뢰정대에 합류시키려고 학교를 방문한 것이다. 벌클레이 소령은 1942년 1월, 일본군이 마닐라를 점령하고 마닐라만 안에 있는 코레히돌섬을 공격하고 있을 때 루스벨트 대통령이 맥아더 장

맥아더 장군이 PT정을 타고 탈출한 코레히돌섬의 부두

맥아더 장군이 코레히돌에서 PT정에 탑승하는 장면
(뉴욕 항구에 해상박물관으로 정박중인 항모 Intrepid 비행갑판 아래 격납고 속의 전시물)

어뢰정에서 백악관으로

군에게 섬을 탈출하라고 명령하자 당시 대위이던 그는 맥아더 장군과 가족을 어뢰정 PT 41에 태워 코레히돌을 탈출하여 일본 함대의 경계망을 뚫고 민다나오섬에 1942년 3월 12일에 무사히 도착하였다. 이러한 용감한 행동에 대해 미국 의회는 그에게 명예훈장을 수여하였다. 벌클레이 소령은 1942년 4월 8일 밤과 9일 새벽에 필리핀 중부의 세부(Cebu)섬 인근에서 벌어진 야간 해전에서 PT 34와 함께 일본 경순양함 쿠마(球磨)를 공격중 발사한 어뢰 8발 가운데 한 발을 쿠마의 함수에 명중시켰으나 불발되어 쿠마는 침몰을 면하였다. 배수량 40톤 밖에 안되는 미 해군 어뢰정이 배수량 5천 톤이 넘는 일본 순양함에 결정적으로 강한 펀치를 먹인 것이다. 만약 함수에 박힌 어뢰가 폭발하였다면 제2차 세계대전중에 일어난 해전에서 신기록을 세웠을 것이다. 참고로 제2차 세계대전중에 미국 어뢰는 일본 어뢰보다 성능이 떨어졌다. 솔로몬 제도에는 아직도 해안에 박혀 불발된 미군 어뢰가 가끔 발견되고 있다. 미군 어뢰정이 일본 함정을 향하여 발사한 어뢰가 빗나가 섬 해안에 올라가 불발된 것들이다. 한편, 작은 PT정이 일본 순양함 쿠마에 어뢰를 명중시킨 것에 대해 당시 도쿄의 라디오 방송국은 미국은 날개를 치며 물속에서 솟아 오르면서 어뢰를 모든 각도로 발사할 수 있는 신무기를 갖고 있다고 방송하였다.

여하튼 태평양전쟁 초기에 이러한 공적으로 벌클레이 소령은 당시 미 해군의 마스코트이고 영웅으로서 등장하였다. 당시 "그들은 소모품이었다(They were Expendable)"라는 제목의 책이 미국에서는 베스트셀러가 되었다. 이 책은 제3 어뢰정 전대의 벌클레이 소령과 함께 같은 전대 소속의 또 다른 영웅인 켈리 대위의 영웅적인 전투 공적에 대한 책으로서 책은 PT정의 놀라운 성능과 용감한 승조원들에 대한 이야기로 채워졌다. 케네디는 벌클레이 소령을 만나 이야기를 하고 PT정 관련책이 베스트셀러가 되는 것을 보며 그가 에드가타운 항구에서 처음으로 PT정을 보았을 때 받은 감동을 떠올렸다. 벌클레이 소령과 할리 대위가 원하는 PT정에서 근무할 청년 장교의 자격 3가지는 학업, 스포츠, 작은 보트조종 경험이었다. 특히 작은 보트조종경험은 동부 명문대학 출신자들에게는 유리하였다. 왜냐하면 소위 아이비 리그(Ivy League)라고 부르는 동부 명문대학생들은 대부분이 부유한 가정 출신이므로 요트를 직접 소유하였거나 아니면 요트클럽을 드나들었거나 다른 사람의 요트를 타본 적이 있었기 때문이다. 케네디는 이 3가지 자격조건을 모두 충족시켰다. 케네다의 학업 성적은 하버드에 입학한 것으로 충분하였고 대학에서는 대학대표 수영팀원이며 미식축구선수였고 요트경기 우승 전력까지 갖고 있었기에 케네디를 인터뷰한 벌클레이 소령과 할리 대위는 케네디로부터 깊은 인상을 받았다. 그러므로 두 명의 장교는 케네디 소위를 PT정 장교로 추천하였으므로 케네디는 1942년 10월 1일부로 멜빌에 있는 '어뢰정 학교(Motor Torpedo Boat Squadron Training Center)'에서 8주간 교육 받게 되었다.

3. 케네디 중위, PT 101 정장이 되다

케네디가 해군 소위로 임관한지 만 1년만이었고 또한 이때 그는 중위로 진급하였다. 어뢰정 학교에서 모든 교육생들은 퀸세트에서 생활하면서 항해술, 포사격, 어뢰 조작, 엔지니어링, PT정 운용 등에 대한 교육을 받았다. 물론 교육 기간중 모든 교육생들은 미식축구 등 운동을 수시로 하였다. 11월말에 교육이 끝나자 케네디는 전투가 일어나고 있는 최전선에 배치되기를 희망하였다. 그러나 어뢰정 학교의 상급교관인 할리 대위는 케네디가 어뢰정 학교에서 교

1. 케네디 해군 중위 (1942년)
2. 멜빌에서 교육훈련중인 PT정

육받는 기간동안 성적이 함정 조종, 기술문제를 포함한 엔지니어링 부문에서 최상급인 것을 보고 어뢰정 학교의 교관으로 임명하려고 그를 일단 멜빌에 있는 제4 어뢰정 전대에 배치하고 실습훈련용 어뢰정인 PT 101의 정장으로

임명하였다. 이렇게 케네디 중위는 처음으로 PT정장이 되었다. 화물선, 여객선처럼 큰 배의 선장은 영어로 캡틴(Captain)이라고 부르나 요트처럼 작은 배의 선장은 영어로는 스키퍼(Skipper)라고 부른다. 그러므로 미국 해군에서는 구축함 등 큰 군함의 함장은 캡틴이라고 부르나 배수량 300톤 정도의 초계정(Patrol Craft)이나 배수량 50톤 정도의 PT정 책임자는 캡틴이라고 부르지 않고 스키퍼라고 부른다. 그러므로 PT 101의 스키퍼(정장)가 된 케네디는 어뢰정 학교에 남아서 교육생들을 훈련시키는 것보다 최전선에 가기를 원했으나 그렇다고 교육임무를 대충하지 않고 있는 힘을 다해 하였다. 겨울이 되자 PT 101을 포함하여 어뢰정 학교 소속 여러 척의 PT정들이 차출되어 당시 미국령인 파나마로 보내졌다. 플로리다주의 잭슨빌까지는 자력으로 이동한 뒤 거기서부터 파나마까지는 선박에 실려서 보내지게 되었다. 그러므로 여러 척의 PT정들이 잭슨빌까지 항해하는 도중에 노스캐롤라이나주를 지날 때 한 척이 암초 위에 올라가는 사건이 발생하였다. 즉시 케네디의 PT 101은 좌초된 PT정에 다가가서 밧줄을 묶어 예인을 시작하였는데 공교롭게도 밧줄이 물속에 들어가 PT 101의 프로펠러 하나를 감아버렸다. 그러자 케네디는 겨울 바다에 뛰어 들어가 잠수하여 엉킨 밧줄을 풀어 좌초된 PT정을 무사히 잭슨빌까지 끌고 갔다. 겨울 바다에서 나온 케네디는 독감에 걸려 잭슨빌에서 병원신세를 졌다. 이때 케네디는 파나마에 가면 그곳에 오래 머물게 될 것이라는 소문을 듣고 절망하였다. 그는 한시라고 빨리 최전선에 가고 싶었던 것이다. 그러므로 그는 주(駐)영국 대사를 역임한바 있는 부친에게 연락하여 최전선에 갈 수 있도록 힘을 써달라고 하였다. 이에 부친은 평소 알고 있던 해군 수뇌부에 부탁하여 케네디는 파나마에 가지 않고 소원대로 최전선인 솔로몬 제도에 배치되게 되었다. 우리는 일반적으로 군대에 입대할 때 고위직에 있거나 돈이 많은 부친에게 부탁하여 후방 부대나 편한 부서에 배치되도록 힘쓰는 것을 주위에서 쉽게 보게되는데, 케네디의 경우는 우리 한국인들과는 반대로 최전선에 배치되도록 조치해 달라고 권력있는 부친에게 부탁한 것이다. 역시 "될성부른 나무는 떡잎부터 다르다"는 우리 옛말은 맞는 말이다.

4. 미 해군 PT정

(1) PT정의 발전

어뢰정(魚雷艇)을 일컫는 PT는 Patrol Torpedo Boat의 약자로서 영국 해군은 MTB(Motor Torpedo Boat)라고 부르는바 미 해군의 어뢰정은 배수량 약 30~50톤(태평양전쟁 말기에 나온 모델은 56톤)의 조그만 함정이다. 미국 해군도 처음에는 영국식으로 어뢰정을 MTB라고 불렀으나 그 후 PT Boat라고 이름을 변경하였다. 미국은 짧은 역사를 가진 나라이지만 어뢰정에 관해서는 긴 역사를 갖고 있다. 즉, 미국은 1860년대에 일어난 남북전쟁에서 양측 모두 어뢰정을 사용하여 상대방의 함정을 공격하였다. 남군은 반(半)잠수식 어뢰정을 건조하여 북군의 철갑함에 큰 피해를 입혔고 북군은 기선(汽船) 외부에 어뢰를 장착하여 남군의 철갑함 앨버말(Albemarle)을 1864년 10월 27일 밤에 노스캐롤라이나주의 로아노케(Roanoke) 강에서 격침시켰다. 그 후 미 해군은 영국, 독일, 이탈리아 해군이 제1차 세계대전에서 사용한 어뢰정을 모델로 삼아 어뢰정을 제작하여 제2차 세계대전에서 사용하였고 제2차 세계대전이 끝날 때까지 어뢰정 건조와 전술을 발전시켰다. 비록 미국이 조그만 증기선 옆에 어뢰를 부착한 선박을 사용하였지만 제대로

독일해군 어뢰정

어뢰를 발사하는 영국해군 어뢰정(MTB)

된 어뢰정을 세계 최초로 1877년에 제작한 나라는 영국이다. 당시 영국 해군의 어뢰정은 HMS Lightning('여왕폐하'의 증기선 번개호)라고 부르며 증기기관을 사용하였으나 1900년대에 가솔린 엔진이 개발되어 대체되었다. 그 후 영국은 제1차 세계대전에서 어뢰정을 효과적으로 사용하였으므로 영국 해군은 MTB를 '모스키토 보트(Mosquito Boat)'라고도 불렀다. 작지만 적에게 따끔한 맛을 보여준다는 뜻이다. 영국 MTB를 눈여겨 본 미 해군은 어뢰정을 제작하려고 하였으나 해군본부의 제독들은 어뢰정이 필요없다고 건조계획에 반대하였다. 그러나 루스벨트 대통령과 육군의 맥아더 장군은 어뢰정 개발계획을 적극적으로 지지하였다. 맥아더는 섬이 많은 필리핀에서 어뢰정은 가성비 높게 사용될 것으로 판단한 것이다. 그러므로 미 해군은 유럽 강국들의 어뢰정을 모방하여 어뢰정을 제작하려고 하였으나 초기에 그 성능은 기대 이하였으므로 미국 자체에서 개발하기보다는 영국의 기술을 받기로 하고 미국의 일렉트릭 보트 회사(Electric Boat Company)

의 엘코(Elco) 부서는 영국의 브리티시 후버트 스콧 패인(British Hubert Scott Paine) 회사에 기술료를 지불하고 1940년대초 뉴저지주의 배욘(Bayonne)에 있는 공장에서 길이 21.2m 어뢰정 10척을 건조하였다. 그러나 영국이 독일의 침공에 고전을 하게되자 미국은 구축함 50척을 영국에 공여하면서 이 어뢰정 10척도 모두 영국에 보냈다. 이후 미 해군은 어뢰정 설계와 건조를 입찰에 붙여 3회사를 선정한 뒤 이들로 하여금 어뢰정을 대량 건조하도록 조치하였다. 즉, 엘코는 21인치 마크 8형 어뢰를 탑재하도록 스콧 패인 모델을 23.3m길이(배수량 33톤)로 연장해서 만들고, 상륙용 주정 생산으로 유명한 루이지애나주 뉴올리안스에 있는 히긴스 산업(Higgins Indudtries Inc)은 엘코의 23.3m 모델과 길이 23.6m(배수량 43톤) 모델을 건조하고 플로리다주의 잭슨빌 소재의 허킨스 요트 회사(Huckins Yacht Corporation)는 23.6m 모델을 건조하도록 조치한 것이다. 그러나 허킨스 회사에서 첫 번에 해군에 납품한 8척은 성능이 불량하므로 허킨스는 더 이상 제작이 금지되었고 히긴스 산업은 199척을 건조하여 해군에 납품하였고 엘코는 해군이 요구하는 길이 24m(배수량 38톤) 어뢰정 326척을 건조하여 해군에 납품하였다. 이외에도 캐나디언 파워 보트(Canadian Power Boat), 하버보트 빌딩(Harbor Boat Building), 알 자콥(R Jacob), 아나폴리스 요트 야드(Annapolis Yacht Yard), 헤레쇼프(Herreshoff) 등의 회사들도 소량의 어뢰정을 건조하여 해군에 납품하였다. 제2차 세계대전에서 사용된 미 해군 어뢰정 규격(길이)이 약간씩 다르고 배수량도 약간씩 차이가 나는 것은 어뢰정 건조하는 조선소마다 규격이 약간씩 다르기 때문이다. 미 해군은 이 점은 표준화 하지 않았으므로 2차 대전중 미 해군 어뢰정 배수량은 33~56톤이다.

이 가운데 뉴저지주의 호보켄(Hoboken) 항구에 있는 하버보트 빌딩 회사는 대한민국 해군의 첫 전투함인 백두산함(PC 701)을 수리한 회사이다. 필자는 2002년 구정 기간중 이 회사 조선소를 찾아갔으나 조선소의 흔적은 이미 오래전에 없어지고 옛 조선소가 있었던 자리는 요트 계류장으로 변하였다. 참고로 미국 해군은 제2차 세계대전중 361척의 초계정(PC, Patrol Craft)을 건조하였으나 전쟁이 끝난 뒤 필요없게 되자 파괴하거나 우방국 해군에 원조로 주고 뉴욕의 롱아일랜드섬에 있는 미국 해양대학교에 실습선으로 사용하라고 주었다. 그러므로 우리 해군은 이승만 대통령이 준 금액과 해군 장병들과 가족들이 돈을 모아 미국 해양대학교 실습선인 PC를 저렴한 금액을 주고 구입한 뒤 허드슨 강변에 있는 하버보트 빌딩 회사에 견인하여 가서 항해를 할 수 있도록 수리한 뒤 우리 해군 장병들이 직접 운행하여 파나마 운하를 거쳐 진해까지 가져왔다. 백두산함은 1950년 6월 25일 저녁에 부산을 점령하려고 접근해 오던 북한군 무장 수송선을 부산 앞바다에서 격침하여 부산을 지켰다. 백두산함에 대해서는 필자가 2003년에 "바다여 그 말하라(영광의 초계함 백두산)"라는 단행본을 발간하였다.

이렇게 어뢰정은 비록 작은 크기이지만 고속을 이용한 날렵한 기동으로써 미 해군에서 약 80년 동안 사랑을 받아오면서 전장 곳곳에서 큰 활약을 하였다.

(2) PT정의 건조와 무장

1941년 12월, 일본이 진주만 기습으로 태평양전쟁을 일으키자 미국은 대서양에서는 독일, 태평양에서는 일본과 양쪽 전선에서 모두 싸우게 되었다. 그러므로 미국으로서는 두 개의 대양에서 싸울 많은 군함이 필요하게 되어

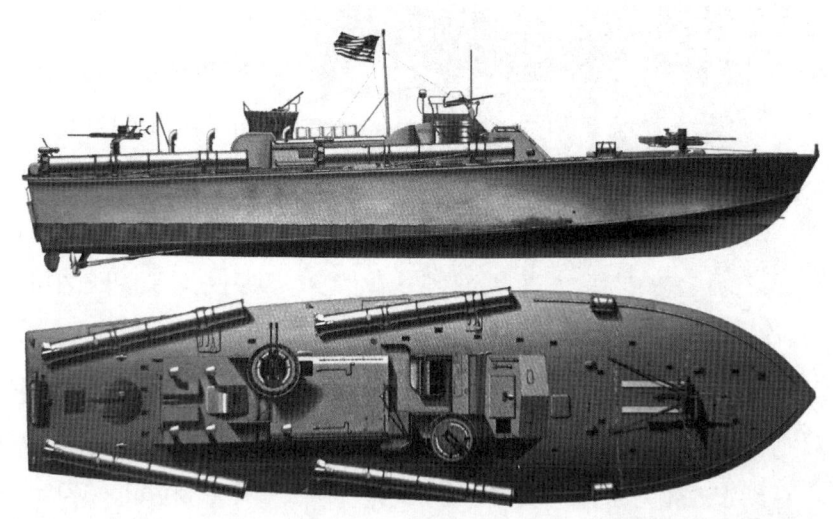

미 해군 PT정의 측면과 평면

대규모 군함건조 계획을 세웠으나 건조 계획에 따라서 건조를 시작한 군함들이 취역하여 전장에 투입되는 데는 최소 1년의 시간이 소요되었다. 그러므로 이러한 시간 간격을 메우기 위해 건조하기 쉽고 적함선에 어뢰 공격을 할 수 있는 어뢰정을 우선적으로 많이 건조하였다. 특히 일반 군함을 건조하기 위해서는 철판과 강철이 다량으로 필요하였으나 어뢰정의 용골(龍骨)과 선체는 자재 확보가 쉬운 목재와 합판이었고 선체가 작았으므로 함선을 철로 만드는 조선소에서 반드시 건조할 필요가 없었다. 미 해군 수뇌부가 어뢰정에 기대한 것은 적함에 대한 어뢰 공격이었다. 그러나 막상 전쟁에 어뢰정이 투입되자 원래 기대이상으로 어뢰정은 적함에 대한 어뢰 공격 뿐만 아니라 보급품을 운송하는 적 바지선에 대한 기관총 사격, 바다에 빠진 아군 조종사 구조 등 광범위한 임무를 수행하였다.

조선소에서 건조중인 PT정들

미 해군의 어뢰정은 크기에 비해 선체를 가볍게 하여 48노트(약 90km)의 최고속력을 내려고 합판(合板)과 가문비 나무, 참나무, 마호가니 등 목재로 만든 조그만 함정이지만 태평양전쟁중 태평양 곳곳에서 맹활약을 하였다. 당시 미국 해군이 사용하던 어뢰정은 작전시 일반적으로 시속 60km 이상으로 운행하였다. 무장은 어뢰 발사관 4문, 앞 갑판의 37mm포 1문, 대공화기(Oerlikon 20mm 기관포) 1문, 12.7mm 기관총 2~4정, 300파운드 폭뢰 2발 등으로 무장되었다. 이와 별도로 특별용도를 위해 박격포, 로켓포 등을 싣기도 하였다. 레이더는 1943년 중반 이전에 건조된 어뢰정에는 장착되지 않았으나 그 후에는 장착되었다. 페놀수지를 사용한 방수(防水)합판으로 만들어진 선체는 3개의 12기통 팩커드(Packard) 1,200마력(후기 모델은 1,500마력) 고마력 엔진이 내는 출력에 비해 가벼우므로 고속을 낼 수 있었기에 흰 거품 항적을 내면서 날아가는 듯이 바다 위를 달리는 어뢰정은 가히 박력 만점으로서 세계의 어떤 부호도 이런 박력과 스릴이 넘치는 선박을 타볼 수 없을 것이다. 제2차 세계대전 당시의 미국 어뢰정은 바다 조건과 탑재한 무기 등의 조건에 따라서 다르지만 일반적으로 최

1	
2	3

1. 고속항해중인 PT정
2. 뒷방향에서 본 PT정
3. 방호판과 바퀴를 떼어내고 PT정 앞갑판에 설치한 육군용 37mm 대전차포

고시속 40~45 노트에 달하였다. 로드아일랜드(Rhode Island)주의 멜빌에 있는 어뢰정 학교에서 최고 속력 55노트(102km)를 기록한 적도 있다. 그러나 어뢰정의 일반 순항 속력은 약 30노트(56km)이고 초계임무를 수행시는

PT정의 20mm 기관포

PT정의 0.5인치(12.7mm)기관총

8~10 노트이다. 어뢰정은 연료로서 항공유를 사용하며 순항속도에서는 시간당 300 갤런(Gallon: 1갤런은 약 4리터), 최고속력으로 달릴 때는 500 갤런을 소비한다. 어뢰정에는 3천 갤런(일반순항시 10시간 분량)을 실을 수 있으나 장거리 작전을 나갈 때에는 소형 고속유조선이 동행하면서 연료를 공급한다. 어뢰정이 어뢰를 발사할 때는 발사관의 덮개를 제거하고 적함을 조준하고 수동으로 발사하면 어뢰는 어뢰정에서 분리되어 수면에 떨어진 뒤 목표물을 향하여 질주한다. 태평양전쟁 초기에 미 어뢰정은 마크 8형 어뢰를 사용하였으나 전쟁 후반기(1943년 이후)에는 더 가벼운 마크 13형 어뢰로 교체되었다. 이렇게 어뢰정은 고속으로 해상을 질주하므로 적함이 쫓아오기 어렵고 근거리에서는 어뢰정에 장착된 기관총으로 적함정이나 해안 목표물에 사격을 가한 뒤 연막을 치면서 현장을 이탈해 버린다. 그러므로 태평양전쟁중 일본 해군에

게 미 해군 어뢰정은 상당히 성가신 상대였다. 미 해군 어뢰정의 단점이라면 선체를 목재와 합판으로 만들었으므로 쉽게 부서지고 불에도 잘 탄다는 점이다.

(3) 승조원

승무원은 11~17명이나 일반적으로 12명(장교 2명, 수병 10명)이 기본이고 1년 근무후 교대되었다. 어뢰정 승조원 훈련소는 로드아일랜드주의 멜빌에 위치하였다. 모든 어뢰정 승무원이 이 훈련소에서 훈련받지는 않았으나 이 훈련소에서는 장교 2,500명, 사병 2만 명이 교육받았다. 제2차 세계대전을 통하여 5만 명의 승조원이 어뢰정에서 근무한 것으로 추정된다.

어뢰정이 건조되면 배치된 승조원들이 직접타고 성능 시운전을 하게 되는데 엘코 회사는 어뢰정 훈련소가 있는 멜빌에서 하였고 히긴스 회사는 플로리다주의 마이애미에 위치한 구잠함(驅潛艦, Submarine Chaser) 훈련소에서 하였으나 1943년 이후에는 모두 구잠함 훈련소에서 하였다. 미 해군은 어뢰정 승조원들을 많이 배출시키려고 해군 일반 훈련소에 어뢰정장으로 근무하면서 공훈을 세운 장교들을 보내 그들이 어뢰정을 타고 겪었던 위험하지만 스릴 넘치는 경험담을 이야기하도록 조치하였다. 그들이 필리핀과 솔로몬 제도에서 어뢰정을 타고서 경험한 무용담, 어뢰정에서의 자유로운 가족 분위기 근무생활 등을 강연하자 많은 훈련병들이 어뢰정 승조원이 되려고 어뢰정 훈련소에 지원하였다. 그리고 당시 미국 신문과 잡지에는 어뢰정들이 세우는 영웅적인 전투가 자주 실렸으므로 젊은 해군 장교들이 어뢰정 근무에 지원하였다. 앞서 제 131페이지에 언급한 바와같이 "그들은 소모품이었다"라는 어뢰정 관련책은 1942년에 베스트셀러가 되었다. 그리고 "기나긴 밤들(Long

Were the Nights)"이라는 책은 과달카날 앞바다에서 미 해군 제3전대 어뢰정들이 일본군 순양함과 구축함들을 상대로 벌인 전투를 묘사한 책인데 이 책을 읽고 젊은이들이 어뢰정 승조원이 되려고 몰려들었다. 그러므로 어뢰정 승조원들을 대량으로 필요로 하는 미 해군 관계자들은 언론과 출판사에 대해 감사하였다.

(4) PT정의 활동 지역

PT정의 임무 가운데 가장 중요한 것은 적 대형함정에 과감하게 접근하여 어뢰공격으로써 적함을 침몰시키는 것이다. 이러한 고유 임무 외에 적의 소형 함정이나 운송용 바지선 등에 기관총 사격, 적 해안 목표물(해안 철도를 달리는 적의 열차) 등에 기관총 사격, 바다에 추락한 아군 항공기 조종사 구조, 해안에 포위된 아군을 철수 시키거나 간첩을 해안에 상륙시키는 등 여러 임무가 있으며 제2차 세계대전중 미 해군 PT정들은 이러한 임무를 충실하게 수행하였다.

태평양전쟁이 발발하기전, 미 해군이 태평양에 어뢰정을 배치한 곳은 하와이의 진주만과 섬이 많은 필리핀이었다. 일본 항공모함 6척에서 발진한 항공기들이 진주만을 기습할 때 일본기들을 향해 처음으로 사격한 함정 가운데에는 어뢰정도 있었다. 그리고 앞서 언급한 바와같이 필리핀의 마닐라만(灣) 안에 있는 바위로 된 코레히돌섬에서 일본군에 포위되었던 맥아더 장군은 필리핀을 탈출하라는 루스벨트 대통령의 명령을 받고 1942년 3월 12일, PT 41정을 타고 코레히돌 섬을 탈출하였다. 벌클레이 대위가 지휘하는 PT정 4척을 타고 바다를 건너 민다나오 섬에 도착한 맥아더 장군은 이어서 호주에 도착

1. 맥아더 장군이 직접지휘한 레이테 상륙작전에 참가한 PT정들(1944년 10월)
2. 일본해군 승조원을 구조하는 PT정

하자 반격작전을 준비하여 1944년에는 필리핀을 탈환하였고 그 후 일본 본토를 향해 진격하여 결국 일본은 그 다음해에 항복하였다. 만약 조그맣고 날렵한 PT정이 없었다면 맥아더 장군은 태평양전쟁 초기에 엄중한 일본 해군 함대의 해상 포위망을 뚫고 필리핀을 탈출하는 것이 어려웠을 것이며, 탈출에 실패하여 일본군에 포로가 되었다면 태평양전쟁과 한국전쟁의 향방은 어떻게 되었을지 가늠하기 어렵다.

맥아더 장군이 PT를 타고 마닐라에서 탈출하고 3개월 뒤에 일어난 미드웨이 해전에서 제1 어뢰정 전대의 PT들은 상륙부대를 실은 일본함선이 미드웨이 환초에 접근하는 것을 저지하려고 미드웨이 환초 주위에 배치되었다.

일본군이 남태평양과 북태평양으로 침공의 범위를 확대하자, 미 해군은 PT들을 남태평양의 솔로몬 제도와 북태평양의 알류산 열도로 보냈다. 솔로몬 제도에 배치된 PT들은 미군의 반격작전이 성공적으로 진행됨에 따라서 육군과 함께 서부 솔로몬 제도와 뉴기니섬으로 북상하였고 그 후에는 필리핀 탈환작전에도 많은 PT들이 투입되었다. 특히 필리핀의 레이테섬 동부 해상에서 벌어진 사상최대의 해전인 레이테 해전에서는 PT들이 수리가오 해협에서 일본군 전함, 순양함, 구축함들에 대해 유감없이 어뢰공격을 감행하여 일본군을 곤경으로 몰아 넣었다. PT들이 남태평양과 북태평양에서 활약하는 동안 일부 PT들은 중부태평양의 미국령 팔미라(Palmyra) 환초와 오늘날 독립국인 투발루 공화국의 푸나푸티(Funafuti) 환초 인근해역에서도 활동하였다. 즉, 미국 서해안을 떠난 선박들이 남태평양과 호주로 향하여 갈 때 통과하는 이 해역에서 PT들은 미국의 함선과 항공기들을 호위하는 임무를 수행하였고 그 가운데는 구조임무도 포함되었다. 1942년 10월, 하와이를 출발하여 남태평양으로 향하던 B17 폭격기 안에는 제1차 세계대전 당시 미국의 격추왕 릭켄배커(Eddie Rickenbbacker)가 탑승하고 있었는데 이 폭격기가 바다에 불시착하였다. 미군은 즉시 구조작업을 시작하였는데 사고 24일만에 릭켄배커와 일행은 구조되었는바 이 구조작업에 PT들은 항공기와 함께 투입되었다. 태평양전쟁중 PT는 바다에 빠진 수많은 미군 조종사와 함정 승조원들을 구조하였을 뿐 아니라 일본군 조종사와 수병들도 구조해 주었다.

미 해군 PT가 활약한 곳은 태평양 방면 만이 아니고 대서양과 지중해에서도 눈부신 활약을 하였다. 즉, 미군의 북아프리카 상륙작전, 이탈리아의 시실리섬 상륙작전, 사상최대의 노르망디 상륙작전, 남(南)프랑스 툴롱(Toulon) 해안 상륙작전 등에서 활약을 한 것이다. 그러난 제2차 세계대전 동안 PT가 가장 활약을 한 곳은 남태평양의 솔로몬 제도이다. 1942년 10월에 솔로몬 제도의 과달카날섬 앞다바에 있는 툴라기에 보내진 PT들은, 헨더슨 비행장을 포격하려고 쇠바닥만에 나타나는 일본군 전함, 순양함, 구축함들을 어뢰로 괴롭히기에 충분하였다. 툴라기 기지에서 출발한 어뢰정 제2, 제3 전대 PT들은 어뢰공격으로써 일본군 구축함 서너 척과 잠수함 1척을 '쇠바닥만 침몰함선 클럽'의 회원으로 만들었다.

(5) 퇴역

제2차 세계대전중 미국은 720척의 PT를 건조하였으나 미 해군은 531척을 운용하였고 나머지는 영국과 러시아에 장기임대조건으로 공여하였다. 미 해군이 운용한 PT정 가운데 69척이 침몰하였는데 이 가운데 적에게 피격되어 침몰한 것이 26척이고 나머지 43척은 사고 또는 적에게 넘겨지는 것을 피하려고 미군이 파괴한 것이다. 그리고 제2차 세계대전중 PT정 승조원 331명이 전사하였다. 제2차 세계대전이 끝나자 미국 해군은 미군의 제해권과 제공권 사이의 틈새를 막아주는 역할을 한 이 어뢰정들을 시간이 지나면서 모두 폐기하였다. 예를 들어 사상 최대의 해전인 필리핀 해역의 레이테 해전 등에서 혁혁한 공을 세운 어뢰정들도 이제는 더 이상 필요없다고 여겨 기관총 등 주요 부품을 제거한 뒤 모두 필리핀의 사말(Samar)섬[15] 해안 등지에서 불태워 버렸다

---

15) 필리핀 중부의 레이테섬 바로 북쪽에 있는 섬.

알루미늄 선체의 PT정

(어뢰정 선체는 목재로 만든 합판이어서 화재에 취약하므로 쉽게 불탔다). 일부 PT정은 민간에 불하하였으므로 PT정을 구입한 민간인은 낚시배, 소형 페리보트 등으로 사용하였다. 그리고 일부 PT정들은 동맹국에 원조로 보내졌으므로 당시 우리나라 해군도 PT정 4척을 한국전쟁중인 1952년초 미군으로부터 인수받았다.

한편 미 해군은 목재로 된 PT정들은 모두 폐기하면서도 태평양전쟁이 끝날 즈음에 선체를 알루미늄으로 만든 PT정들을 소량 건조하였다. 알루미늄 PT정은 목재로 만든 PT정보다 선체가 더 크고 속력도 더 빨랐다. 그러나 미 해군은 1959년에 PT정 자체가 더 이상 필요하지 않다고 판단하여 알루미늄 PT정도 모두 폐기하였다. 그러므로 미국 해군은 1960년 부터는 한 척의 어뢰정도 보유하지 않았다. 항공모함, 전함, 순양함, 구축함 등은 제2차 세계대전이 끝난 후에도 미국 여러 항구에 해상박물관 목적으로 남겨두었으나 이들 함정에 비해 작은 크기인 초계정(PC: Patrol Craft)은 한 척도 남김없이 민간에 불하하거나 동맹국 해군에 원조로 보냈으므로 막상 미국에는 한 척도 남아있지 않다. PT정의 경우도 마찬가지다. 우리나라 해군의 첫 전투함인 백두산함(미국해군에서는 PC823이었으나 한국해군에서는

PC701)도 우리해군에서는 초계함으로 함급을 상향하여 함명도 붙였으나 미국에서는 PC(초계정)이나 PT(어뢰정)에 함정 번호만 있지 함명은 붙이지 않았다. 이름 붙이기에는 너무 작은 함정으로 여겼기 때문이다. 그러나 우리 해군이 미국으로부터 받은 PC나 PT에 우리 해군은 고유 이름을 붙였다. 신생국가의 작은 규모 해군에게는 이들 소형함정들도 커 보였기 때문이다.

머리말에 언급하였듯이, 필자는 어릴 때부터 직업군인이 되려고 육군사관학교를 지망하였으나 (이야기를 하자면 너무 길다. 하여간 인생의 진로가 인간 마음대로 되지 않으므로 결국 가고 싶었던 육사입학시험을 포기하고) 서울대학교에 입학하여 '임산(林産)가공학'을 전공하였다. 대학교 2학년인 1972년에 미국에서 발행된 전공서적 'Plywood(합판)'라는 원서를 학교도서관에서 빌려서 읽으며 처음으로 미 해군 PT정이 합판으로 선체가 제작되었다는 사실을 알게 되어 당시에 같은 과 학생들을 대상으로 하는 세미나에서 '전쟁 무기로 사용된 합판'이라는 제목으로 발표한 적이 있다.

5. 케네디, 최전선으로

(1) 수송선 위에서

1) 남태평양으로

1942년 10월에 해군 중위로 승진한 케네디는 일본군과 싸우기 위해

1943년 3월 6일, 최전선인 남태평양의 솔로몬 제도의 툴라기섬에 있는 어뢰정 기지를 향하여 1만4천톤 해군수송선 로참보(Rochambeau, AP-63)호를 타고 오후 5시 21분에 샌프란시스코 항구의 제34 부두를 출발하였다. 금문교 밑을 나와 태평양에 들어선 로참보호는 원래 프랑스 해운회사가 1931년에 프랑스에서 건조한 호화 여객선 마르찰 조프레(Marechal Joffre: 조프레 원수)호였다. 일본군이 필리핀을 공격하자 마르찰 조프레는 3월 18일에 보르네오섬의 발릭파판 항구를 향하여 마닐라를 탈출하였고 그 후 호주와 뉴질랜드를 거쳐서 4월 19일에 샌프란시스코에 도착하였다. 그 후 이 배는 4월 27일에 미국정부 소유가 되어 선명을 로참보로 바꾸고 징집되어 미 해군 수송선으로 취역하여 미국의 서해안과 남태평양 사이를 운행하는 임무를 수행하였다.

샌프란시스코를 떠난 로참보호는 로스엔젤레스 남쪽에 있는 샌디에고 군항에 입항하여 브로드웨이(Broadway) 부두에서 이틀 간 정박하면서 해군 수병 1,500명을 태웠다. 25세인 케네디는 하선하여 샌디에고를 구경하려고 하였으나 하선은 금지되었다. 샌디에고를 떠날 때는 로참보호를 해군의 호위함과 비행선이 이틀 동안 호위해주었으나 그 후 호위함이 떠나고 로참보호는 적도(赤道)를 남하하여 일로 남태평양으로 향하였다. 남태평양으로 향하는 로참보호 안에서 케네디는 제임스 리드(James A. Reed) 소위, 폴 페노이어(Paul Geddes Pennoyer) 2세(Junior) 소위와 선실을 함께 사용하였다. 하버드 대학을 졸업한 페노이어 소위는 미 해군 뇌격기 조종사로서 미국에서 손꼽히는 금융업의 부호 모건(J.P.Morgan)의 손자이다. 페노이어는 남태평양으로 향하는 로쳄보호 위에서 그의 조부가 뇌졸증으로 세상을 떠났다는 것을 배에서 발행하는 등사판 신문을 통해서 알게되었다. 그는 1944년 6월 20일에 벌어진 필리핀해 해전(Battle of Philippine Sea)에서 함재기인 어벤저(Avenger) 뇌격기를 조종하여 일본 해군 항공모함에 어뢰를 명중시켜 해군

십자훈장(Medal of Navy Cross)을 받았다. 리드 소위는 매사추세츠주 앰허스트(Amherst) 대학 출신으로서 법률을 전공하였고 솔로몬 제도에서 케네디와 함께 근무한 것이 인연이 되어 평생 케네디와 친구가 되었다(대통령이 된 케네디는 그를 재무부 차관으로 임명하였다).

2) 함상 토론

배에 승선하면서 개인 전투장비로서 해군 단도(短刀)와 스미스 웨손(Smith & Wesson) 38구경 권총을 지급받은 이들 3인은 미국 명문대학 졸업생들 답게 항해중에도 그들이 항해중에 읽고 있는 책에 대해 서로 이야기하였다. 케네디는 제1차 세계대전시 튀르키예가 아르메니아인을 대량학살한 내용에 대해 체코 태생의 유대계 오스트리아 극작가 프란츠 베르펠(Franz Werfel)이 쓴 '무사다그(Musa Dagh)에서 40일' 등에 대해 이야기하였다. 그러나 3인이 보다 열렬하게 토론한 것은 당시 영국의 정책과 시사문제를 포함한 세계정세에 관한 것이었다. 리드 소위는 영국의 유화적인 전(前)수상 체임벌린(Neville Chamberlain)이 1938년 9월 30일에 히틀러와 맺은 평화조약(뮌헨협정)을 비난하였다. 이 협정에 따라서 나치 독일은 체코슬로바키아의 주데텐란트(Sudetenland) 지역을 1938년 10월에 합병하였다. 만약 그가 협정을 거부하였더라면 독일은 유럽에서 전쟁을 일으키지 못했을 것이며 이에 따라서 일본도 진주만을 공격하지 못했을 것이라고 그의 생각을 이야기하였다. 리드 소위는 체임벌린이 히틀러에게 항복한 것이라고 체임벌린을 열을 내며 비난하였다. 이에 대해 케네디는 체임벌린 만이 책임질 것이 아니라 1930년대에 추축국 앞에서 자유민주주의 국가들을 마비시킨 것은 지도자들의 비겁함과 무기력, 그리고 무관심이었다고 자기의 생각을 말하였다. 즉, 케네디는 당시 영국의 정치지도자들이 "일단 피흘리는 전쟁은 피하고 보자"는 명분 아래, 병적으로 전쟁을 두려워하여 전쟁에 대비하는 군비(軍備)를 하지 않고 평화주의를 내세우며 나라를 약하게 만들었다고 비난한 것이다.

그리고 케네디는 이런 문제는 영국만이 아니고 자유민주주의 국가들의 공통적인 취약점이라고 날카롭게 지적하였다. 오늘날 우리나라에는 체임벌린 수상같이 생각하는 정치인들과 국민이 너무 많다. 그러므로 필자는 당시 젊은 케네디가 지적한 점은 오늘날 한국의 경우에도 정확하게 대입할 수 있다고 생각한다. 4세기 로마의 전략가 베게티우스는 "평화를 원한다면 전쟁을 준비하라"고 하였고 중국에는 망전필경(忘戰必傾, 전쟁을 망각하면 나라가 기운다), 거안사위(居安思危, 편안한 때에 위험할 때의 일을 미리 생각하고 대비한다) 등의 경구(警句)가 전해 내려오고 있다. 이것은 국방에 있어 동서고금의 진리인 것이다. 자기 개인과 가족만의 이권과 안위만을 생각하는 사람은 당장 눈앞에 전기가 들어오고 쇼핑센터에서 물건을 사는 등 눈앞에서 안락하게 벌어지고 있는 생활을 평화라고 생각하며 국방은 자기와는 관계없는 것이라고 생각한다. 그러나 후대를 생각하고 나라의 장래를 염려하는 사람은 눈앞보다는 멀리 보며 깊게 생각하므로 국방이 강 건너 불이거나 남의 일이 아니고 바로 자기 일이라고 생각하기에 평화시에도 국방을 염려한다. 케네디는 후자(後者)에 속한 사람이다. 즉, 적에게 노예가 되는 미래보다 당장 편한 것이 더 좋다고 생각하는 우매한 국민들의 인기를 얻기 위해 적에게 평화를 구걸하여 결국 나라를 망치는 타입의 지도자가 아니었던 것이다.

3) 청년 케네디의 저서

케네디는 하버드 대학생일 때 1939년부터 1940년에 걸쳐서 '뮌헨에서의 유화회담(Appeasement at Munich)'이라는 제목의 논문을 썼다. 그리고 이 논문을 보완하여 그의 나이 23세이던 1940년 7월에 "영국은 왜 잠자고 있는가(Why England Slept)"라는 제목의 단행본을 저술하여 발간하였다. 이 책은 나오자 마자 베스트셀러가 되었다. 후일 케네디는 '용기있는 사람들 (Profiles in Courage)' 등 여러 책을 저술하기도 하였다.

앞서 언급하였듯이, 케네디는 육군에 입대하려고 하였으나 하버드 대학시절 미식축구를 하다가 다친 등뼈 때문에 신체검사에서 불합격되자 몇 개월동안 운동하여 등뼈를 튼튼하게 만들어 해군 신체검사에 합격하였다. 해군에 입대하자 최전선 근무를 지원하여 최전선에 나갔다. 우리나라의 운동선수, 연예인, 부유층 자제, 고위직 공무원, 정치지도자들 자제들 등 가운데 일부는 신체검사에 불합격하여 병역을 기피하려고 일부러 신체일부를 손상시킨다는 뉴스가 가끔 언론에 나온다. 부끄러운 일이다. "될성부른 나무는 떡잎부터 알아본다"는 우리나라 속담이 있듯이 케네디는 청년시절부터 달랐다. 지도자의 소질을 갖고 태어난 것이다.

당시 케네디는 비록 젊었지만 도서관에서 영국의 런던타임지, 이코노미스트지, 미국 국무부의 기록, 의회의사록 등을 읽었으므로 이 토론 제목에 대해 비교적 정확한 시각을 갖고 있었던 것이다. 여하튼 항해중에 이들은 매일 밤 당시 국제정세에 대해 토론을 계속하였다. 미국은 자유주의 국가이므로 당시에도 젊은 장교들이 이렇게 국제정치적인 토론을 할 수 있는 분위기였으나 일본의 초급장교들 사이에는 이런 토의를 할 수 있는 자유로운 분위기가 존재하지 않았다. 태평양전쟁이 일어나는 시점에 일본육군, 해군 그리고 참모본부에서 중심적인 업무를 하고 있던 장교 65명 가운데 미국 유학파인 사토 겐료(佐藤賢了) 군무과장을 제외하고는 모두 독일 유학파였기 때문이다. 그러므로 일본군의 전략전술을 계획하는 독일 유학파 출신 장교들은 이야기하는 중에 자주 독일어를 사용하기도 하였으며 이들은 히틀러의 군대가 영국과 소련을 굴복시킬 것이라고 믿고 있었다. 이들은 한쪽으로 치우쳐 독일에만 의존하는 정보를 갖고 있었으므로 세계정세와 상황을 바르게 보는 시각이 부족하여 태평양전쟁을 일으킨 것이다. 즉, 독일이 승리하게 되면 지금 일본도 전쟁에 뛰어 들어야 버스를 놓치지 않게 되며, 만약 일본이 지금 참전하지 않으면 버스를 놓치게 될 것이라는 분위기가 당시 일본 육해군 수뇌부에 팽배하였던 것이다. 일본이 진주만을 기습공격하기 전에 독일군은 레닌그라드(오늘날 상트페테르부르크)에서 소련군에게 패배하였다. 당시 소련 주재 일본 대사관 무관으로부터 이러한 전보가 도착하였음에도 일본육군 수뇌부는 전보 내용을 무시하고 결국 독일군이 승리할 것이라고 믿었다. 한술 더 떠 일본육군 참모부는 이 전보를 보낸 무관을 다른 부서로 좌천성 인사발령을 내렸다.

해뜰 때와 해가 질 무렵은 적 잠수함으로부터 어뢰 공격을 받기 쉬운 시간대이므로 수송선 위에서는 매일 이 시각에 사격 훈련을 포함한 전투 훈련이 되풀이 되었다. 어뢰정에는 기관총도 장착되어 있으므로 케네디는 열심히 사격훈련에도 임하였다. 케네디는 전투훈련 그리고 친구 장교들과 토론하는 시간 이외의 무료한 시간을 보내느라 사관실에 과녁판을 만들어 붙이고 앞서 나온 친구 2명과 함께 전투장비로 지급받은 해군 단검을 던져 과녁을 맞추는 게임을 하였는데 이 분야에 소질이 있었는지 친구들보다 더 잘하였다. 수송선에서 케네디는 하버드 출신 소위 한 명을 더 알게 되어 친구가 되었다. 그는 로리 주니어(Charles E. Rowley,Jr) 소위로서 뇌격기 조종사였다. 케네디는 이들 3명과 국제정치 토론도 하였지만 함께 카드놀이를 하여 로리 주니어는 케네디에게 돈을 잃어 수표를 써 주기도 하였다. 여하튼 당시 미국 본토에서 최전선인 남태평양 솔로몬 제도로 향하는 수송선 안에 미국 명문대학 출신들을 쉽게 볼 수 있다는 사실은 당시 미국 엘리트 청년들의 애국심을 잘 보여주는 단면이다.

호위하는 군함도 없이 남태평양으로 항해 하는 로참보호는 도중에 수평선 위에 국적 불명의 선박을 여러 번 목격하여 선내에는 그 때마다 경보가 발령되었으나 모두 아군 선박임이 판명되기도 하였다.

4) 에스피리투 산토 도착

산토섬의 어뢰정 기지 (사라카타강 어귀)의 오늘날 모습   오늘날의 산토 시내

샌프란시스코를 떠난지 20일이 지난 3월 26일, 수송선 로참보가 솔로몬 제도 바로 남쪽에 있는 뉴헤브리디즈(오늘날 바누아투 공화국) 수역에 다다르자 물에 설치된 기뢰를 제거하는 소해정(掃海艇) 트레시(Tracy)가 로참보를 마중 나왔다. 구형 구축함에서 소해정으로 개조된 트레시는 로참보를 에스피리투 산토(Espiritu Santo)섬의 산토(루겐빌) 항구까지 호위해 주었다. 일본군은 라바울을 남태평양 최대의 군사기지로 삼고 과달카날 전투를 지원하였다. 여기에 대해 미군은 에스피리투 산토섬에 있는 산토 항구에 보급기지를

1. 프레지던트 클리지호 침몰지점에서 영국인, 현지인 스쿠버 다이버들과 필자(중앙) 필자 뒷편 물속에 배가 가라앉아 있다.
2. PT정을 갑판에 싣고 항해중인 'PT정 모선 (PT Tender)
3. 상공에서 본 산토 항구

만들어 놓고 과달카날 전투를 지원하였다. 일본군 폭격기와 전투기가 라바울에서 과달카날을 폭격하고 귀환하듯 미군의 폭격기와 전투기도 산토 기지에서 출격해 과달카날의 일본군 집결지와 진지를 폭격하고 돌아오곤 하였다. 또한 미군은 산토에서 병력과 보급품을 함선에 실어 과달카날로 보냈다.[16)
3월 28일, 산토 항구 안에 들어가면서 로참보의 갑판에서 케네디와 리드 소위는 항구 입구에 침몰되어 있는 거대한 수송선 프레지던트 쿨리지(President Coolidge)호를 보았다. 그들에게는 태평양전쟁에 참여하고 처음으로 본 전쟁 잔해였다. 케네디는 선체 일부를 육지에 들어내 놓고 침몰한 배를 보면서 "여기가 전쟁터이구나!"라고 생각하며 가슴이 설레며 두근거림을 느꼈다. 2만톤급 프레지던트 쿨리지는 미 육군 병력(보병 제172연대, 제105 야전포병대 등) 약 5천4백 명을 태우고 1942년 10월 7일, 미국 샌프란시스코를 출발하여 10월 26일, 산토 항구에 도착하여 항구에 입항하던 중, 미 해군이 일본 잠수함을 막으려고 항구 인근에 설치해 놓은 기뢰에 충돌하여 침몰하였다. 태평양전쟁사를 공부하다가 이 사실을 알게 된 필자는 2005년 2월에 산토 항구 앞 물속에 침몰해 있는 이 수송선을 보려고 산토를 방문하여 직접 스쿠버 다이빙을 해서 물속에 들어가 말없이 누워있는 이 배를 본 적이 있다. 그때 필자는 산토 시내의 서쪽을 흐르고 있는 사라카타강 하구에 미군이 태평양전쟁 당시 어뢰정 기지를 만들어 놓은 것을 알게 되었다. 즉, 산토 기지에서도 어뢰정들이 바로 북쪽에 있는 솔로몬 제도까지 작전을 하러 간 것이다.

참고로 필자가 대학교 1학년 때인 1971년에 우리나라에서는 '남태평양'이라는 뮤지컬 영화가 상영된 적이 있다. 소설 남태평양 이야기(Tales of South Pacific)로써 퓰리처 상을 받은 미국의 작가 제임스 미체너(James

---

16) 권주혁 『나집 비행장』 p.77, 지식산업사, 서울, 2009

Michener)는 해군 대위로서 산토에서 근무하면서 남태평양에 반하였다. 그는 제대한 이후에 태평양전쟁때 산토에서 근무하던 생활을 배경으로 이 소설을 썼고 이 소설에 기초하여 헐리우드에서는 '남태평양' 영화를 만들었다. 미체너는 필자가 외국 작가 가운데 가장 좋아하는 작가이므로 당연히 미체너가 산토에서 근무하였던 숙소도 찾아가 보았다. 산토와 미체너에 대해서는 필자의 저서 '나잡 비행장(남태평양 뉴기니 전투)'에 18페이지에 걸쳐서 짧게나마 설명하였다. 산토와 미체너에 대해 더 자세히 언급하자면 책 한 권이 될 것이므로(전혀 과장이 아니다) 여기에서 중단한다. 언젠가 기회가 되면 산토섬을 발견한 포르투갈의 탐험가 이야기까지 포함하여 산토와 미체너의 인생과 소설에 대한 책을 쓰고 싶다.

케네디가 산토 항구에 들어갈 때 항구 안에는 미드웨이 해전 등 여러 곳에서 빛나는 전공을 세운 역전(歷戰)의 항공모함 엔터프라이즈를 중심으로 순양함 5척, 구축함 21척의 대함대가 정박하고 있어 케네디는 그 웅장함에 놀랐다. 호주 순양함 린더(Leander)도 4척의 미국 순양함 호놀룰루, 샌디에고, 세인트 루이스, 내쉬빌과 함께 닻을 내리고 있었다. 이 광경에 케네디는 가슴이 설렐 정도로 감명을 받았다. 수송선이 산토에 도착하자 케네디는 산토에서 하선하는 대로 솔로몬 제도에 가서 어뢰정 근무를 하라는 명령을 받았다. 반면 리드 소위는 계속 로참보를 타고 뉴칼레도니아의 누메아 항구로 가라고 명령받았으므로 케네디는 친구 3명과 굳은 악수를 하고 작별하였다. 산토에 도착하였을 때 리드 소위는 케네디가 솔로몬 제도에 가서 어뢰정 지휘를 하게 된다는 사실을 알고나서, 케네디와 헤어지면서 자기도 누메아에 도착하는 대로 솔로몬 제도의 어뢰정 근무를 신청해서 다시 만나겠다고 케네디에게 약속하였다. 리드 소위는 그의 약속대로 솔로몬 제도에 와서 케네디와 다시 만났다.

(2) 과달카날에 도착한 날

1) LST 449호

산토에 도착한 케네디가 전차양육함(LST)[17] 449호를 타고 솔로몬 제도의 툴라기 항구에 가려고 하던 당시 미국 청년들은 일본군에 대해 강한 적의(敵意)를 품고 있었는바 케네디로 마찬가지였다. 케네디가 LST 449호에 승선하자 켄터키주 헨더슨시 출신인 37살의 함장 칼 리빙스턴(Carl S. Livingstone) 대위는 케네디를 불렀다. 함장은 LST 449에 전(前) 주(駐)영국 대사의 아들이 타고 있다는 소문을 듣고 케네디를 부른 것이었다. 케네디는 "일본이 태평양전쟁을 일으키기 전에 유럽여행을 하면서 1939년 9월, 영국 여객선 아테니아(Athenia)가 영국에서 캐나다로 가는 도중에 독일 잠수함이 발사한 어뢰에 맞아 침몰하면서 미국인 28명을 포함한 117명이 사망하였다는 소식을 듣고 영국에 갔다. 이때 부친은 구조된 미국인들이 보호되고 있는 글라스고에 가서 그들을 도와주라는 지시를 받고 생존자들을 도와주었다"는 등의 이야기를 함장에게 하였다. 참고로 미국인 28명이 사망한 사실을 알게된 독일은 미국이 영국편에 서서 독일과의 전쟁에 개입할 것을 두려워하여 제2차 세계대전이 끝날 때까지 독일 잠수함이 아테니아를 침몰시킨 사실을 부인하였으나 전쟁이 끝난 뒤 연합군이 독일측 자료를 조사하면서 1946년에야 사실을 밝혀내었다. 케네디는 하버드 대학에 입학하자 학교측의 허가를 받아 1939년 2학기에 유럽여행을 하였다. 케네디가 유럽에 도착 하였을 때는 나치 독일이 체코슬로바키아의 주데텐란트 지역을 이미 1938년 10월에 합병한 뒤였다.

---

17) 제2차 세계대전당시 LST 크기: 길이 100m, 폭 15m, 배수량 1,600톤, 속력 10노트, 전차 16대 탑 재 가능. 오늘날 LST는 제2차 세계대전 것보다 더 대형이다

1943년 4월 7일, LST 449는 과달카날 북부해안에 다가왔다. LST 449는 케네디를 비롯한 해군 장교들 이외에 과달카날에서 근무할 육군 170명과 많은 양의 보급품을 싣고 있었다. LST 449가 과달카날 남쪽에서 동해안을 우회하여 낮 12시 15분, 과달카날 북부지역의 중부해안에 있는 토고마(Togoma)곶[18] 앞을 지날 때 함장 리빙스턴 대위는 여러 척의 수송선과 구축함이 급하게 쇠바닥만 속으로 대피기동 하는 것을 보았다. 헨더슨 비행장을 점령하려고 6개월 동안 미군과 일본군 사이에 격렬하게 벌어졌던 과달카날 전투는 1943년 2월에 미군의 승리로 끝나 미군은 과달카날섬과 헨더슨 비행장을 반격작전의 지원기지로 삼았다. 그러므로 일본군 항공기들은 과달카날 전투가 끝났음에도 라바울, 부인, 벨라라에, 문다 기지에서 계속하여 출격하여 헨더슨 비행장을 폭격하고 쇠바닥만에서 군수물자를 해안에 하역하는 미군 수송선과 호위함들을 공격하였다. 케네디가 승선한 LST 449가 쇠바닥만에 들어올 때 마침 일본기들이 쇠바닥만에 정박하고 있던 미군기들을 공격하려고 접근중이었던 것이다.

낮 12시 20분, 과달카날 서부해안 콜리(Koli)곶[19]에 미군이 설치한 감시초소에서는 일본기가 접근하고 있다는 공습경보인 적색경보를 발하였다. 잠시 뒤 구축함 한 척이 LST 449 옆을 지나면서 대피하라는 신호를 보내왔다.

이날 아침, 동이 트고 부겐빌섬(오늘날은 독립국 파푸아뉴기니령)의 부카(Buka), 카힐리(Kahili) 비행장과 부겐빌섬 바로 남쪽에 있는 벨라라에섬(오늘날 솔로몬 제도령) 비행장에서는 일본기들이 발진하여 상공에 올라간 뒤 대규모 4개의 군(群)을 이루어 동남쪽의 과달카날을 향하여 비행하기 시작하

---

18) Taghoma 또는 Sopanitogha 라고도 부르며 헨더슨 비행장 동쪽 20km 해안에 있다.
19) 과달카날섬, 헨더슨 비행장 동쪽 18km에 있다.

벨라라에섬. 섬 한가운데 일본군이 만든 비행장이 보인다.
섬 뒤에 얇은 선으로 보이는 것은 일본군 보급기지인 쇼틀랜드섬

였다. 이날 3개 비행장에서 이륙한 일본기는 모두 177대로서 급강하 폭격기 67대와 제로전투기 110대였다. 이호(伊號) 항공작전의 일환으로서 야마모도 연합함대 사령관이 직접 지시한 것이었다. 이 작전 이후 11일 뒤인 4월 18일, 야마모도는 부겐빌 남부전선을 시찰하기 위하여 라바울을 출발하여 벨라라에 비행장에 도착하기 바로 전에 이미 야마모도의 동선(動線)을 암호해독을 통해 알고 헨더슨 비행장에서 발진한 미군 P38 쌍발 프로펠러 전투기 편대에 의해 격추되어 전사하였다. 야마모도는 미군의 항공매복작전에 걸려 탑승기가 추락함으로써 전사한 것이다. 부겐빌섬과 과달카날섬 사이에 있는 수많은 작은 섬들에는 호주군과 영국군이 지휘하는 연안감시대원가 활동하고 있었는바 이들은 일본기들의 규모와 비행방향을 과달카날의 헨더슨 비행장에 즉

상륙해안에 접안하여 장비와 물자를 하역하는 LST (남태평양 전선)

각 보고하였다. 그러므로 헨더슨 비행장에서는 일본기들을 요격하려고 F4F 와일드캣 전투기를 비롯한 전투기들이 일본기들이 과달카날 상공에 나타나기 전에 하늘 높이 올라가 항공매복을 하고있다가 일본기가 나타나면 상공에서 내려가면서 사격함으로써 일본기들은 심각한 피해를 입었다.

일본기들이 LST 449 상공에 접근하고 있을 때 케네디는 선실에 있는 2층 침대 아래층 침대에서 책을 읽고 있다가 배가 갑자기 선회하는 바람에 침대에서 몸이 구르면서 밖에서 뭔가 일어나고 있다고 생각하였다. 그 순간 갑자기 선실 안의 신호등이 공습경보를 발하며 일본기의 공습을 알렸으므로 케네디는 긴장하였다 그때까지는 훈련이었으나 이제부터는 실전이다. 케네디가 급히 일어나 갑판에 나가자 일본기 대편대가 과달카날 상공으로 진입하고 있었다. 177대는 엄청나게 큰 규모로서 일본이 진주만 기습을 할 때 제1차 공격에 183대를 투입한 것을 생각하면 거의 같은 규모였으므로 이를 바라본 케네디에게는 마치 악마의 공격대처럼 보였다. 서쪽에서 과달카날을 향하여 폭음을 울리며 접근하던 4개 군(群) 가운데 한 개는 미군의 어뢰정 기지가 있는 툴라기로 방향을 잡았고 나머지 대군은 헨더슨 비행장을 향하여 날아갔다. 잠시 후 쇠바닥만 상공에 진입한 일본기들은 미군 함정에 폭탄을 투하하였다. 물론 LST 449와 약간 떨어진 곳에 있는 LST 446도 일본군의 목표 가운데 하나였다. 폭탄이 지근 거리에서 미 함선을 비껴가며 바다 위에서 폭발하자 케네디는 순간적으로 공포를 느꼈다. 상황이 위급하게 되자 미 해군은 리빙스턴 함장에게 토고마곶 앞바다에서 이동하지 말고 일단 구축함 아론 워드(Aaron Ward)[20]가 도착할 때까지 기다리라고 하였다. 잠시 후 리빙스턴 함장은 구축함 아론 워드가 LST 449를 보호하려고 급히 달려오는 것을 보았다. LST 449는 아론 워드, 구잠함 521호와 함께 한 팀이 되어 쇠바닥만에 들어가지 말고 다시 에스피리투 산토를 향하여 돌아가라는 명령을 받자 LST 449가 급히 180도 반전하였으므로 케네디는 침대에서 굴러서 떨어질 뻔 하였던 것이다. 이렇게 LST 449는 구축함과 구잠함의 호위를 받으며 에스피리투 산토를 향하여 과달카날섬 북부 해안을 떠나려고 동쪽으로 기동을 시작하였을 때 이미 일본기 대군은 과달카날 서쪽 상공을 덮어 버렸다.

연안감시대원의 보고를 받고 헨더슨 비행장의 미군 F4F 전투기들이 상공에 올라가 일본군 전투기가 접근하는 것을 기다리고 있었지만 제로전투기는 미군기에 비해 성능이 월등히 뛰어났으므로 미군기를 괴롭혔다. 공격해 오는

---

20) DD 483. 미 해군중장 Aaron Ward를 기념하여 이름을 붙임. 1942년 3월에 취역함. 배수량 2,060톤. 쇠바닥만 해저에서 1994년 9월 4일에 발견되었음.

미군기를 날쌔게 피하고 빠른 속력을 이용하여 미군기의 꼬리를 문 다음에 사격하여 미군기를 격추시키곤 하였다. 제로전투기는 20mm 기관포 2문과 7.7mm 기관총 2정을 장착하고 경쾌하게 비행하는 함상전투기였으므로 미군 조종사들은 태평양전쟁 초기에는 제로전투기를 공포의 전투기로서 인식하고 있었다. 그러므로, 미군은 제로전투기 성능의 비밀을 알기를 원하였다. 그러던중, 1942년 6월, 미군은 드디어 제로전투기를 손에 넣을 수 있었다. 알류산 작전에서 항공모함 류조(龍驤)에서 발진한 제로전투기 한 대가 미군에게 가솔린 탱크와 엔진이 피탄되어 모함으로 귀환하는 것이 불가능하게 되어 아쿠탄(Akutan)섬에 불시착하였다. 이때 기체가 거꾸로 서게 되어 기체는 약간 손상되고 조종사는 머리에 충격을 받고 사망하였다. 그 기체를 발견하여 수거한 미국은 기체를 급히 본국에 보냈고 철저하게 성능을 분석하였다. 조종석에서는 일본 해군 항공대의 암호책이 발견되어 이때부터 미군은 일본 항공대의 암호까지 해독하게 되었다. 일본군은 미군에게 제로전투기와 해군 항공대의 암호책이 넘어간 것을 태평양전쟁이 끝날 때까지 알 수 없었다. 이렇게 미국은 제로전투기를 분석하여 급히 제로전투기를 능가하는 전투기를 만든 것이 F6F 헬캣(Hell Cat) 전투기였고 미국은 계속 전투기를 개량하여 F4U 코르세어, F47 선더벌트, F51 무스탱 등 여러 최신형 전투기를 만들어 태평양 전선 곳곳에서 제로전투기를 제압하였다. 그러나 케네디가 과달카날에 도착하였을 때는 제로전투기가 항공전에서 미군 전투기에 우위를 점하고 있을 때였다.

2) 구사일생

태양을 등에 지고 일본기 한 대가 LST 449를 향하여 급강하로 내려오면서 폭탄을 투하하였다. 그러나 폭탄은 명중되지 않고 좌현 3m에 떨어지면서 폭발하여 거대한 물기둥을 만들고 폭발음에 케네디는 고막이 찢어질 정도의 고

통을 느꼈다. LST 449는 적기의 공격을 피하려고 급히 속력을 올려 원을 그리면서 적기의 공격에서 벗어났다. 9대의 적기는 굉음을 내며 고각도로 급강하하거나 저각도로 미끌어지듯이 접근하며 LST 449와 옆에 있는 구축함 아론 워드를 공격하였다. LST 449를 겨냥한 제2의 폭탄은 좌현 전방 3m에 떨어져 물기둥을 만들었다. 이어서 폭탄 2발이 우현 함미 바로 뒤에 떨어져 폭발하였고 다른 지근탄 한 발도 물기둥을 솟게하였는데 함교 높이까지 높은 물기둥을 만들었다. LST 449에는 미 육군과 해병대가 사용할 포탄, 탄약, 폭탄 등을 대량 싣고 있었으므로 만약 적의 폭탄이 한 발이라도 함체에 명중하면 대폭발을 일으키며 함이 분해될 것이므로 함장은 있는 힘을 다해 적기의 조준 폭격을 피하였다. LST 449의 20mm 기관포 사수들은 바닷물에 바짝 붙어서 공격해 오는 적기를 향해 맹렬한 사격을 하여 2대를 격추하였고 1대에 손상을 입혔으므로 손상입은 적기도 먼 거리에 있는 기지에 귀환 도중에 추락하였을 것으로 추정되었다. 이 와중에 구축함 아론 워드에는 폭탄이 명중되어 연기가 솟는듯하더니 돌연히 붉은 화염이 구축함을 감쌌다. 아론 워드를 구하려고 기뢰 소해정 한 척이 달려가 밧줄로 아론 워드를 견인하였으나 기관실에 폭탄이 명중한 아론 워드는 갑자기 침몰하기 시작하다가 툴라기섬이 있는 플로리다 제도 남쪽 5km 해상에서 쇠바닥만 4천m 바닷물 속으로 빨려 들어갔다. 이때 제로전투기 2대도 격추되어 조종사 2명이 낙하산을 타고 해상에 추락하였다. 이를 보고 LST 449는 조종사 한 명에게 달려가서 밧줄을 던졌다. 그러나 일본 조종사는 밧줄을 잡는 것을 거부하면서 비행모를 벗어던지고 수영하다가 권총을 빼어 LST 449를 향해 2발을 발사하였다. 그러자 갑판 위에 서 있던 미군 수병들이 응사하자 총탄 여러발을 맞은 조종사는 양팔을 물 위로 올리는 듯 하더니 곧 얼굴을 물속에 파묻었다. 케네디는 구조를 거부하고 권총을 발사한 일본 조종사의 이해하기 어려운 행동에 전율하였다. 일본인은 항복하기보다 죽음을 택한다고 들었으나 케네디는 바로 눈 앞에서 이

것이 사실인 것을 알게 되어 충격을 받은 것이다. 케네디는 LST 449 갑판 위에서 눈앞에 벌어지고 있는 상황을 보면서 "이것이 전쟁이구나!"를 중얼거리고 "남태평양에 온 것을 환영한다"며 자신에게 말하였다. 한편 여러 발의 지근탄이 폭발하면서 LST 449는 파편에 맞아 펌프 등 함체 일부가 파괴되었으나 명중탄을 맞지 않았으므로 작전하는 데에는 지장이 없었다. 이렇게 아슬아슬하게 적기의 공격을 피한 LST 449는 구잠함 521호와 함께 다시 에스피리투산토섬으로 돌아갔다. 다음날도 일본기의 내습을 염려하였기 때문이다.

3) 툴라기 도착

그러나 일본기가 나타나지 않았으므로 5일이 지난 4월 12일에 LST 449는 다시 과달카날 북부 해안에 도착하여 케네디는 툴라기섬에 있는 PT정 기지에 도착하였다. 샌프란시스코를 떠난지 37일만이었다. 툴라기섬에 내려 사사페(Sasape) 부두에 도착한 케네디를 반겨준 것은 섬 입구에 세워진 큰 간판에 쓰여있는 글이었다. 이 글은 당시 남태평양 미 해군 사령관인 헐시(William Halsey) 제독의 지시에 의해 세워진 것으로서 그가 미 해군장병들에게 보내는 메시지가 다음과 같이 적혀 있었다.

KILL JAPS KILL JAPS
KILL MORE JAPS

You will help to kill the yellow
bastards if you do your job well

(일본놈을 죽여라, 일본놈을 죽여라, 더 많은 일본놈을 죽여라. 귀관이 귀관의 임무를 제대로 한다면 귀관은 황인종 더러운 놈들을 죽이는데 기여할 것이다)

이 간판 글을 보고서 케네디는 소리를 지를 정도로 놀랐다.

한편, 여러 번 침몰 위기를 극복한 LST 449는 태평양전쟁 말기인 1945년 4월, 태평양전쟁중 미군이 시행한 가장 큰 상륙작전인 '오키나와 상륙작전' (인천상륙작전의 5배 규모)에서도 크게 활약하였다.

6. 솔로몬 제도와 툴라기섬

(1) 솔로몬 제도와 툴라기의 역사

1) 솔로몬 제도

산타이사벨섬에 도착하는 멘다나 탐험선을 환영하는 원주민

과달카날섬에 도착한 멘다나

케네디 중위가 솔로몬 제도에서 일본 구축함과 사투를 벌인 남태평양의 솔로몬 제도는 어떤 곳인가? 케네디의 사투를 본격적으로 이야기 하기 전에 독자들에게 솔로몬 제도를 잠시 소개하는 것이 좋겠다는 생각이 들어 간단하게 나마 설명하려고 한다.

오늘날 지구에 약 200개 국가가 있지만 이 가운데 나라 이름이 성경에 나온 인명의 이름을 사용하는 국가는 필자가 알기로는 아마 이스라엘과 솔로몬 제도(Solomon Islands), 이 두 나라밖에 없지 않는가 생각된다. 구약 성경에 나오는 지혜의 왕, 솔로몬의 이름을 따라서 많은 곳에 '솔로몬'이라는 이름이 붙여져 왔다. 약 60년 전 필자가 초등학교에 다니던 시절, 당시 학원사에서 발간한 세계명작문고 60권 가운데 '솔로몬의 동굴'이라는 소설책을 재미있게 읽었던 기억은 오랜 세월이 지났음에도 아직도 새롭다. 영국인 주인공으로서 남아메리카에서 사냥꾼인 알란 코터만과 원주민 왕자 움보파의 이름이 아직도 생생하게 기억난다. 이외에도 '솔로몬'이라는 이름은 회사, 상품 등에도 붙어 있으므로 우리에게 낯설지 않고 친근감이 느껴지고 센티멘탈하게 들린다고 말하는 사람들이 제법 있다. 솔로몬의 의미는 히브리어로 평안·평화·번영을 뜻하는 '샬롬(Shalom)'이다.

스페인의 과달카날 마을과 마을을 감싸고 있는 야산. 지형이 솔로몬제도의 과달카날섬 지형과 거의 비슷하다

호주 동북쪽에 있는 솔로몬 제도는 16세기 스페인의 멘다나(Alvardo de Mendana)가 처음 발견하였다. 그는 2척의 범선을 이끌고 1567년 페루의 카야오(Callao) 항구를 떠나 서쪽으로 항

스페인 과달카날 마을에 세워진 솔로몬 제도 과달카날 전투 기념비와 필자

해하다가 1568년 2월 7일, 길이 100km가 넘는 기다란 섬을 발견하고 그 섬에 산타 이사벨(Santa Isabel)이라는 이름을 붙였다. 이어서 멘다나는 근처의 여러 섬을 발견하고 과달카날(Guadalcanal), 플로리다(Florida), 말라이타(Malaita), 산 크리스토발(San Cristobal)이라고 스페인식 이름을 붙였다. 이 섬들 가운데 가장 큰 섬은 제주도의 3배 크기인 과달카날섬이다. 멘다나의 부하 가운데 한 명이 스페인의 과달카날 출신으로서 멘다나는 그 부하의 요청을 받아 섬 이름에 과달카날을 붙였다고 한다. 필자는 2015년에 스페인의 작은 마을인 과달카날을 방문하였는바 과달카날 마을이 가까워 지면서 주위에 나타나는 언덕과 산세가 솔로몬 제도의 과달카날 지형(수도 호니아라 주위의 산세)과 같은 것을 보고 "아, 멘다나의 부하가 섬의 지형이 자기 고향 과달카날과 같은 것을 발견하고 이 섬에 자기 고향의 이름을 붙이자고 멘다나에게 요청했겠구나"하는 생각을 한 적이 있다.

멘다나 탐험대 이후 솔로몬 제도에는 영국, 프랑스, 네덜란드 등 유럽에서 탐험대, 상인, 선교사, 고래잡이 포경선, 노예 상인 등 여러 부류의 사람들이 방문하면

1
2

1. 쇠바닥만의 배 위에서 과달카날섬 지형을 살펴보는 필자
2. 쇠바닥만에서 선박 조타대를 잡고 있는 필자 (필자는 파푸아뉴기니 국립수산대학에서 어선 선장자격증을 취득하였다)

서 솔로몬 제도는 외부에 알려지게 되었다. 유럽에서 솔로몬 제도를 포함한 남태평양에 가장 많은 사람들이 온 것은 영국이었으므로 영국은 1893년 10월 6일, 솔로몬 제도를 그들의 보호령(BSIP: British Solomon Islands Protectorate)으로 삼았다. 보호령이란 것이 듣기 점잖은 말이지 사실은 식민지이다.

2) 툴라기섬

영국은 솔로몬 제도를 통치하기 위해 행정청을 과달카날섬 북쪽에 위치한 플로리다 제도에 있는 툴라기섬에 설치하였다. 플로리다 제도는 행정적으로 오늘날 솔로몬 제도의 중앙주(Central Province)에 속해 있다. 제주도 3배 크기의 과달카날섬은 솔로몬 제도에서 가장 큰 섬이지만 천연의 양항이 없다. 그러므로 툴라기섬은 길이 4km 밖에 안되는 작은 크기의 길죽한 섬이지만 수심이 깊고 수면이 잔잔한 좋은 항구조건을 갖추고 있어 이 섬에 영국은 행정청을 세운 것이다. 영국이 툴라기에 행정청을 두는 결정을 하는 데에는 영국인 공무원과 가족의 안전을 위한 점도 고려되었던 것 같다. 과달카날이나 쇠

툴라기섬 미 해군 어뢰정 기지.
부두 위에 나뭇가지로 만든 정문 위에 해군 지휘관 이름을 붙인 'CARVERTVILL' 간판이 보인다

툴라기 항구. 사진에 보이는 건물들은 '사사폐 마린' 수리 조선소. 이곳이 미 해군 어뢰정 기지가 있던 곳이다.

오늘날 툴라기섬의 부두. 전쟁중 미 해군 PT정 기지가 있던 곳

어뢰정에서 백악관으로

오늘날 툴라기 항구. 미 해군이 태평양전쟁 당시 건설해 놓은 부두 시설물의 잔해가 보인다

바닥만 건너 편에 있는 말라이타섬은 인구가 많고 특히 말라이타 주민은 성격이 거칠다. 그러므로 19세기에 말라이타섬을 순시하던 영국 공무원을 살해한 적이 있다. 크기가 작은 툴라기섬에는 과격한 주민들이 카누를 타고 접근해와야 하기 때문에 방어하기가 수월하므로 이 점도 영국은 고려하였을 것으로 짐작된다. 작은 섬이지만 영국은 식민지 행정청 건물 이외에 선박 수리시설, 럭비경기 운동장 등을 만들어 놓았다. 당시 영국이 만들어 놓은 선박수리 시설은 아직도 그대로 남아있어 현지인 회사가 경영을 하고 있다. 영국이 선박수리 시설을 만들어 놓은 곳이 사사페 마을로서 이 마을 해안에 미군이 어뢰정 기지를 만든 것이다. 영국 통치시절에는 사사페 마을에 무역과 장사를 하는 중국인들도 제법 살고 있었다. 섬의 해안 부두에 도착하여 행정청 건물

1
2

1. 영국 식민지 당시 영국인 공무원과 가족들의 묘지
2. 미 해군 PT정 편대의 고속기동

로 가려면 바위로 된 언덕을 넘어가야 한다. 그러므로 영국인들은 감옥에 수감중이던 현지인 죄수들을 이곳에 데려와 바위를 절단하는 작업을 시켰으므로 부두에서 행정청 건물까지 평지처럼 접근이 가능하다. 영국 식민지 시절 행정청 건물이 있던 자리에는 오늘날은 중앙주(Central Province)의 주(州)정부 건물이 들어서 있다.

일본군은 진주만 기습후 5개월이 지난 1942년 5월 3일에 툴라기섬을 점령하였고 툴라기의 좋은 항구를 비행정 기지로 사용하였다. 툴라기에서 발진한 4발 프로펠러 엔진의 가와니시(川西) 장거리 비행정들은 바누아투와 피지 해역까지 정찰비행을 하며 미군의 움직임을 감시하였다. 같은 해 8월 7일에 미 해병대가 툴라기섬에 상륙하여 일본 수비군과 격전을 치른 뒤 미군이 점령하고 태평양전쟁 기간 동안 미군은 툴라기섬을 해군기지로 사용하였으므로 툴라기 항구에는 구축함, 리버티급 수송선, 어뢰정 모선(PT Tender) 등이 닻을 내리고 있었다.

(2) 어뢰정 기지

1) PT 109 건조

1942년 7월, PT 109는 미국 뉴저지주 바욘에 있는 일렉트릭 보트 회사의 엘코 부서 조선소에서 취역하였다. PT정은 미 해군이 운용하는 가장 작은 크기의 수상 전투함정이므로 공식적인 거창한 취역식은 하지 않고 PT정을 직접 운용할 승조원들만 참석하여 PT정을 인수하였다. 그러므로 랄슨(Larson) 중위와 승조원들은 PT 109에 탑승하여 뉴저지주 앞바다를 전속력으로 달리며 PT정의 성능을 시험하였다. PT 109가 속력을 올리자 라디오 안테나가 바람에 밀려 뒤로 꺾어져 누웠다. 그 뒤 며칠에 걸쳐서 승조원들은 뉴욕 앞바다에 있는 자유의 여신상을 여러 번 지나서 전속력으로 달리며 한껏 성능을 테스트하며 PT 109의 성능에 만족하였다. 승조원들은 적함을 공격한다는 전제로 PT 109를 40노트 이상의 속력으로 달리며 어뢰를 발사하고 적의 보복을 피하기 위해 지그재그로 달리는 성능테스트도 만족스럽게 하였다. 그 뒤 승조원들은 PT 109를 버지니아주의 노폭 항구까지 몰고 가서 그곳에서 파나마까지는 수송선에 실어 보냈다. 파나마에 도착한 PT 109는 제5 어뢰정 전대에 배치되어 훈련을 하다가 리버티급 수송선(배수량 1만톤급)에 실려 남태평양 뉴칼레도니아의 누메아 항구에 보내졌다. 그후 구형 구축함이 누메아에서 툴라기까지 PT 109를 예인하여 갔다. 툴라기에 도착한 PT 109는 야간에 병력과 보급품을 싣고 나타나는 일본군 구축함들을 공격하는 임무를 받아 수행하면서 과달카날 서부지역에서 일본군과 전투중에 일본군 기관총탄이 선체에 많은 구멍을 내기도 하였으나 침몰하지는 않았다. 과달카날섬과 툴라기섬 사이에는 사보섬이 있는데 이곳에는 미 육군의 소부대가 배치되어 있었으므로 PT 109는 툴라기에서 보급품을 싣고 사보섬에 가서 전달해주거나 우편물을 전해 주는 임무도 수행하였다.

2) 일본 함대를 공격하는 PT편대

1943년 1월 11일, 아침에 PT 편대장 웨스트홀름(Rollin Westholm) 대위는 PT 109, PT 112 등 휘하의 PT정 3척을 이끌고 과달카날섬 서쪽 끝에 있는 캐입에스페란곶에서 동쪽 17km에 있는 도마(Doma)만까지 초계임무를 수행하다가 일본 구축함 4척에 대해 어뢰공격을 시작하였다. 이 공격으로 일본 구축함 하쓰가제가 어뢰를 맞고 대파되었으나 일본 구축함들의 사격을 받고 PT 112가 침몰되었다. 2월에 웨스트홀름 대위는 툴라기 어뢰정 기지에서 참모장으로 승진하였고 4월에는 PT 109 정장 랄슨 대위가 임기를 끝내고 본국으로 귀국하게 되었으므로 마침 그 때 툴라기에 도착한 케네디가 4월 25일 오전 11시에 공식적으로 PT 109 정장으로 임명되었다. 4월 25일 이전에도 이미 PT 109의 성능테스트를 하고 운용을 몸에 익히기 위해 쇠바닥만에서 PT 109를 조종하며 다녔으나 공식적으로 4월 25일에 인사발령이 났으므로 PT 109의 항박일지는 4월 26일부터 기록이 시작되었다.

3) 케네디 중위, PT 109정장이 되다

1943년 4월 12일, 케네디 중위는 툴라기에 도착하여 4월 25일에는 공식적으로 어뢰정(魚雷艇) 정장(艇長)으로서 어뢰정 PT 109의 지휘를 맡았다. 방금 앞에 언급한 바와같이 일본군은 과달카날과 툴라기섬에 상륙하여 영국으로부터 이들 섬을 탈취하고 툴라기를 해군기지로 만들었다. 그러나 미국 해병대가 1942년 8월 7일, 과달카날과 툴라기에 상륙하여 일본군을 격퇴하였다. 툴라기에 상륙한 미국 해병대는 일본군과 치열한 전투를 벌인 끝에 8월 8일에 섬을 점령하였고 8월 9일까지는 툴라기섬 인근에 있는 작은 섬들을 모두 점령하였으나 과달카날섬에 상륙한 미군은 섬을 점령하는데 6개월이 걸렸다. 즉, 케네디가 툴라기 기지에 배치되었을 시점에는 과달카날 전투는 미군의 승리로 끝난 후였다. 과달카날 전투시 헨더슨 비행장을 중심으로 미군은 과달카날섬의 서부지역으로 일본군을 몰아 부쳤고 일본군은 동쪽으로 진격하여 헨더슨 비행장을 점령하려고 서부지역에서 많은 전투가 벌어졌다. 과달카날섬 서부지역에 주둔하고 있던 일본군에게 1천km 떨어진 라바울 기지(일본군 남태평양 지원기지)에서는 고속 구축함과 잠수함을 이용하여 병력,

식량과 탄약을 보내고 있었다. 앞서 언급한 바와 같이 미군은 이렇게 고속으로 라바울을 떠나 과달카날에 나타나는 일본 구축함들을 도쿄급행이라고 불렀고 일본군은 스스로를 경멸하여 '쥐수송'이라고 불렀다. 대형 수송선을 이용하여야 많은 병력과 식량, 물자를 받을 수 있는데 속력이 느린 이들 수송선을 이용하면 헨더슨 비행장에서 출격하는 미군기에 의해 오는 도중에 침몰될 수 있으므로 병력과 물자를 많이 싣지 못하지만 속력이 빠른 구축함을 이용하여 소량의 물자만을 보내는 일본군의 상황을 스스로 '네즈미(쥐)수송'이라고 자조하며 불렀던 것이다. 미군 항공기를 피하려고 라바울에서 고속으로 달려온 일본 구축함들이 야간에 과달카날 서부 해안에 도착하여 어둠을 이용하여 은밀하게 하역하는 것을 기다려 툴라기에서 발진한 미군 어뢰정들은 일본함정들을 어뢰로 공격하였다. 툴라기섬을 일본군으로부터 탈취한 미군 역시 툴라기의 항구 조건이 좋으므로 이곳에 어뢰정 기지를 설치하였던 것이다. 만약 케네디가 서너달 일찍 과달카날에 도착하였더라면 어둠을 이용하여 적의 대형함정들을 공격하는 스릴에 찬 임무를 수행하였을 것이라고 필자는 생각한다.

여하튼 케네디 중위가 툴라기에 도착하였을 때 그의 나이는 25세로서 한창 젊은 초급장교였다. 과달카날 전투에서 패배한 일본군은 1943년 2월에 과달카날섬에서 철수하였으므로 케네디가 과달카날에 도착하였을 때에는 전선은 이미 과달카날섬 서북쪽으로 이동하고 있었다. PT 109정장으로 임명된 케네디는 전임 정장인 랄슨 대위로부터 PT 109를 인계받았다. PT 109는 역전의 용사답게 함정 여러 곳에 총탄 자국도 있고 위장 페인트가 벗겨진 부분도 많았다. 케네디는 랄슨 대위와 함께 PT 109를 함께 타고 다니면서 PT 109의 성능을 파악하였다. 즉, 케네디는 공식적으로 4월 25일에 PT 109 어뢰정장으로 임명되었지만 며칠 전부터 PT 109의 성능시험을 위해 툴라기

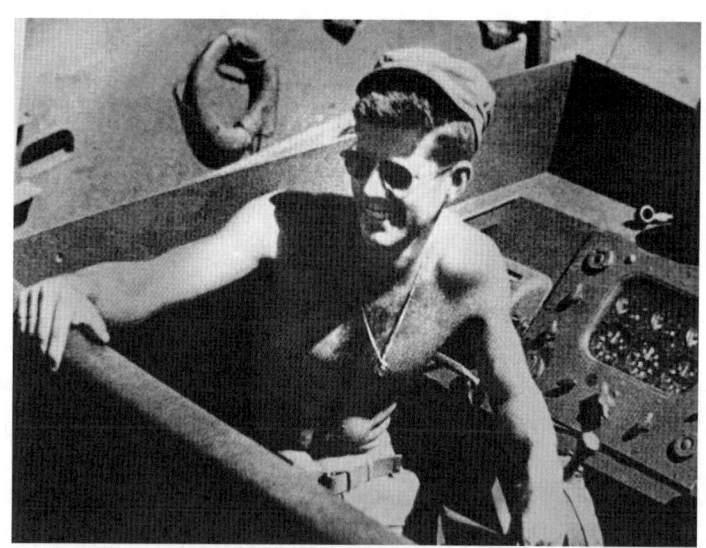

PT 109의 조타석에 앉아있는 케네디 중위. 일본 구축함과 충돌하기 2개월 전인 1943년 6월 1일, 툴라기 어뢰정 기지에서

PT 109 승조원들(1943년 7월)

뒷줄 왼편에서 오른편으로, Allan Webb, Leon Drawdy, Edgar Maner, Edmund Drewitch, John Maguire.
앞줄 왼편에서 오른편으로, Charles Harris, Morice Kowal, Andrew Kirksey, Lenny Thom.
가장 오른편에 서 있는 사람이 케네디 중위.

섬과 과달카날섬 사이의 바다에서 조종하여 다니다가 4월 18일에 과달카날섬 북부해안에 상륙하여 해안에 거의 붙어있는 헨더슨 비행장으로 갔다. 그날 케네디는 야마모도 제독 탑승기를 격추하고 헨더슨 비행장에 귀환한 램피어(Thomas Lampier) 중위[21]가 기쁨을 못 이겨 착륙하기 전에 비행장 상공에서 회전곡예 비행을 한 뒤 착륙하는 모습을 보았다.[22]

케네디는 툴라기섬에서 새로운 승조원들을 선발하였으나 6월 말에 예정되어있는 서북부 방향으로 공세 개시시기까지는 전투에 참여하지 않고 PT정 기관총 사격과 운항훈련을 거듭하였다. 새로운 승조원으로는 케네디를 보좌하는 부(副)정장인 오하이오주 출신의 톰(Leonard Thom) 소위, 마우어(Mauer) 상사, 보스턴 근교 출생인 20세의 근육질 청년 해리스(Charles A. Harris) 하사, 기관실의 마니(Marney) 하사, 커크시(Kirksey) 하사, 통신실 매과이어(John Maguire) 하사 등이 케네디와 한 팀을 이루었다.

당시 툴라기는 일본항공기들이 수시로 나타나 공습을 하였으므로 PT 109는 선체에 국방색 페인트로 도색하고 해안까지 나무들이 우거진 곳에 정박함으로써 일본기에 빌견되는 것을 피하였다. 어뢰정은 작은 크기이므로 음식을 보관하는 냉장고도 작았으므로 신선한 야채를 보관할 수 없었고 해군에서 배급되는 식품도 스팸(Spam)이 대부분이었기에 승조원들은 매끼마다 스팸을 먹었야하였으므로 질린 상태였다. 이와 반대로 구축함 등 큰 군함의 승조원들은 어뢰정보다 훨씬 다양한 메뉴의 식사를 하였다. 그러므로 PT 109 승조원

---

21) 권주혁 『헨더슨 비행장』 p.424, 지식산업사, 2001
    누가 야마모도를 격추하였는 가에 대해 당시 조종사들 사이에서는 많은 논란이 일어났으므로 1992년 미국 공군은 격추공로를 란피어 중위와 바버(Rex Barber) 중위에게 나누어 주었다.
22) Robert J. Donovan 『PT 109』 p.32, McGraw Hill, New York, USA, 2001

들은 툴라기 기지와 다른 기지에서도 배급받은 스팸을 원주민들이 가져오는 바나나 등 과일, 야채와 교환하였다. 그리고 보급선이 입항하는 것이 멀리 보이면 케네디는 속력이 빠른 PT 109를 몰고 나가 보급선에 붙어서 식량이 부족하니 좀 달라고 부탁을 하는 방법으로 빵 등 여러 품목의 식품을 공식루트가 아닌 방법으로 받았다. 미군은 본토에서 수송선으로 엄청나게 풍족한 양의 식품을 최전선에 공급하고 있었으므로 보급선에서는 케네디의 부탁을 쉽게 들어 주었다.

케네디와 가까운 사람들은 그를 잭(Jack)이라는 애칭으로 불렀는데, 툴라기 기지 생활을 포함하여 해군근무 시절에 그의 별명은 '샤프티(Shafty)'였다. 케네디는 대학과 해군에서 자기마음대로 일이 안될 때는 "I was shafted" 또는 "Shafted"라고 혼자 말을 하였다. 이는 "뭐가 잘 안되네!"라는 뜻이다. 케네디는 이런 표현을 자주 사용하였으므로 툴라기에서 근무시 케네디 주변의 장병들은 그를 '샤프티'라고 불렀던 것이다.

(3) 중국과 툴라기

중국은 일대일로(一帶一路) 정책의 일환으로서 전체 태평양을 (중국입장에서) 방어하고 최종적으로 장악하기 위해 3개의 도련선(島鏈線: Island Chain Line)을 설정해 놓았다. 이 개념은 남중국해를 중국해역으로 표시한 U자 모양의 남해구단선의 상위개념으로서 중국의 태평양 진출 및 장악을 목표로 하는 선이다. 제1도련선은 중국 근해인 일본-대만-필리핀을 잇는 선이고 제2도련선은 서태평양의 오가사하라 제도에서 마리아나 제도(괌, 사이판, 티니안 등), 파푸아뉴기니를 잇는 선이다. 그리고 제3도련선은 알래스카의 알류산 열도-하와이-뉴질랜드까지 이어진다. 중국은 2020년까지 제2도련선,

2040년까지 제3도련선까지 중국해군의 작전반경으로 넓히겠다는 계획을 수립하였는바 사실상 중국은 남태평양에서 가장 대국인 파푸아뉴기니의 경제와 정치를 이미 장악함으로써 제2도련선 도달계획은 계획대로 달성한 것으로 보여진다.

호주 동북쪽에 있는 세계에서 2번째로 큰 섬인 뉴기니(한반도 4배)의 동부 절반을 차지하고 있는 파푸아뉴기니(Papua New Guinea)는 지정학적으로 남태평양의 중심이라고 할 수 있다. 그리고 인종, 문화적으로 구분할 때 멜라네시아를 이루고 있는 파푸아뉴기니, 솔로몬 제도, 바누아투, 피지, 뉴칼레도니아(프랑스령) 5개국 가운데 오늘날 프랑스 영토인 뉴칼레도니아만 제외한 곳들은 사실상 모두 중국의 영향을 크게 받고 있다. 중국이 파푸아뉴기니에 처음 진출한 1980년에는 남태평양의 대국이며 관문인 파푸아뉴기니는 중국과 외교관계도 없었고 호주와 미국에 정치, 경제적으로 의존하고 있었다. 그러나 오늘날 파푸아뉴기니에 가장 큰 규모의 대사관을 설치하고 있는 나라는 미국이나 호주가 아니라 중국이다. 또한 오늘날 파푸아뉴기니의 인프라건설(통신, 도로, 항만 시설 등)의 대부분은 중국 업체들이 맡고 있을 정도로 중국의 힘은 압도적이 되어 미국과 호주를 당황스럽게 만들고 있다. 1980년에 필자가 파푸아뉴기니 정부청사에서 만난 중국대표단은 초라하고 세련되지 못한 모습이었으나 오늘날 파푸아뉴기니의 수도 포트모스비(Port Moresby: 발음은 '포트모르즈비' 또는 '포트모레스비'가 아니고 '포트모스비'이다)에서 만날 수 있는 중국인들의 모습은 사뭇 크게 다르다. 파푸아뉴기니 바로 동쪽에 있는 솔로몬 제도에서의 중국 영향력도 대단하다. 타이완은 솔로몬 제도에 1983년에 대사관을 설치하고 농업연구소와 농장, 현대식 병원 등을 지원하면서 중국의 진출을 저지하였으나 매년 조금씩 침투하는 중국 세력을 막지 못해 결국 중국은 2019년 9월에 솔로몬 제도로 하여금 타이완

과의 외교관계를 단절하고 중국과 외교관계를 맺게 하였다. 2022년 3월, 중국이 솔로몬 제도와 안보협정을 가서명하자 놀란 미국과 호주는 솔로몬 정부에 대규모 원조를 제안하고 안보협정에 최종계약하지 말 것을 요청하였으나 솔로몬 정부는 이를 거절하고 같은 해 4월 19일에 중국과 안보협정에 서명하였다. 이어서 2023년 7월에 양국은 치안, 경제, 기술 등 9개 분야에서 협정을 맺었으므로 오늘날 솔로몬 제도는 치안을 유지하는 경찰력조차 중국 경찰에 의존하고 있는 상태이고 중국은 사실상 이 나라의 정치와 경제를 장악하고 있다.

앞서 이야기한바와 같이 솔로몬 제도의 수도 호니아라 맞은 편에 있는 플로리다 제도의 툴라기섬은 태평양전쟁중 미국 해군기지로서 당시 해군중위였던 케네디도 어뢰정장으로서 이 기지에서 근무하였었다. 이 툴라기섬을 중국은 해군기지로 사용하기 위해 2022년 4월 19일에 솔로몬 제도와 계약을 맺었던 것이다. 남태평양 한 가운데에 중국의 해군기지가 들어서게 되었다는 사실에 큰 충격을 받아 다급해진 미국은 소잃고 외양간 고치듯이 2023년 2월에 솔로몬 제도에 대사관을 개설하였다. 그러나 미국과 호주는 닭좇던 개가 지붕쳐다 보듯이 어떤 조치도 하지 못하고 중국이 솔로몬 제도를 장악하는 것을 보고만 있는 상태이다. 중국은 솔로몬 제도에 해군기지를 만들어 미국을 크게 자극 하는 것을 피하여 해군기지 건설을 가시화 하고 있지는 않지만 시간문제이지 결국 그들의 장기적인 남태평양 점령 계획을 추진함으로써 남태평양 전체를 그들의 영향권 아래 넣을 것이다. 필자가 보기에는 미국은 남태평양을 장악하는 중국의 장기적인 세력증대를 막지 못할 것이다(구체적인 설명을 하려면 너무 길어서 본서에서는 생략한다).

1971년에 우리나라에 들어 온 뮤지칼 영화 '남태평양'은 솔로몬 제도 바로 남쪽에 있는 바누아투의 산토섬이 배경이다. 바누아투와 바누아투 동쪽에 있는 피지(Fiji)는 1990년대부터 솔로몬 제도의 경우와 마찬가지로 사실상 경제를 중국인들이 장악하고 있는 중이다(원래 피지는 인도에서 노무자로 온 인도인의 후손이 경제를 장악하였었다). 바누아투 서남쪽에 있는 뉴칼레도니아 경우는 프랑스령으로서 현재는 중국이 정치, 경제적으로 영향을 주지 못하고 있으나 프랑스로부터 독립하려는 원주민의 요구가 강하므로 항상 독립을 위한 폭력사태의 위험을 안고 있다. 이미 40여년전 대규모 폭력시위가 프랑스군의 진압으로 일단락된 이후에도 가끔씩 폭력시위가 일어나고 있는바 (최근에는 2024년 5월) 만약 언젠가 뉴칼레도니아가 국민투표에 의해 독립국이 될 경우, 이 역시 중국이 정치, 경제적으로 장악할 가능성이 높다(중국은 이미 뉴칼레도니아의 수도 누메아에 부두를 건설하고 있다). 이렇게 과거에는 미국과 호주의 호수였던 남태평양에 중국이 차이나머니를 앞세워 들어와 미국과 호주를 밀어내고 남태평양 국가들의 주권을 위협하고 있자 프랑스의 마크롱 대통령은 2023년 7월 말에 파푸아뉴기니, 바누아투, 뉴칼레도니아 등을 방문하면서 이 지역에서 신(新)제국주의는 용납할 수 없다며 사실상 중국을 겨냥하는 발언을 하였다. 중국은 남태평양, 그리고 더 나아가 인도·태평양 지역에서 미국과 호주의 연결고리를 끊기 위해 호주의 정치인과 경제인을 포섭하여 친중파(親中派)로 만들려는 노력을 적극적으로 하고 있다.

이러한 상황에서 중국은 멜라네시아 동쪽에 있는 폴리네시아에도 진출하여 통가 왕국에도 대규모 투자를 하자 미국의 토니 블링컨 국무장관은 2023년 7월에 통가를 급히 방문하여 중국의 투자를 막으려는 조치를 취하였으나 필자가 보기에는 이미 중국은 남태평양과 중부태평양을 사실상 장악하였으며 미국은 중부태평양의 미국 영토인 괌, 사이판 등만 확실하게 유지하고 있을 뿐이다. 필자는 지난 수십 년 동안 남태평양이 야금야금 중국에 넘어가는 형국을 보면서 미국과 호주의 개념 없는 방책에 혼자서 탄식을 하였다. 중국은 동중국해, 남중국해, 우리나라 서해를 포함하여 태평양 전체를 장악하려는 장기적인 마스터플랜을 가지고 지난 50년 동안 꾸준히 정책을 시행해오고 있는 반면 미국과 호주는 과거 태평양전쟁에서 일본에 승리한 망상에 사로잡혀 중국의 접근과 공작에 대해 적극적인 방책을 만들지 않고 수수방관하는 자세를 취하다가 이제는 중국을 밀어내는데 있어 역부족한 상태에 직면하고 있다.

중국이 솔로몬 제도의 툴라기섬을 향후 남태평양을 제패하기위한 군사기지로서 눈독을 들이고 있는 것에 대해 관심이 있는 독자는 필자가 운용하는 '권박사 지구촌 TV' 유튜브 방송의 '중국이 노리는 솔로몬 제도의 툴라기'를 시청해 보기 바란다.

7. 렌도바섬으로

(1) 러셀 제도

과달카날의 승리로 전선이 북상하면서 서부 솔로몬 제도에 대한 미군의 공세 준비를 위해 5월 말부터 툴라기에는 구축함, 수송선, LST 등의 함정이 집결되기 시작하였다. 미군이 과달카날섬에서 일본군에 대해 승리하고 전선이 북상하자 미군은 과달카날섬과 뉴조지아섬 사이에 있는 러셀 제도(Russell Islands)에 상륙하였다. 미군이 이렇게 서북방면으로 일본군을 밀어 붙이며 북상하자 케네디의 어뢰정도 러셀제도에 있는 미군 어뢰정 기지로 이동하여

상공에서 본 러셀 제도

그곳에서 잠시 대기하였다. 러셀 제도의 섬들은 평평하며 섬과 섬 사이가 수심이 깊고 조용하므로 대규모 함대라도 정박할 수 있는 천연조건을 갖추고 있다. 작은 섬들로 구성된 러셀 제도의 섬들에는 정글 속에 작은 강도 흐르고 있어 악어도 살고 있다. 그러므로 PT 109의 승조원들은 소총과 수류탄을 사용하여 악어를 퇴치하고 낚시로 생선을 잡으며 시간을 보내기도 하였다. 러셀 제도는 섬과 섬 사이가 아주 가깝고 그 해협이 좁으므로 하늘에서 보면 해협이 아니고 강처럼 보인다. 또한 해협의 수심이 깊으므로 미군은 이곳을 어뢰정 기지로 이용하였다. 이곳에 배치된 15척 이상의 PT들은 빠른 속력을 최대한 활용함으로써 서부 솔로몬 제도에 나타나는 일본군의 소형 함정을 공격하였다. 케네디도 러셀 제도에서 여러번 출격하여 전과를 올렸다.

(2) 뉴기니의 PT

　미군 어뢰정들이 솔로몬 제도에서 일본군 소형 함정과 발동선을 공격하였던 것처럼, 솔로몬 제도 서쪽에 있는 뉴기니섬에서도 미군 어뢰정 전단(戰團)은 큰 활약을 하고 있었다. 일본군은 뉴기니섬 전체에 상륙하였으나 특히 섬의 동남부 지역에 대부대가 상륙하였다. 이들 부대에 라바울 기지에서는 구축함, 수송선, 발동선을 이용하여 병력, 무기, 탄약, 식량 등을 보냈다. 이들이 뉴기니섬 곳곳에 있는 일본군 주둔지에 도착하지 못하도록 미군은 항공기, 구축함, 어뢰정 등을 사용하여 일본군의 수송능력을 마비시키려고 하였다. 특히 어뢰정들은 강 입구에 매복하고 있다가 보급품을 운송하는 일본군 발동선을 (바퀴를 떼어낸 육군의 대전차포인) 37mm포와 기관총으로 공격하여 전과를 올리자 일본군의 해상수송은 심각한 타격을 받았다. 수송선 등 운송수단의 손실이 과도한 수준이 되자 일본군은 새로운 보급·운송방법을 고심하다가

뉴기니섬 동남부 미 해군 밀른베이 기지의 PT정들

잠수함을 이용한 운송 방법을 생각해 내었다. 그러나 잠수함은 크기가 작고 조작, 운영 방법이 쉽지않고 복잡하다. 더 큰 문제는 잠수함의 숫자가 적으므로 잠수함으로 보급품을 보내는 것은 사실상 효과가 작으므로 일본군은 크기가 작은 발동선과 주정(舟艇)을 주로 사용하기로 결정하였다. 주정에는 병력 35~60명을 태우고 최대 20톤의 보급품을 실을 수 있으므로 일본 국내와 일본이 점령하고 있는 중국, 필리핀 등지에서 주정을 대량 제작하여 뉴기니에 보냈다. 이에 대해 미군은 어뢰정, 쌍발 프로펠러 카탈리나 비행정 그리고 저공공격에 적합한 항공기를 주로 투입하여 일본군의 발동선과 주정을 파괴하였다.

(3) 렌도바 상륙

미군은 다시 북상하여 1943년 6월 30일, 서부 솔로몬 군도의 뉴조지아섬 바로 앞에 있는 렌도바(Rendova)섬에 상륙하였다. 미군은 섬에 상륙하자마자 섬을 수비하는 소수의 일본군을 제압하고 섬을 점령하였다. 그러나 렌도바섬을 미군에게 빼앗긴 일본군은 항공기로써 렌도바에 상륙한 미군을 계속 공격함으로써 미군은 예상외로 큰 손실을 맛보았다. 상륙군을 지휘한 사령관 터너(Richard Turner) 소장의 기함인 수송선 맥콜리는 피해가 너무 심하여 미군 PT정이 접근하여 발사한 어뢰를 맞고 침몰하였다. 이 렌도바 적전(敵前) 상륙작전에는 탱크 양륙함(LST: Landing Ship, Tank)이 처음으로 사용되었다. 배수량 1,653톤, 길이 100m의 LST는 전차 16대를 싣도록 제작되었고 미국은 제2차 세계대전 동안 1,052척을 생산하여 태평양과 대서양 등지에서 사용하였다. 미군이 렌도바섬에 상륙할 때 사용한 LST에는 위장목적으로 국방색 페인트를 칠하였으므로 LST는 당시 초록색 용(Green Dragon)이라는 별명도 얻었다.

약간 이야기가 빗나가지만 이 LST는 전쟁에서 장비만 운반한 것이 아니었다. 6·25 한국전쟁 당시 1950년말에 개마고원까지 진격하였던 미 제10군단과 한국군은 갑자기 나타난 중공군에 밀려서 흥남으로 철수하게 되었는바 이때 흥남 항구에서 주로 이들 LST(미군이 태평양전쟁이 끝난 뒤 일본점령시 일본인 민간업자에 매각한 LST도 다수 포함됨)를 이용하여 장비와 물자, 병력을 철수하였고 또한 10만명에 달하는 많은 피난민들을 태우고 남쪽으로 내려왔다. 또 1975년 4월, 남부 베트남이 공산화되었을 때 우리나라 해군의 LST 2척에 승선한 많은 남베트남 국민이 공산화된 남부 베트남을 탈출하여 우리나라에 도착한 적이 있다.

• 제5장
PT 109

1. 룸바리아 기지

　미군은 렌도바섬에 상륙하자 곧 섬 북쪽에 있는 렌도바 항구의 산호초 사이 작은 섬들을 이용하여 이 곳을 어뢰정 기지로 만들었다. 작은 섬들을 파도를 막는 방패로 삼아 작은 섬들 가운데 가장 큰 룸바리아(Lumbaria, Lubaria, Lumberi)섬은 지름 1km이고 야자수만 자라고 있는 조그만 섬이다. 이 섬은 근처가 산호초로 둘러 싸여있고 수로를 제외하고는 수심이 얕아 적의 함선이 접근해 들어오기 어려워 어뢰정 기지로서는 안성맞춤이었다. 이곳에서 근무하는 미 해군은 이 기지를 토드 시티(Todd City)라는 별명으로 불렀다. 이 별명은 렌도바 전투에서 어뢰정 근무자로서 처음으로 전사한 토드(Leon Todd) 제9 어뢰정 전대장(戰隊長)의 이름을 따라서 붙인 것이다. 이곳 기지에 배치된 어뢰정 전대(戰隊)는 4개 편대(15~20척)로 구성되었다. 이 PT 전대의 임무는 이 지역에 점점이 박혀있는 섬들(주로 일본군이 주둔) 사이에서 인원과 보급품을 야간에 운송하는 일본군 소형선박과 바지선들을 PT정의 37mm 포와 기관총을 사용하여 기습함으로써 뉴조지아섬에 대한 일본군의 병력 증강을 저지하는 것이었다. 이 밖에도 일본군 대형함선에 어뢰공격을 감행하는 임무도 포함되어 있었다. 케네디가 정장인 PT 109도 다른 PT들과 함께

이 기지에 배치되었다. PT 109는 초계 임무를 하던중 7월 19일, 일본항공기로부터 기총소사 공격을 받아 승조원 2명, 코왈(Kowal)과 드로디(Drawdy)가 부상을 입어 툴라기 야전병원으로 후송되었다. 그후에도 일본기의 공격을 받았으나 피해를 입지는 않았다. 7월 20일 이른 아침에는 우군기로부터 공격받는 일도 일어났다. 그 전날 저녁에 헨더슨 비행장을 이륙하여 일본군의 라바울 기지를

룸바리아섬에 남아있는 미군 기관총 옆에서 필자와 원주민

룸바리아섬에 원주민들이 야자잎으로 만든 케네디 박물관

폭격하고 헨더슨 기지로 귀환하던 B25 쌍발 프로펠러 폭격기 편대는 렌도바섬 인근해역에서 작전중인 미 해군 PT 편대를 발견하고 일본군으로 오인하였다. B25 편대는 해상에서 기동하는 아군 PT정 편대를 공격하여 PT 166을 침몰시켰다. 남아있는 PT정들은 기관총 사격을 집중하여 B25 폭격기 한 대도 격추되어 해상에 추락하였다. 아군끼리의 오인사격으로 일어난 불상사였다. 어뢰

룸바리아섬의 케네디 박물관

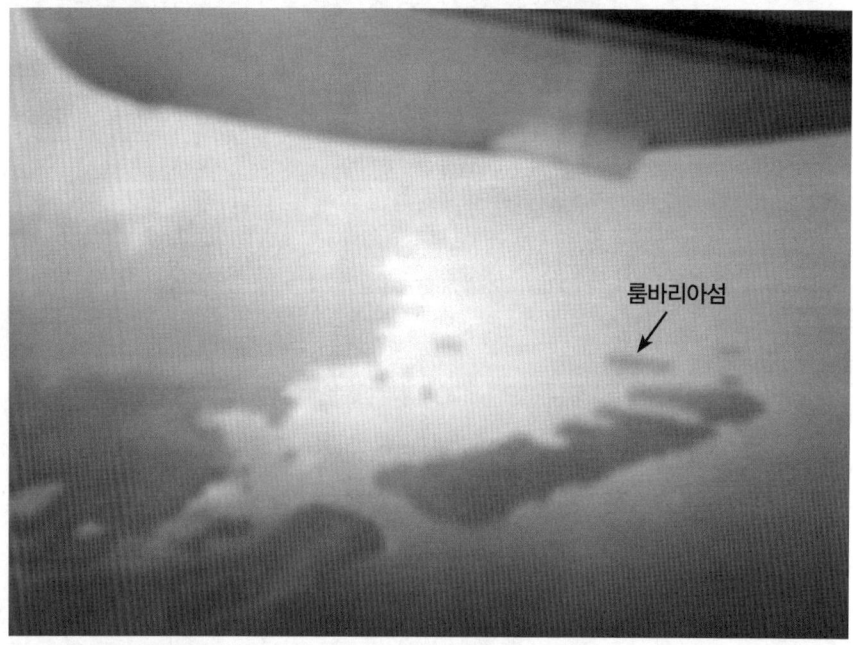

렌도바 항구와 룸바리아섬

어뢰정에서 백악관으로

정 근무는 구축함이나 다른 대형 함정에 비해 근무조건이 힘들었다. 앞서 언급한 것처럼 스팸(Spam) 햄만 주로 나오는 식사문제와 함께, 열대의 더운 날씨에 비좁은 공간에서 잠을 제대로 잘 수도 없었던 것이다. 그러므로 케네디조차도 정장임에도 불구하고 답답하고 더워 냄새가 나는 침실에 들어가지 않고 어뢰정의 갑판에 누워 잠을 자곤하였다. 태평양전쟁중 어뢰정 승조원뿐만 아니라 미군들의 전투식량으로 주로 공급되던 스팸 햄은 값이 싼 저가의 식품이다. 그러나 우리나라에서는 구정, 추석 등에 선물용품으로 많이 팔리고 있다.

일본군도 미군이 룸바리아에 PT 전진기지를 만든 것을 알고 8월 1일, 항공기로써 룸바리아 기지를 공격하여 PT 1척(PT 117)을 침몰시키고 2척을 파손시켰다. 일본기는 너무 저공으로 비행하면서 기총소사를 하였으므로 미군은 일본 조종사의 얼굴을 볼 수 있을 정도였다. 미군어뢰정들도 기관총으로 사격을 하여 일본 급강하 폭격기(99식 함상폭격기) 1대를 격추하였다.

룸바리아 기지는 말이 기지이지 조그만 어뢰정 20척 정도가 정박할 수 있는 작은 섬이다. 주위에 비슷한 크기의 작은 섬들이 많으므로 이 근처에 살지 않는 사람은 룸바리아섬을 찾기가 쉽지 않다. 룸바리아섬에는 당시 케네디 중위가 마시던 우물이 오래 전까지 있었으나 2001년에 다시 섬을 방문해 보니 우물 옆부분 흙이 많이 무너져 얼마 지나면 우물의 형태가 없어질 것으로 보였다. 이 섬에 살고 있는 몇 가구 안되는 섬주민들은 케네디 중위를 기념하기 위하여 몇 년 전에 케네디 박물관을 지어놓았다. 야자나무, 관목의 잎과 나무가지로 만든 이 작은 박물관 속에는 케네디 대통령의 사진과 당시 사용하던 미제 기관총 등 전시물이 몇 개 있었으나 찾아오는 방문객이 거의 없어 최근에는 안타깝게도 건물 안에 전시물도 모두 없어져 버리고 건물도 많이 손상되어 몇 년 지나면 건물이 없어질 것 같이 보인다.

2. 일본군 기지 콜롬방가라

(1) 일본군 수송대

콜롬방가라섬. 섬 중앙에는 휴화산 분화구가 있다.

서부 솔로몬 제도에 있는 뉴조지아섬(제주도 2배 크기) 바로 북쪽에는 하늘에서 보면 둥근 원 모양의 화산도가 있다. 섬 한 가운데는 약 1,800m 높이의 분화구가 있어 멀리 바다에서 보면 마치 원추형의 일본의 후지산을 보는 느낌이다. 이 콜롬방가라섬은 동서 27km이고 남북 33km, 면적은 서울 면적과 비슷한 688km^2로서 영국 식민지 시대부터 이 섬에는 유니레버(Uni Lever) 그룹 산하의 레버스 패시픽이라는 목재 회사가 들어와 섬을 덮고 있는 열대림을 벌목하고 조림하는 사업을 하고 있었다. 필자가 수출합판용 원자재인 원목을 구입하려고 이 섬을 처음 방문한 것은 1982년이었다. 그 후에도 회사 업무차 여러 번 이 섬을 방문하였는바 1980년도 말에 솔로몬 제도 정부도 레버스 패시픽 회사에 투자함으로써 회사 이름은 KFPL(Kolombangara Forest Plantation Ltd)이라고 변경하였다.

미군이 과달카날섬에서 일본군을 격파하고 남태평양에서 가장 큰 일본군 기지인 라바울을 향해 반격작전을 시작하자 일본군은 라바울을 방어하려는 목적으로 라바울과 과달카날 사이 중간 지점에 비행장을 건설하여 미군의 반격을 저지하는 동시에 만약 가능하다면 다시 과달카날을 탈환하는데 이용하려고 하였다. 그러나 워낙 많은 조종사가 과달카날 상공에서 전사하였으므로 일본군으로서는 조종사 보충이 쉽지 않은 문제였다. 조종사와 탑승원들은 혹사 당하고 있는 상태였으므로 눈은 이상한 빛을 발하고 신체 상태도 허약하게 되었다. 지휘관들은 마구 짜증을 내면서 물건을 걷어 차기도 하였다. 비행장 건설 후보지로는 부겐빌섬의 부인(Buin)과 쇼틀랜드섬 앞에 있는 작은 벨라라에섬, 콜롬방가라섬의 남부해안에 있는 빌라(Vila) 마을의 3개 장소가 고려되었다. 그러나 빌라는 이미 미군에게 발견되어 함포사격을 받았고 벨라라에도 미군의 폭격을 받았으므로 남은 것은 부인 한 곳이었다. 콜롬방가라의 남부는 평평하므로 비행장을 건설하기에는 적합하였다. 미군은 콜롱방가라에 항공정찰을 함으로써 일본군의 비행장 건설을 발견하고 순양함 2척, 구축함 4척을 보내 포격을 하고 항공기로 폭격을 하였다. 그러나 일본군은 만약 콜롬방가라를 잃으면 라바울까지 위험해지므로 야간에 구축함으로 병력과 물자를 콜롬방가라에 보내며 비행장 건설을 계속하였다. 일본군 구축함에는 레이더가 없었으나 미군 함선에는 레이더가 있어 (미군은 어뢰정의 경우 레이더가 없었으나 어뢰정 편대장이 지휘하는 어뢰정에는 레이다가 장착되었을 정

문다 해안. 왼편에 렌도바섬이 희미하게 보인다

도로 레이더 개발과 활용에서 일본군을 압도하고 있었다). 야간 전투에서 미 함선에서 날아오는 포탄에 일본군 함선의 피해가 늘어나자 콜롬방가라섬에 병력, 물자를 수송하는 임무를 수행하던 하나미 소령은 충격을 받게되었다.

케네디 중위가 미국에서 과달카날에 부임하기 1개월 전인 1943년 3월 5일, 구축함 미네구모(峯雲)와 무라사메(村雨)는 병력과 보급물자를 싣고 라바울을 떠나 콜롬방가라로 향하였다. 당시 라바울은 거의 매일 미군기의 폭격을 받아서 항구 안에 정박하고 있던 수송선들 십수척이 침몰하고 같은 수의 호위구축함도 절반 이상이 침몰되어 라바울 항구는 비장한 분위기에 휩싸였다. 이런 라바울의 상황을 자세히 모르는 콜롬방가라섬 주둔 1만명의 일본군은 라바울로부터의 보급을 기다리고 있었다. 이른 아침에 라바울을 출발한 미네구모와 무라사메는 일단 쇼틀랜드섬에 들려 해가 지기를 기다렸다. 태양이 수평선 밑으로 사라지자 두 척의 구축함은 쇼틀랜드를 출발하여 전속력으로 콜롬방가라로 향하였다. 쇼틀랜드에서 콜롬방가라섬 남부해안의 빌라 마을에 접근하려면 콜롬방가라섬과 뉴조지아섬 서북부 끝에 있는 코힝고섬 사이 좁은 해협의 남쪽이나 북쪽을 이용해야한다. 콜롬방가라와 뉴조지아 모두 일본군이 점령하고 있었으므로 어느 쪽의 항로를 택해도 문제는 없으나 이날 2척의 구축함은 해협의 북쪽을 택하고 달이 없는 캄캄한 바다를 은밀하게 항해하였다. 밤 10시경에 빌라 앞바다에 도착한 2척의 구축함은 해안에 접안 할 수 없으므로 해안에서 대기하고 있던 육군부대가 발동선을 운전하고 나와서 구축함 옆에 붙이자 구축함은 싣고온 병력과 물자를 발동선에 하역하였다. 드럼통에 싣고온 유류도 발동선 위에 내려주었다. 미군의 대형 함정이나 어뢰정이 나타날지 모르므로 신속하게 하역작업을 1시간 안에 끝내야만 하였다. 병력과 물자를 하역하는 도중에 한편에서는 콜롬방가라를 떠나 일본 본국으로 귀환하는 장병들을 태우고 서류, 우편물 등을 육군부대로부터 받아서 구축함에 실었다. 구축함 2척은 북쪽 수로를 통해 빌라에 접근할 때 적의 전파처럼 보이는 전파를 수신하였고 하역작업중에 상공에 적 정찰기로 보이는 항공기의 폭음 소리가 들렸으므로 라바울로 귀환할 때는 남쪽 수로인 뉴조지아섬의 북부해안을 따라서 항해하려고 엔진을 시동하여 스크류가 회전을 시작하자 구축함 2척은 서서히 움직이기 시작하였다. 콜롬방가라섬의 실루엣이 어둠 속에서 멀어져 가자 구축함은 속력을 올렸다.

(2) 미군 레이더의 위력

구축함이 하역작업중에는 전투배치 명령이 해제되고 제2단계인 초계배치 수준으로 작업한다. 미네구모의 함장 우에스기 요시오(上杉義男) 소령은 앞에 가는 무라사메로부터 1.6km 떨어진 거리에서 당직장교인 수뢰장에게 조함(操艦)을 맡기고 잠시 휴식을 취하였다. 함장과 함께 함교에 있던 포술장 도쿠노 히로시(德納浩) 대위도 함장을 따라서 함교에서 나가려고 하는 순간, 이상한 충격과 둔탁한 폭발음에 놀라 밖을 보니 우현전방에 십수개의 물기둥이 밤 하늘에 솟아오르는 것을 보았다. 함장은 즉시 "대공전투 배치!"를 외쳤다. 하역작업 도중에 상공에서 엔진 소음을 울렸던 적 항공기가 폭탄을 투하한 것이라고 직감적으로 판단한 것이다. 도쿠노 대위는 즉시 함교 바로 위에 있는 지휘소에 들어가 대공전투를 명령하였으나 비행기의 폭음은 더 이상 들리지 않았다. 잠시 뒤, 우측 전방 멀리서 번개같은 섬광이 계속되는 것이 보였다. 도쿠노 대위는 순간적으로 함포라는 생각이 들어 "우측 30도, 목표 적함, 포사격 개시"라고 외쳤다. 포술장의 명령에 따라 포가 적함 방향으로 선회하다가 전원이 끊겨서 더 이상 움직이지 않았다. 전화도 불통이었다. 함내의 중계장치가 적탄에 맞아 파괴된 것이다. 최초의 적탄이 발사되고 2분 정도 미군함에서는 암흑같은 어둠 속에서 5km 떨어진 해상에 있는 일본 구축함을 향하여 계속적으로 정확한 포격을 퍼부었다. 레이더가 없는 일본 해군 함정은 야전시 탐조등을 비추어 적함의 위치를 발견하고 포 사격을 하는 바, 미군은 레이더를 사용하므로 탐조등이 필요없이 막 바로 어둠 속에서도 일본 군함에 정확한 사격을 한 것이다.

미네구모의 5인치 주포 포탑 안에는 포술장 이외에 사수, 측거수, 선회수, 전령 등 6명이 배치되어 있었는바 적탄이 미네구모에 연속적으로 명중하자 미네구모는 함수가 밤 하늘을 향하여 치켜들기 시작하였다. 도쿠노 대위는 부하들에게 탈출하라고 명령하였다. 임무배치 위치 때문에 포탑 뒷문을 통하여 사수, 선회수, 포술장 등의 순서로 탈출을 하게되는바 도쿠노 대위는 포탑에서 빠져 나올 때 앞의 두 명도 볼 수 없었고 뒤에 따라 나오는 승조원들도 볼 수

룸바리아섬

1. 문다 비행장. 바다 건너 보이는 큰 섬이 렌도바. 렌도바섬의 왼쪽 끝에 룸바리아섬이 있는 렌도바 항구가 보인다.
2. 콜롬방가라섬에 일본군이 만든 비행장의 오늘날 모습. 원주민들은 이 비행장을 '링기(Ringi)' 비행장이라고 부른다

| 1 |
| 2 |

1. 빌라 마을 해안. 사진 왼편에 일본 항공기 프로펠러가 보인다. 바다 건너 희미하게 보이는 섬은 뉴조지아
2. 빌라 마을

없었다. 함교에는 아무도 보이지 않았다. 도쿠노는 함교 뒤편 갑판에서 1번 굴뚝 앞으로 날아가듯이 내려갔으나 이미 그 부근에도 바닷물이 들어왔다. 그는 잠시 함에 붙어 있다가 바닷물 속에 뛰어 들었다. 그러자 구축함은 함수를 높이 쳐들면서 함미부터 물 속에 들어가다가 잠시 뒤에 완전히 물 속으로 자취를 감추었다. 2천톤 구축함을 한숨에 집어 삼킨 열대의 캄캄한 바다는 조용히 말이 없었다. 침몰하는 배에서 자유형 수영으로 있는 힘을 다해 간신히 탈출한 도쿠노 대위가 뒤를 돌아 보자 이미 구축함의 자태는 보이지 않았다. 아차 하는 순간에 구축함이 물 속으로 사라진 것이다. 미네구모가 초탄을 맞고 침몰하기까지 걸린 시간은 5분이었다. 너무 빨리 침몰하였으므로 교대 근무를 끝내고 함미에 있는 승조원실에 들어가 휴식중에 있던 승조원 약 80명 가운데 탈출에 성공한 것은 10여 명에 불과하였다. 미네구모에서 탈출한 승조원들은 바다 위에서 모여 함께 11시간에 걸쳐서 수영을 하여 해안에 도착하였다. 미네구모 승조원 270명과 본국으로 귀환하는 육군 10여 명 등 탑승자 280여 명 가운데 수영하여 해안에 도착한 인원은 3월 6일에 37명, 3월 7일에 12명으로서 생존자는 49명에 불과하였다.

한편, 구축함 미네구모 앞서 항해하던 무라사메도 5분 뒤에 미네구모와 같은 운명을 만났다. 그러나 무라사메의 경우, 침몰할 때 미네구모보다 시간이 더 오래 걸렸으므로 함장, 선임장교 등 승조원의 절반이 생존할 수 있었다. 두 구축함에 관한 소식을 들은 하나미는 남의 일이 아니라고 생각하였다. 진주만 기습에서 대승리 이후 전쟁 초반에는 승리를 계속하던 일본군이 미드웨이 해전과 과달카날 지상전 이후 계속 수세에 몰리며 사상자가 급증하자 "이 전쟁은 오판하여 시작하였다"고 비판하는 소리가 구축함 승조원들 사이에 퍼지고 있었다. 구축함은 전투를 위해 건조된 군함임에도 일본군은 구축함을 당시 남태평양 전선에서 수송선으로 사용하고 있었으므로 병력과 보급품을 수송하는 도중에 미군에게 피해를 입는 일이 예상을 뛰어 넘었다. 미네구모와 무라사메의 예가 그 가운데 하나이다. 여기서도 미드웨이 해전의 패배가 재연되는가? 하나미 소령은 입술을 깨물었다.

(3) 아마기리 출동

6월 30일에 미군이 뉴조지아섬 바로 왼쪽에 있는 렌도바섬에 상륙하였다는 소식이 라바울에 전해지자 솔로몬 제도 방면의 전국(戰局)은 분주하게 되었다. 이에 따라 라바울에 있던 함대가 즉시 출격하여 렌도바에 병력과 물자를 하역하고 있는 미군 수송선단을 전멸시키려고 하였으나 상륙작전을 끝낸 미국 함대는 모습을 감추었다. 반면 렌도바섬에 상륙한 미 육군은 155mm 포를 섬의 북단에 이동시켜 놓고 바다 건너 뉴조지아섬 서부 끝에 있는 일본군 주둔지 문다에 포격을 개시하였다. 문다에는 일본군이 미군의 항공정찰을 기만하여 만들어 놓은 비행장이 있었다. 미군은 문다에 포격을 개시함과 동시에 렌도바섬의 북쪽, 룸바리아섬에 어뢰정 기지를 만들었다. 룸바리아섬은 렌도바섬과 수백m 사이를 두고 거의 붙어있다. 상공에서 보면 적이 룸바리아섬의 어뢰정 기지를 해상에서는 발견 할 수 없을 정도로 완전히 은닉된 위치이다. 필자는 문다 비행장에서 호니아라로 비행하면서 상공에서 룸바리아섬을 수없이 보았는데 그때마다 섬의 위치에 감탄하곤 하였다.

미군의 상륙함대는 순식간에 병력과 장비, 보급품을 렌도바섬에 양륙하고 즉시 섬을 떠나 사라졌으므로 일본 해군함대는 라바울을 출발하지 못하고 어정쩡한 자세를 취하고 있을 때 미군 어뢰정 십수척이 대담하게도 일본군 기지인 라바울 항구를 급습하였다. 어뢰정은 고속으로 달릴 때 엔진 소리가

구축함 아마기리. 배수량 1,980톤, 최대 속력 38노트, 5인치 함포 6문(2연장×3)

크다. 최대 속력으로 해상을 누비며 어뢰를 발사하고 기관총을 쏘아대는 어뢰정을 포착하여 포를 조준 사격하여 명중시키는 것은 대단히 어렵다. 그러므로 일본 해군에서는 미국 어뢰정을 만나면 함체로 들이 박아버리는 것이 가장 좋은 방법이라는 말이 떠돌았으나 어뢰정의 속력이 너무 빨랐으므로 이 조차 사실 어려웠다. 구축함 아마기리가 케네디의 어뢰정 PT 109를 함수로 충돌하여 침몰시킨 경우는 밤의 어둠 속에서 갑자기 바로 앞에 PT 109가 나타났기에 순간적으로 충돌하여 침몰시킨 것이지 대낮에 고속으로 달리는 어뢰정을 어뢰정보다 속력이 늦은 일본 구축함이 쫓아가서 함체로 박치는 것은 사실상 불가능하다.

미군이 렌도바섬에 상륙하고나서 며칠 뒤에 라바울에 있던 하나미 소령에게도 드디어 콜롬방가라섬으로 가는 수송임무 명령이 떨어졌다. 7월 5일 한밤중에 라바울에서는 구축함 여러 척이 수송선을 호위하고 콜롬방가라섬을 향하여 출항하였다. 하나미 소령이 함장인 구축함 아마기리(天霧)에는 경계부대

사령관인 스기노 슈이치(杉野修一) 대좌(대령)도 승함하였다. 스기노 대령은 러일전쟁시 여순항 폐쇄작전에서 전사한 스기노 마고시치(杉野孫七) 준위(准尉)의 장남으로서 태평양전쟁 말기에는 전함 나가토(長門)의 마지막 함장으로 근무하였다. 이야기가 조금 빗나가지만, 앞서 언급한 바와 같이 1971년에 헐리우드에서 제작한 일본 해군의 진주만 기습영화 '도라(호랑이), 도라, 도라!" 첫 부분에는 일본 해군 장병들이 거대한 군함 갑판에 정열하여 서 있는 장면이 나오는데 이 군함이 전함 나가토이다. 당시는 컴퓨터 기술이 없어 영화 제작사는 나가토의 실물을 애리조나 사막 한가운데 만들어 놓고 마치 바다에 떠 있는 것처럼 촬영을 하였다.

(4) 쿨라만 해전

수송선에는 육군 1개 대대와 보급품 54톤을 적재하였다. 하나미 소령의 임무는 수송선 호위로서 적의 함대를 경계하는 것이었다. 그러나 아마기리가 콜롬방가라섬에 도착하기 바로 직전에 쿨라만(Kula Bay)에서 일본 함정을 기다리고 있던 미 순양함과 구축함의 레이다는 접근하는 일본 구축함대를 포착하고 미군은 포격을 시작하였다. 쿨라만은 콜롬방가라섬과 뉴조지아섬 사이에 있는 만으로서 파도가 없고 조용하다. 아무것도 보이지 않는 칠흑같은 밤의 어둠 속에서 날아 온 포탄은 아마기리를 포함한 일본 구축함대에 떨어졌다. 이 사격으로 인해 구축함대의 기함 니이쓰기(新月)가 붉은 화염을 토해내면서 침몰하였다. 니이쓰기에 승함하고 있던 제3수뢰전대 사령관 아키야마 데루오(秋山輝男) 소장도 이때 전사하였다. 일본 구축함대에 미군의 포탄이 계속 명중하여 피해가 발생하자 구축함들은 각각 분산하여 개별 기동을 하였다. 그 와중에서도 수송선은 수송임무를 완수하고 라바울을 향하여 귀환 길에 올랐으나 일본 구축함대는 일본 해군의 전통적 장기(長技)인 야습(夜襲)을 제대로 못하고 오히려 일방적으로 패배하게 되자 전투현장에서는 이를 충격으로 받아들여 한탄하는 소리가 들렸다.

아마기리도 콜롬방가라섬을 떠나 라바울로 귀환하려고 할 때 함 주위에서 갑자기 폭발음이 일어났다. 하나미 소령은 이것은 적이 설치한 기뢰가 폭발한 것이라고 생각하였으나 기뢰가 아니고 미 군함의 포격이었다. 순간적으로 아마기리는 4발의 지근탄과 1발의 명중탄을 맞았는데 명중탄은 함의 뒷부분에 맞아 전신원(電信員)과 암호원 등 약 10명이 전사하였고 함내의 전원(電源)이 끊어져 함내는 순간적으로 암흑으로 변하였다. 전원이 끊어지는 바람에 대포의 동력도 마비되어 어뢰를 발사하는 것 이외에는 응전할 수 있는 방법이 없었다. 그러므로 하나미는 "이대로는 당한다. 적함에 돌진하여 어뢰공격을 해야겠다"고 결심하였다. 어뢰를 명중시키려면 적어도 목표물 4~5km에 접근해야하므로 하나미가 돌격 명령을 내리자 아마기리는 전속력으로 적함을 향하여 물살을 가르며 달려나갔다. 아마기리는 적탄이 날아오는 가운데에서도 개의치 않고 달려가는 군마처럼 달려서 4.5km 지점에 당도하였다고 판단하였을 때 어뢰 9발을 발사하고 연막탄을 터트리며 대피하였다. 어뢰를 발사한 거리에서 어뢰가 적함에 도달하는 시간은 4~5분 걸리므로 하나미는 긴장 속에서 기다렸다. 4분이 지나 하나미는 견시(見視)로부터 물기둥이 솟아 올랐다는 보고를 받았다. 그와 동시에 적의 포탄은 더 이상 날아오지 않았다. 승조원들은 하나미에게 "함장님, 해내셨군요!"라고 축하하자 하나미는 떨리는 목소리로 "모든 승조원들 덕분이다"라고 답하였다. 이렇게 아마기리는 침몰을 면하고 라바울로 귀환하였다. 하나미는 전쟁이 끝난 뒤에야 비로서 이날 아마기리의 어뢰에 맞아 침몰한 적함은 미 해군의 경순양함 '헬레나(Helena)'인 것을 알게 되었다. 미 해군은 이 해전을 '쿨라만 해전(Battle of Kula Gulf)'이라고 부른다.

헬레나는 일본해군이 진주만 기습시 일본 뇌격기(97식 함상공격기)의 어뢰를 맞아 대파되었으나 1942년초에 수리를 끝내고 솔로몬 제도에 배치되어 과달카날 해상에서 벌어진 여러 해전에서 일본 해군 순양함과 구축함 등을 격침하는 등 큰 전공을 세웠으나 쿨라만에서 벌어진 야간 해전에서 아마기리의 어뢰를 맞고 침몰한 것이다. 헬레나의 승조원들은 인근에 있던 미 구축함에 구조되었고 100여 명은 서쪽에 있는 벨라벨라섬 해안까지 수영하여 도착한 뒤 섬의 정글 속에 숨어있다가(섬은 일본군이 점령하고 있었으므로) 미군에 구출되었다.

3. PT 109 출격

(1) 라바울에서 온 일본 구축함대

7월 31일 저녁, 아마기리는 동료 구축함 하기가제(萩風), 시구레(時雨), 아라시(嵐)와 함께 다시 콜롬방가라 수송작전 임무에 참가하였다. 4척 구축함을 지휘하는 지휘관은 제4구축대 사령관 스기우라 가쥬(杉浦嘉十) 대령이었다. 이 작전에서 경계임무를 맡은 아마기리는 8월 1일 오전 0시에 라바울을 출항하였다. 이날 제11구축대 사령관 야마시로 가츠모리(山代勝盛)[23] 대령도 아마기리에 승함하였다. 아마기리의 승조원은 장교 13명, 부사관과 수병 245명 등 258명이었다. 배수량 1,980톤인 아마기리는 PT 109보다 약 40배

---

23) 해군병학교 47기, 가나가와(神奈川)현 출신, 대령 예편, 1986년 사망

큰 군함이다.

  1943년 8월 1일, 과달카날의 미군 사령부에서는 일본 해군의 무전 통신을 엿듣고 그 날밤에 병력과 보급품을 실은 도쿄 급행 구축함 서너 척이 뉴조지아섬과 콜롬방가라섬에 있는 일본군을 보강하기 위해 슬롯을 타고 내려 올 것으로 예측하여 즉시 이 내용을 룸바리아섬에 있는 어뢰정기지로 연락하였다. 과달카날로부터 연락을 받은 룸바리아 기지에서는 즉시 어뢰정 편대에 출동명령을 내렸다. 이날 일본기가 룸바리아를 공격하여 PT 117을 침몰시켰으나 나머지 PT정들을 거의 건재하였다. 출동 명령을 받은 어뢰정 15척은 엔진을 시동하였다. PT정은 1,200마력 엔진을 3대씩 장착하고 있으므로 45개의 엔진이 동시에 괴성을 쏟아내자 룸바리아 항구는 마치 거대한 오케스트라장으로 변하였다. 물론 이 가운데에는 PT 109도 보였다. 이날 출동전에 오래전부터 알고 있는 로스(George Ross) 소위가 PT 109에 타고 전투에 참여하고 싶다고 케네디에게 부탁하자 케네디는 오늘만 타는 조건으로 허가하였다. 원래 PT정에는 정장, 부정장만 장교이므로 2명의 장교가 승선하나 이날 PT 109는 로스 소위를 태워 케네디를 포함하여 장교 3명이 승선하였다. 45개의 엔진 소리로 남태평양 하늘에 웅장한 오케스트라를 연주하던 15척의 어뢰정은 드디어 오후 6시 30분, 남태평양의 석양이 질 때 렌도바 북쪽의 룸바리아 어뢰정 기지를 출발하였다. 어뢰정 4개 편대로 나누어진 15척은 저녁 노을 속을 뚫고 조용히 서쪽으로 움직이며 출발하였다. A,B,C,R의 4개의 편대로 나뉘어 출격한 15척의 어뢰정은 각 편대별로 분담한 목표 해상을 향하여 항로를 잡아 어둠을 뚫고 나아갔다. 케네디의 PT 109는 PT 159에 타고 있던 편대장 브랜팅험(Henry Brantingham) 대위가 지휘하는 B편대에 속하였으며 그 임무는 기조(Gizo)섬과 콜롬방가라섬 사이에 있는 블랙켓(Blackett) 해협에서 이 곳을 지나갈 일본군 함선을 공격하는 것이었다.

(2) 해전

　무게(배수량) 50톤에 길이 24m밖에 되지 않는 어뢰정이 대형 함선과 싸우기 위해서는 시야가 어두운 야간이 유리하므로 일본 함선과 발동선이 지나갈 시간을 계산하여 미군 어뢰정들은 저녁에 출격한 것이다. 2시간 뒤에 목표지점인 기조섬과 콜롬방가라 사이의 해상에 도착한 어뢰정들은 엔진을 미동시키면서 적이 나타나기만을 기다렸다. 이 날 밤 12시, 브랜팅험 대위의 PT 159의 레이더가 일본 함선으로 추정되는 물체가 북쪽에서 콜롬방가라섬을 향해 접근해 오는 것을 발견하였다. 편대장이 탄 어뢰정을 제외한 다른 3척의 어뢰정에는 레이더가 없었다. 처음에는 B편대의 어뢰정 4척은 이들 일본 선박이 병력을 운반하는 큰 발동선인 것으로 판단하여 기관총 사격을 가하기 위한 진형을 만들었으나 다가 온 일본 선박은 구축함 4척이었다. 일본구축함들이 어둠 속에서 미군 어뢰정 편대를 발견하고 어뢰정들을 향해 함포사격을 시작하자 B편대는 1,600m 거리에서 일본 구축함을 조준하여 어뢰를 발사함으로써 일본 구축함대에 응전한 다음 신속히 연막을 치며 지그재그로 방향을 틀며 기조섬 방향으로 대피기동을 하며 사라졌다. 그 뒤 B편대의 어뢰정 4척 가운데 PT 157과 PT 159는 어뢰를 다 사용하였으므로 기지로 돌아갔고, 아직 어뢰가 남아 있는 케네디의 PT 109와 로리(John R. Lowrey) 중위의 PT 162가 임무 해상에 남아 있는 동안 A편대의 포터(Philip A. Porter) 중위의 PT 169가 나타나 이 두 척에 합류하였다. PT 169는 전투로 혼란한 와중에 소속 편대의 어뢰정들과 서로 연락이 안 되는 상태에서 흩어져 다니다가 케네디의 어뢰정을 만난 것이다.

　미군 어뢰정 편대들과 일본 구축함대가 해상에서 전투를 시작하자마자 곧 상공에는 일본군 수상기 4대가 날아 와 미군 어뢰정 A편대와 C 편대 위를 맴

돌며 조명탄을 투하하여 주위를 밝힌 다음 폭탄을 투하하고 기총소사를 하였으나 어뢰정 편대는 지그재그로 대피 운동을 하여 피해가 없었다. 일본 항공기가 구축함대를 지원하는 상황에서도 미군 어뢰정 편대는 일본 구축함대에 과감하게 달려들어 어뢰공격을 함으로써 미군 어뢰정 승조원들은 일본 구축함대 방향에서 어뢰가 명중하여 폭발하는 굉음을 들을 수 있었다. 그러나 이날 밤 전투에서 격침된 일본 구축함은 없었으므로 어뢰의 폭발음은 어뢰가 빗나가 콜롬방가라섬 해안에 부딪혀 폭발한 것으로 보인다. 전쟁이 끝난 뒤, 콜롬방가라섬의 서쪽 해안선에서 터지지 않은 채 해안에 돌입한 상태로 남아 있는 미군의 마크(MK) 8형 어뢰 5발이 발견되었다. 태평양전쟁 동안 미군 어뢰정의 젊은 위관급 정장(艇長)들은 뉴기니섬, 솔로몬 제도, 필리핀 전투에서의 활약으로 그 용감성이 널리 알려졌다. 케네디도 그 가운데 한 명이었다.

　이날 밤에 나타난 일본 구축함대 4척 가운데 3척은 병력 900명(척당 300명)과 보급품을 싣고 다른 한 척인 아마기리는 이 3척을 호위하며 라바울 기지를 출발하여 콜롬방가라섬의 남쪽 해안에 있는 빌라 마을로 가는 도중에 미군 어뢰정 편대를 만난 것이다. 아마기리는 동료 구축함 3척을 호위하는 임무를 받았으므로 동료 구축함 앞을 달리기도 하고 뒤로 이동하여 달리기도 하면서 언제 나타날지 모르는 미군 잠수함을 공격하려고 승조원들은 폭뢰투하를 항상 준비하고 긴장상태에서 근무하고 있었다. 미군 어뢰정들을 격퇴한 일본 구축함들이 빌라에 도착하여 신속하게 병력과 보급품을 하역하는 동안 아마기리는 빌라 앞바다 주위 해상에서 미군의 잠수함과 수상함정에 대한 경계임무에 임하였다. 8월 2일 새벽 1시 30분에 하역이 끝나자 라바울로 귀환하려고 4척의 구축함은 빌라를 출발하여 다시 콜롬방가라 서쪽 해상으로 나와서 북상하기 시작하였다.

4. 사투

8월 1일 저녁, 렌도바섬 북쪽에 있는 룸바리아섬의 어뢰정 기지를 출발한 15척의 PT정 가운데 PT 109는 콜롬방가라섬과 기조섬 사이에 있는 블랙켓 해협을 초계중이었다. 8월 2일 새벽 2시 15분, 케네디의 PT 109를 선두로 그 뒤를 PT 162, PT 169가 차례로 뒤따랐으며 이들 3척의 어뢰정은 기조섬에서 동남쪽으로 서서히 항진하고 있었다. 이 3척은 바로 전에 룸바리아 기지로부터 전투가 벌어졌던 해상을 정찰하라는 무전 지시를 받고 콜롬방가라 방향으로 열을 지어 서서히 움직이고 있었다.

PT 109는 신형어뢰정이었으므로 앞 갑판에 37mm 포가 장착되어있었다. 이 포는 육군의 대(對)전차포인데 포에 달린 바퀴와 사수 보호용 철판을 떼어내고 설치한 것이다. 이 포 옆에 로스 소위가 서 있었고 소위의 뒤에는 정장 케네디 중위가 조타대를 잡고 있었고 이 우측에는 매과이어 하사가 있었고 매과이어 위에 있는 전방 12.7mm 기관총좌에는 마니 하사가 있었다. 그리고 정장석 밖 갑판에는 톰 소위가 있었고 어뢰정의 중앙에서는 알버트(Albert)가 견시임무를 하고 있는 등 승조원 전원은 모두 밤의 어둠 속에서 눈을 부릅뜨고 있었다. 교대로 잠을 자지 않으면 피곤하여 근무에 충실하기 어려우므로 비번인 해리스는 휴게실 덮개와 어뢰발사관 사이의 갑판에서 잠을 자고 있었고 커크시(Andrew Kirksey)는 우현갑판 아래 누워서 쉬고 있었다. 그때 전방 기관총좌에 앉아있던 마니가 2시 방향에 배가 보인다고 소리쳤다. 그 소리를 듣는 순간 케네디는 어둠 속 오른쪽 방향에서 움직이는 물체가 어뢰정을 향해 달려오고 있는 것을 보고 구축함이라고 직감하였다. 당시 엔진을 한 대만 작동하던 PT 109로서는 어뢰를 발사하기위해 방향을 바꾸기에는 너무 늦었고 분명하게도 구축함은 PT 109를 향하여 달려오고 있었

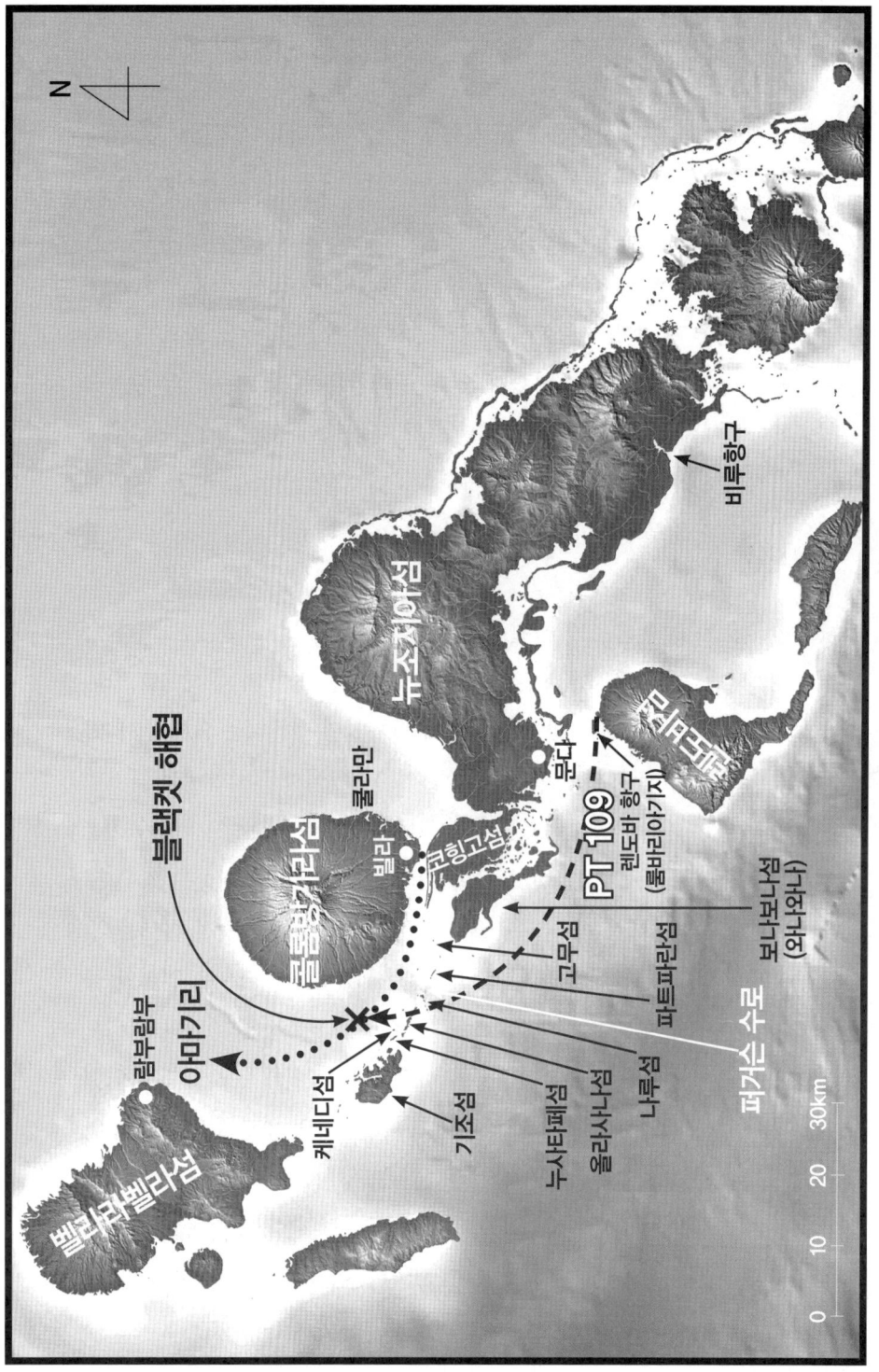

PT 109, 야마기리 충돌지점(X)과 주변

제5장 PT 109

다. 상황을 벗어나기 위해서 속력을 높이면 흰 파도가 일어나 적에게 발견되기 쉬우므로 속력을 낮추어 천천히 달린 것이 오히려 역효과를 가져왔다. 케네디는 정신없이 "전원 전투배치!"를 외치며 구축함이 더욱 다가오는 것을 보자 속력을 높여 구축함을 피하려고 하였으나 너무 늦었다. 앞갑판에서는 로스 소위가 37mm포탄을 급히 포신에 장진하려고 하였으나 이 역시 소용이 없었다. 순간 엄청난 충격과 함께 구축함의 함수가 어뢰정 오른편 옆을 뚫고 들어와 어뢰정을 두 동강으로 나누어 버렸다. 일본 구축함은 30노트 이상의 고속으로 뉴조지아섬에서 초이셀섬 방향으로 가다가 어둠 속에서 PT 109를 너무나 가까운 거리에서 만나게 되자 함포를 사용할 수도 없어 막바로 40배 큰 함체를 이용해 어뢰정을 들이받아 버린 것이다.

이 충격으로 어뢰정 승조원 전원이 튕겨져 날아가 버리고 몇 명은 바다 속에 빠졌다. 전방 기관총좌에 앉아있었던 마니 하사는 충돌의 충격으로 인해 몸이 눌리면서 행방불명이 되었고 정장석에 앉아있던 케네디는 의자 뒤에 있는 낮은 쇠벽에 튕겨서 부딪히는 바람에 대학교의 미식축구 시합에서 다쳤던 등뼈에 심각한 타격을 받았다. 기관총좌는 부서지고 케네디는 거대한 구축함의 함체가 자신의 옆을 지나가면서 어뢰정을 두 조각으로 찢어놓는 것을 보았다. 그 순간 어뢰정에서는 연료탱크에서 화재가 일어나 어뢰정 선체를 뒤덮자 승조원 서너 명은 얼굴과 양손에 화상을 입었다. 순간적으로 일어난 불은 온도가 높아 승조원의 몸을 태울 정도로 조그만 어뢰정은 화염의 지옥으로 변하였다. 물 속에 빠진 승조원들은 필사적으로 물 위에 뜨려고 몸부림쳤다. 어뢰정이 두 조각날 때 흘러나와 해면에 흘러가는 휘발유에 붙은 불은 주위를 밝혔으므로 수 km 떨어진 콜롬방가라섬의 중턱에서도 볼 수 있었다. 일본군이 주둔하고 있는 콜롬방가라섬의 산중턱 정글속에 숨어 있던 연안감시대의 호주군 해군 중위 에반스(Arthur R. Evans)도 이 장면을 보았다.

콜롬방가라섬(왼편)과 케네디섬. 두 섬 사이에서 PT 109와 아마기리가 충돌하였다

한편, 이 충돌 사건을 아마기리 시각에서 보면 다음과 같다.

8월 2일 오전 2시경, 어둠에 덮인 밤 바다의 좁은 시계(視界) 속에서 앞에 배모양 물체가 보였다. 2km 앞에 보이는 이 배가 어뢰정이란 것을 확인한 것은 망루에서 전방을 주시하고 있던 견시 가와구치 다사부로(川口多三郞) 중사였다(전쟁이 끝나고 가와구치는 사실은 2km가 안되었다며 잘못 보았다고 술회하였음). 보고를 받은 하나미는 즉시 "전원 전투배치!" 명령을 내렸다. 하나미는 "이 거리에서 적이 우리에게 어뢰를 발사하여 명중되면 굉침(轟沈)하게 된다"고 생각하였다. '굉침'이란 함정이 적의 폭탄이나 어뢰를 맞고 1분 안에 침몰하는 것을 말한다. 굉침을 당하지 않으려면 바로 눈 앞에 나타난 적 어뢰정을 격침시켜야 한다. 아마기리는 주포 2발을 발사하였으나 포신의 각도

PT 109와 아마기리의 충돌 기념우표(솔로몬 제도, 1993년)

를 낮출 수가 없어 2발은 모두 빗나갔다. 어뢰를 발사하려고 하였으나 너무 거리가 가까우므로 발사할 수 없었다. 이제 남는 방법은 어뢰정에 돌진하여 충돌해 버리는 수밖에 없다. 충돌시 충격으로 어뢰정 선체 양옆에 장착되어 있는 어뢰가 폭발하게 되면 아마기리도 큰 타격을 입게될 가능성도 있지만 당시의 긴급한 상황에서는 마땅한 선택 방법이 없었다. 이제는 잘되면 좋고 안되어도 할 수 없다는 심정으로 하나미는 조타대를 잡고 있는 도이 히도루(土井一人) 조타장에게 최대 속력으로 돌진하라고 명령하였다. 도이 조타장도 그 방법 밖에는 없다고 판단하고 즉시 조타대를 왼편으로 돌렸다. 그러자 아마기리는 어뢰정을 향하여 일직선으로 어둠 속의 밤바다 위를 쏜살같이 달렸다. 그때 아마기리에 승선한 제11 구축대 사령관 야마시로 대좌는 아마기리가 PT정과 충돌하면 PT정 옆에 붙어있는 어뢰가 폭발하여 아마기리가 파괴될까 염려하여 "도리가지(取舵)!"라고 외쳤다. 도리가지는 "좌측으로 방향을 틀라"는 일본식 항해 용어다. 그러나 하나미는 함교의 오른쪽에 서 있었고 야마시로는 왼쪽에 서 있었으므로 하나미는 야마시로의 명령을 순간적으로 잘 듣지 못하고 오모가지(面舵)를 취하였다. 오모가지는 오른쪽으로 방향을 돌리라는 일본식 항해 용어다. 2~3초 뒤에 하나미는 야마시로 대좌의 명령을 알아듣고 다시 "도리가지!(왼편으로 돌려라)"라고 도이 조타장에게 명령하였으나 이미 늦었다. 잠시 뒤에 아마기리와 충돌한 어뢰정은 두쪽으로 갈라져 아마기리의 뒤쪽으로 사라졌다. 땀을 식히는 충돌이었으나 아라기리에게는 다행스럽게도 어뢰정 측면에 장착된 어뢰가 폭발하지 않아 기관에 손상이 있었을 지는 몰라도 일단

외관상으로는 피해가 없었다. 순간 하나미는 기적이라고 생각하며 목구멍이 바싹 마르는 것을 느꼈다. 그러나 충돌시에 충격이 컸으므로 아마기리의 승조원 가운데 일부는 아마기리가 암초에 부딪혔다고 생각하였고 일부는 적의 어뢰에 맞았다고 생각하였다. 이 충격으로 아마기리의 엔진은 큰 문제가 없었으나 순간 기관이 진동하였으므로 하나미는 속력을 28노트로 감속하라고 명령하였다. 아마기리와 동료 구축함 3척은 모두 라바울에 안전하게 귀환하였다.

5. 구조

(1) 생사의 수영

휴식실에서 잠을 자다가 갑자기 바다 속으로 내동댕이쳐진 존스턴(William Johnston)과 맥마흔(Patrick McMahon) 하사는 해군 수병복 바지에 육중한 육군 군화를 신고, 방탄조끼를 입고 그 위에 구명조끼를 걸치고 있었다. 잠을 자다가 졸지에 바다에 빠진 이들은 놀라서 위를 쳐다보자 구축함 갑판 위에는 일본 수병들의 모습이 보였다. 승조원은 모두 힘을 다해 바다 위에 떠올라 당황하여 수면을 양손으로 치기도 하면서 위기순간을 벗어나려고 하였다. 절망감에 존스턴은 이게 마지막이라고 생각하였으나 갑자기 아내 나탈리의 얼굴이 떠 오르자 반드시 살아야겠다고 생각하고 필사적으로 발버둥치면서 수영을 하였다. 동강난 어뢰정의 절반 뒷부분은 이미 침몰하였으나 나머지 앞부분 절반은 그때까지도 침몰하지 않고 물 위에 떠 있었다. 케네디는 생존자들을 확인해보니 4명의 승조원이, 부서졌으나 그때까지 물에 떠있는 어뢰정 앞부분에 붙어 있었고 6명은 그 주위에서 수영하고 있었다. 그 가운데 한 명인 맥마흔 하사는 큰 화상을 입었고 포수인 해리스는 충돌시 한 쪽 다리를 다쳐 간신히 물에 떠있었다. 부상당한 두 명을 보고 케네디는 자신의 통증을 잊고 물에 뛰어들어 이 두 명을 차례로 구조하여 그때까지 떠 있는 동강난 어뢰정에 끌고 가서 어뢰정 위에 끌어 올렸다. 생존자들에게는 식량, 물 그리고 치료할 약조차 없었다. 케네디와 승조원들은 모두 물 속에 빠져버렸으나 다행히 두 쪽이 된 어뢰정의 앞 부분이 물에 떠있었기에 케네디는 부상당한 승조원들까지 매달리게 도와주었다. 어뢰정 선체는 앞서 이야기한대로 목재로 만든 합판으로 되어있었으므로 두 조각난 선체의 하나가 물에 떠있었기에 케네디를 비롯한 승조원들은 그 위에 걸터앉아 8월 2일 오전 내내 그 앞을 혹시 지나갈지도 모르는 미군 어뢰정을 기다렸으나 허사였다. 바다가 잔잔하였고 콜롬방가라섬에 있는 일본군이 사고 현장을 못 본 것이 그들에게는 다행이었다.

(2) 무인도 상륙

이제 그 동안 물 위에 떠 있던 선체의 앞부분조차 천천히 가라앉기 시작하자 케네디는 근처에 보이는 조그만 섬을 향해 부하들과 헤엄쳐 가기로 결심하였다. 충돌시 충격으로 PT 109의 승무원 13명(케네디 포함)중 마니와 커크시는 사망하였으나 나머지 10명은 케네디의 인도에 따라 4시간 이상 수영을 하여 가까운 섬에 올라갔다. 그의 부하였던 맥마흔은 충돌할때 입은 화상으로 인해 수영을 할 수 없었으므로 케네디는 그가 입고 있던 구명 조끼의 한쪽 끈을 입에 물고 평영으로 수영한 지 4시간 만인 8월 2일 오후 5시, 조그만 무인도에 전원 도착할 수 있었다. 끈을 입에 물고 있었으므로 케네디

케네디섬. 뒤에 보이는 큰 섬이 콜롬방가라

케네디섬. 왼편에 보이는 섬이 콜롬방가라

1. 솔로몬 항공사(Solomon Airlines) 연하장 속의 케네디섬
2. 케네디섬에 스노켈링 장비를 사용하여 상륙한 필자

는 바닷물을 많이 마시게 되었다. 그러므로 섬에 상륙하자마자 구토를 하고 모래위에 누웠다. 맥마흔은 충돌시 충격으로 거의 의식이 없었으므로 케네디가 자기 구명조끼의 줄을 입에 물고 수영하고 있다는 사실을 섬에 도착할 때까지 인식하지 못하였다. 섬에 도착한 승조원들 가운데에는 PT 109의

선체에서 나온 길이 2.4m, 폭 60cm의 합판 조각을 잡고 수영해 온 사람들도 있었다.

아마기리와 PT 109가 충돌한 해역은 섬들로 둘러싸여 있으므로 필자의 경험에 의하면 일년에 한 두 차례 불어오는 사이클론 시기를 제외하면 항상 잔잔하므로 수영하는 데는 문제가 없다. 일본군이 점령하고 있는 콜롬방가라섬이 근처에 있었으나 그 섬으로 수영해 가면 해안에 도착하는대로 발견되어 포로가 되거나 사살될 수 있기에 케네디는 서쪽에 보이는 작은 섬을 향하여 수영한 것이다. 그 섬까지의 거리는 약 5km이므로 부상자를 끌고 그 섬까지 수영해 가는 것은 쉬운 일이 아니었다. 15시간의 고투 끝에 그들은 모두 산호초에 둘러싸인 조그만 무인도에 도착할 수 있었는바 이것은 기적에 가까운 일이었다. 후일 '케네디섬(Kennedy Island)'이라는 이름이 붙은 이 섬은 타원형으로서 아주 작은 무인도이다.

섬에 가까스로 도착한 이들은 탈진한 상태에서 모두 해변에 쓰러졌다. 잠시 후 이들은 엔진소리를 듣고 정신을 차렸다. 이들이 들은 엔진소리는 콜롬방가라섬에서 기조섬으로 가는 일본군 소형보트의 엔진이 내는 소리였다. 콜롬방가라에는 일본 육군 1개 사단이 주둔하고 있었고 기조섬에는 소규모의 일본군 수비대가 배치되어 있었으므로 서너 명이 타고있는 순찰 보트가 해역을 순시하면서 기조로 가고 있었던 것이다. 케네디와 부하들은 섬에 자라고 있는 야자나무들 밑에 기어가서 몸을 숨겼다. 이 섬은 콜롬방가라와 기조 사이에 위치하고 있었으나 일본군 보트는 이 조그만 섬에 상륙하여 수색하지 않고 그냥 못 본 체하듯이 지나쳐 기조 방향으로 사라졌다. 만약 케네디와 부하들이 30분만 늦게 섬에 도착하였다면 그들은 모두 해상에서 수영하는 중에 일본군에게 발각되었을 것이다. 일본군 순찰 보트가 지난 간 후에 케네디 일행은 모두 섬에 자라고 있는 나무들 사이에 들어가 피곤한 상태에서 쓰러져 마치 죽은 것 같이 잠이 들었다. 잠에서 깨어난 이들이 주위를 살펴보니 작은 섬에는 인적이 없고 무인도라는 것을 알게 되었다. 이제 가장 긴박한 문제는 식량이었다.

케네디는 이 섬에서 미군 기지가 있는 렌도바섬 방향으로 수영을 하여갔다. 혹시 이 해역을 지나는 아군 PT정을 만날 수 있다는 희망에서였다. 그러나 아군 선박은 한 척도 나타나지 않았다. 그러므로 다시 부하들이 숨어 있는 무인도를 향하여 수영하였으나 조류가 강하므로 섬으로 돌아올 수 없었다. 그러므로 조류를 피해 우회하여 긴 거리를 수영해서 간신히 무인도에 돌아 올 수 있었다. 기진맥진한 케네디는 로스 소위에게 이번에는 자네가 수영해서 아군 선박을 찾으라고 명령하였으므로 로스 소위가 시도하였으나 그 역시 근처를 지나가는 미군 선박을 만나지 못하고 돌아왔다. 다음날 케네디는 부하들을 데리고 수영하여 근처에 있는 섬으로 이동하였고 그 다음 날에는 나루(Naru)섬에 수영하여 갔다가 카누를 타고 섬에 온 원주민을 만나 결국 며칠 뒤에 모두 미군에게 구조되었다.

(3) 원주민의 도움

케네디가 부하들과 함께 상륙한 섬은 케네디가 미국 대통령이 된 이후에 케네디섬이라는 이름이 붙여졌다. 케네디는 이 섬에 상륙하였으나 주위에 있는 기조섬과 콜롬방가라섬에 일본군이 주둔하고 있었으므로 낮에는 섬의 야자나무 밑에서 숨어 쉬다가 밤에는 기조섬과 보나보나(Vonavona) 초호(礁湖) 사이에 있는 퍼거슨(Ferguson) 수로(水路)를 3km 내지 4km까지 헤엄

케네디가 야자열매에 대검으로 쓴 구조요청문   야자열매 통신문을 카누로 운반하는 원주민 기념우표(솔로몬 제도)

쳐 나가 지나가는 아군 어뢰정을 기다렸으나 허사였다. 퍼거슨 수로는 블랙켓 해협과 직각을 이루며 교차되는 곳이다. 먹을 것, 마실 것도 없는 상황에서 케네디가 부하들을 위해 먼 바다까지 적과 상어의 위험을 무릅쓰고 헤엄쳐 나간 것은 군인으로서의 희생정신과 감투정신이 충만했기 때문에 가능했을 것으로 생각된다.

8월 4일, 케네디는 부하들을 이끌고 플럼푸딩섬에서 남쪽으로 2km 떨어진 곳에 있는, 플럼푸딩섬보다 약간 더 크고 야자나무가 좀 더 많이 서 있는 올라사나(Olasana)섬으로 헤엄쳐 갔다. 이 때도 케네디는 맥마흔 수병을 플럼푸딩섬에 올 때와 같은 방법으로 끌고 갔다. 식사도 하지 못한 채 이틀이 지나자 모든 대원들은 완전히 지쳐 버렸다. 다음 날인 8월 5일 아침 케네디는 올라사나섬에서 동남쪽으로 1km 떨어진 나루섬에 로스 소위를 데리고 헤엄쳐 갔다. 이 섬에 도착한 케네디는 섬 근처에 좌초된 일본군의 소형 선박 안에서 비스켓과 사탕이 들어있는 상자를 발견하였다. 그리고 이 섬에 서 있는 많지 않은 나무 숲 속에 누군가가 숨겨 놓은 카누와 식수가 들어 있는 물통도 발견하였다. 이것은 연안 감시대원들이 비상시를 대비해서 은밀하게 숨겨 놓은 것이었다. 잠깐 휴식을 취한 두 사람은 일어나 해안으로 걸어 가다가 카누를 타고 와서, 좌초된 일본군 선박을 뒤지는 원주민 두 명을 발견하였는데 일본군인 줄 알고 숲 속으로 뛰어 들어갔다. 원주민 두 명도 이들을 일본군으로 여겨 놀라서 그들이 타고 온 카누로 달려 갔는데 사실은 이 두 명의 원주민은 연합군의 연안감시대를 위해 일하는 현지인 대원이었다. 그날 밤, 한 명 밖에 탈 수 없는 카누를 타고 케네디는 올라사나섬으로 다시 돌아오고 로스 소위는 나루섬에 남았다. 올라사나섬으로 돌아온 케네디는 일행이 두 명 늘어난 것에 놀랐다. 이 두 명은 바로 그날 낮에 나루섬에서 본 원주민이었다. 그 날 낮에 가사(Biuku Gasa)와 쿠마나(Aaron Kumana)라는 두 명의 20대 원주민이 케네디의 부하들이 숨어있는 올라사나섬으로 카누를 타고 왔다가 우연히 케네디 일행을 보게 되었던 것이다. 원주민 2명은 일본군이 솔로몬 제도에 오기 전에, 호주인 기독교 선교사들이 세운 감리교 학교에 다닌 적이 있으므로 쉬운 영어가 가능하였다.

 8월 6일 아침, 가사와 쿠마나는 케네디를 카누에 태워 다시 나루섬으로 데려가 거기서 기다리고 있던 로스 소위를 만나 하룻밤을 보냈는데 원주민 2명은 미군에게 숲 속에 비상용으로 몰래 숨겨 놓은 두 명이 탈 수 있는 카누를 보여주었다. 물에서 구사일생으로 살아 나온 케네디 일행에게는 제대로 된 종이가 없었으나 케네디의 부하인 톰 소위가 올라사나섬의 해변에서 발견한 번스 필립(Burns Philip)이라는 호주의 한 무역 회사의 서류 양식 종이에 케네디 일행의 위치를 알리는 글을 썼다. 그러나 케네디는 자기 방식대로 차고 있는 해군 대검으로 코코넛 열매에 자신들의 위치를 새겨 쓴 뒤 두 명의 원주민에게 룸바리아섬에 있는 미군 기지 사령관에게 전달해 줄 것을 부탁하였다. 당시 케네디가 야자열매 표면에 쓴 글의 내용은 다음과 같다.

1. 원주민 연안감시대원 마에케(Vivian Maeke) 씨와 필자 (2005년 5월 13일, 호니아라). 사진 촬영시 82세의 마에케씨가 손에 들고 있는 것은 연안감시대원들 사진과 연안감시대원 증명서 (호주 정부에서 발행)
2. 솔로몬 제도의 연안감시대원들. 뒷줄 중앙은 영국인 클레멘스(Martin Clemens)

호니아라 시내에 세워진 솔로몬 제도 연안 감시대 기념비

```
      NATIVE KNOWS POSIT
   HE CAN PILOT 11 ALIVE NEED
   SMALL BOAT
                        KENNEDY
```

(4) 구조되다

 가사와 쿠마나는 톰 소위가 쓴 종이 편지와 케네디의 코코넛 편지를 카누에 싣고 노를 저어 렌도바섬으로 가는 도중에 보나보나 초호에 들러 콜롬방

어뢰정에서 백악관으로

가라섬에 있는, 연안감시대원인 에반스 호주 해군중위 밑에서 일하는 현지인 정찰대장 케부(Benjamin Kevu)에게 케네디 일행에 대하여 알려주었다. 케부는 일본군이 기조를 점령하기 전, 영국에 충성하는 기조 우체국 직원이었으므로 일본군이 침공해오자 연안감시대원에 자원해서 가담하였다. 이야기를 들은 케부는 8월 6일 밤 11시경에 보나보나 초호와 콜롬방가라섬 사이의 긴 산호초 위에 있는 조그만 고무(Gomu)섬을 방문한 에반스 중위에게 이 사실을 보고하였다. PT 109가 일본 구축함 아마기리와 충돌하던 날 밤에 일본군이 주둔해 있던 콜롬방가라섬의 한 가운데에 솟아 있는 산 속 400m 지점에서는 에반스 중위와 그를 보좌하는 미국의 연안감시대원인 내쉬(Benjamin F. Nash) 육군 상병이 이 충돌사고로 해상에서 화염이 발생한 것을 목격하였는데 케부의 보고를 들은 에반스는 그제야 사건의 앞뒤를 연결시켜 이해 할 수 있었다.

그는 즉시 연안 감시대의 무전을 통해 렌도바섬의 미군 기지에 케네디 중위와 승조원들이 살아 있다고 알려주는 한편, 다음날인 8월 7일 아침 현지인 정찰대장인 케부를 올라사나섬에 보내 카누에 케네디를 태워 고무섬으로 데려오도록 조치하였다. 에반스 중위가 보내 준 케부의 카누를 탄 케네디는 카누 바닥에 누워 몸 위에 야자나무 잎사귀를 덮어 위장한 채로 8월 7일 저녁에 고무섬에 도착하였다. 오는 도중에 일본 항공기가 상공에 나타나 선회하였지만 케부가 노를 젓다가 일본 항공기를 향해 손을 흔들어 주어 무사히 도착할 수 있었다.

에반스 중위가 렌도바섬에 보낸 무전을 받은 미군 어뢰정 기지에 톰 소위가 쓴 편지와 케네디 중위의 코코넛 편지를 가지고 가사와 쿠마나가 나타나자 미군들은 케네디 일행이 살아 있다고 믿었고 즉시 구조대를 출발시킬 준

케네디 중위가 부하들을 데리고 수영하여 상륙한 세개의 섬. 앞의 큰 섬이 나루, 왼편이 올라사나, 가운데 작게 보이는 섬이 플럼푸딩(케네디섬). 오른쪽 육지는 콜롬방가라섬. 케네디섬 뒤에 멀리 길게 보이는 것은 벨라라벨라섬

비를 하였다. 룸바리아 기지는 그 순간 고무섬에서 케네디 중위와 만나 이야기하고 있는 에반스 중위와 무전 교신을 통해 구조대와 케네디 일행이 만날 장소와 시간 등 구조작전 계획을 세웠다. 이 계획에 따라 구조대로 출발하는 PT 157이 케네디와 만나는 곳은 나루섬과 고무섬 중간에 있는 파트파란(Patparan)섬으로 결정되어 케네디는 다시 케부의 카누를 타고 밤 8시 에반스에게 작별 인사를 한 뒤 고무섬을 출발하여 파트파란섬으로 향하였다. 어뢰정은 밤 10시에 파트파란섬에 도착하기로 되어 있었으나 시간이 되어도 어뢰정은 나타나지 않았다. 드디어 11시 20분, 달이 구름 속으로 숨어 들어 주위가 어두워지자, 그제서야 어뢰정의 엔진 소리가 들렸다. 미리 무전으로 약속한대로 어뢰정 쪽에서 4발의 총소리가 나자 케네디도 4발을 쏘아 대답하였다. 잠시 뒤에 B편대 소속의 리베나우(William Liebenow) 중위가 지휘하는 어뢰정 PT 157의 눈에 익은 모습이 케네디의 시야에 들어왔다. PT 157의

갑판 위에는 케네디의 코코넛 편지를 미군 기지에 전해 준 가사와 쿠마나도 있었다. 케부의 카누에서 어뢰정에 옮겨 탄 케네디를 태운 어뢰정은 파트파란섬에서 서쪽으로 5km 떨어져 있는, 케네디의 부하들이 기다리고 있는 올라사나섬을 향하여 속력을 올렸다.

승선한 케네디의 길 안내로 몇 분 뒤에 PT 157이 올라사나섬에 도착하자 기다리던 PT 109의 승조원 10명은 환호성을 올리며 환영하였다. PT 157은 이들을 구조한 뒤 일본군의 경계를 피해 8월 8일, 새벽 5시 30분에 무사히 룸바리아 기지에 귀환하였다. 귀환한 후에 케네디는 PT 109가 침몰되어 13명의 승조원은 전사하였다고 판단하고 추도식을 거행하였고 케네디를 포함한 13명은 모두 본국에 전사통보 되었다는 것을 알게되었다. 케네디 일행에게는 다행스럽게도 케네디 일행이 표류하던 기간이었던 8월 5일에 미국 육군부대가 문다 비행장을 점령하였기 때문에 케네디 일행을 구조한 PT 157이 문다 앞 바다를 통과할 때 안전한 운행을 할 수 있었다. 케네디는 자기를 구조해 준 가사와 쿠마나에게 감사의 표시로 자기가 갖고 있던 태평양 전역(戰域)참전 기장을 주고 언젠가 다시 돌아와 만나기를 원한다고 말하고 헤어졌다. 두명의 원주민은 이 선물을 자랑으로 삼아 오랫동안 간직하였다. 후일 케네디가 미국 대통령이 되었다는 뉴스가 영국령 솔로몬 제도에 라디오 방송을 통하여 알려지자 이들을 포함한 현지 원주민들은 자기들 동네에서 싸운 사람이 미국 대통령이 되었다는 소식에 모두 크게 기뻐하였다. 교육수준이 낮은 그곳 주민들은 미국에 대해 잘 알지 못하였고 대통령이 무엇인지도 몰랐으나(당시 솔로몬 제도 원주민들은 단순히 영국 여왕이 최고라는 사실만 알고 있었으므로) 간단하게 케네디가 세계에서 가장 힘센 나라의 가장 높은 사람이 되었다는 정도로 인식하게 되었다.

뉴조지아섬에는 케네디라는 뉴질랜드인 연안감시대원이 있었다. 이 사람과 PT 109의 케네디는 이름이 같았으므로 PT 109가 침몰된 후 연안감시대원들은 케네디와 승조원들이 행방불명되었다는 미국 해군의 무전 내용을 듣고 처음에는 뉴조지아섬에서 활약하고 있는 연안감시대원 케네디인 줄 알고 많은 연안감시대원들이 비통해 하였는데 나중에 같은 이름을 가진 미국 해군 중위라는 것을 알게 되었다는 일화도 있다. 케네디의 어뢰정 침몰 사건에서도 보았듯이 솔로몬 제도와 뉴기니섬에서의 전투 때 연합군은 현지인들과 깊은 유대 속에서 현지인들로부터 조직적인 도움을 받았음에 비해 일본군은 이러한 조직을 현지인 속에 심어놓지 못하였다.

케네디의 PT 109가 침몰되어 케네디가 행방불명되었다는 소식은 며칠이 지나 매사추세츠주의 하이애니스 항구에 있는 부친 조셉 케네디에게 전해졌다. 조셉 케네디는 친구로부터 전화를 받고 놀랐으나 부인이 알게되면 걱정할까 부인에게는 말하지 않았다. 며칠이 지난 뒤에 조셉 케네디는 케네디 중위가 생환하였다는 전화를 받고 뛸 듯이 기뻤다. 그제서야 그는 부인에게 자초지종을 이야기하였다. 그리고 만 1년이 지난 1944년 8월 12일, 조셉 케네디는 또 다른 소식을 받았다. 맏아들(케네디 중위의 형) 죠(Joe) 2세 해군 대위가 B24 폭격기를 조종하여 임무를 수행중 영국 동해안 상공에서 전사하였다는 소식이었다.[24]

한편, 케네디의 딸 캐롤라인(66세, 2023년)은 주(駐) 일본 대사 이후 호주에서 미국대사로서 근무중, 2023년 8월 1일, 아들 잭 슐로스버그(30세)와 함께 부친 케네디 대통령이 중위 시절에 어뢰정 PT109가 침몰한 곳을 방문하

---

24) Rober Donovan 「PT 109」 p.165, McGraw Hill, New York, NY, USA, 2001

여 부친을 구조하는 데 도움을 주었던 솔로몬 제도 현지인의 후손을 만났다.[25] 부친을 구해준 가사와 쿠마나는 모두 오래전에 세상을 떠났다.

(5) 플럼푸딩섬

플럼푸딩섬은 태평양전쟁이 한창인 1943년 8월, PT109 어뢰정 정장이었던 케네디 중위가 어뢰정이 일본 해군 구축함과 충돌하여 침몰하자 일부 부상당한 승무원을 이끌고 5km 이상 거리를 헤엄쳐서 상륙했던 섬이다. 산호초로 둘러싸인 이 섬은 길이 90m, 가장 넓은 폭이 60m 정도로 아직도 무인도이며 약 80그루의 나무가 자라고 있다. 그런데 신기하게도 남태평양의 어느 섬에서도 쉽게 볼수 있는 야자나무가 현재 이 섬에는 거의 없고(근처 섬들에는 있으나) 대신 언뜻보면 소나무잎처럼 생겨 침엽수로 보이는 활엽수인 '카수아리나'(Casuarina)[26]가 섬에서 자라고 있는 나무의 절반 이상을 차지하고 있다. 중국 남부에서는 이 나무를 목마황(木麻黄)이라고 부르며 말레이시아 등지에서는 해송(海松, Sea Pine)이라고 부른다. 우리나라에서는 남태평양에서 식생하는 나무에 대해 교육하는 곳도 없고 자료도 부족하고 실제로 그런 나무를 볼 기회도 없다. 필자의 경우, 입사한 회사에서 필자와 동료 직원 한 명을 세계에서 유일한 열대림 교육기관인 파푸아뉴기니 불로로(Bulolo) 삼림대학에 1년 동안 유학을 보내 주었다. 그러므로 여기에 언급한 카수아리나 나무도 현지에서 실제로 보면서 공부하였기에 필자가 수영하여 케네디섬에 올라가서 이들 나무를 식별할 수 있었던 것이다. 책을 쓰면서 당시 신입사원이던 필자에게 이러한 귀한 기회를 주신 이건산업 박영주(朴英珠, 2년

---

25) 『캐롤라인 케네디 대사 솔로몬 제도 방문』 조선일보. 2023년 8월 5일
26) 학명, Casuarinaceae(과) *Casuarina spp.*

전에 작고) 회장님과 장문영(張文英) 부회장님 그리고 34년 동안 근무한 회사에 감사함을 다시 느낀다.

　원래 현지인들은 이 섬을 카솔로(Kasolo)라고 부른다. 현지어로 '낙원의 신(神)들'이라는 뜻이다. 그러나 영국이 솔로몬 제도를 보호령으로 만든 이후에는 플럼푸딩(Plum Pudding)이라고 불렀으나 세월이 지나면서 (케네디가 미국 대통령이 된 이후) 현지인들은 케네디섬으로 부른다. 일본군이 1942년 5월, 솔로몬 제도를 공격할 때 소수의 영국인이 툴라기를 비롯하여 솔로몬 제도 여러곳에 있었으나 모두 호주로 도피하였다. 그 후 미군이 과달카날 등에 상륙하여 일본군을 솔로몬 제도 전역에서 격퇴하자 미국은 제2차 세계대전이 끝나고 솔로몬 제도를 모두 영국에 돌려주었다. 미국이 솔로몬 제도를 영국에 돌려주는 결정을 하자 당시 솔로몬 제도의 원주민들은 미국 정부의 결정에 반대하며 자기들은 영국에 다시 귀속되지 않고 미국령으로 남겠다고 하였다. 전쟁중 미국의 엄청난 물자가 솔로몬 제도에 들어와 미군은 현지인들의 마음을 얻으려고 통조림, 빵, 초콜릿, 코카콜라 등 원주민들이 그때까지(영국 통치시절에)보았거나 먹어보지 못한 식량과 의복, 의약품 등을 나누어주자 영국 통치시절과 비교하여 어차피 백인 밑에 식민지로 있게 될 바에야 차라리 미국의 식민지가 되는 것이 훨씬 낫겠다는 판단에서 이러한 소요를 일으킨 것이다. 원주민들 사이에 소요가 커지자 다시 솔로몬 제도에 돌아온 영국 정부 공무원(경찰 포함)은 소요사태를 일으킨 원주민 주범들을 체포하여 투옥시킴으로써 소요사태를 해결할 수 있었다.

　여하튼, 솔로몬 제도를 다시 보호령(식민지)으로 삼은 영국정부는 플럼푸딩섬을 정식으로 케네디섬으로 이름을 바꾸어 영국이 제작한 솔로몬 제도의 지도에 기입하였다. 필자는 1980년 11월에 솔로몬 제도에 처음 도착하자 지도 제작국을 방문하여 솔로몬 제도의 대형지도를 구입한 뒤 호텔방 바닥에 펴놓고 세밀하게 여러 지역을 살펴보다가 케네디섬이라고 표시된 것을 발견하고 무릎을 친 적이 있었다. 필자는 초등학교 4학년때 이미 케네디가 해군중위로서 솔로몬 제도에서 싸운 사실을 알고 있었다. 케네디가 대통령으로 당선되자 당시 우리나라 신문에서는 그의 이력을 말하면서 솔로몬 제도에서 그가 어뢰정장으로서 일본군 구축함과 충돌하였음에도 살아났다는 무용담 기사가 실렸다. 필자가 초등학교 다닐 때 매일 집에 배달되던 '소년동아일보'에도 이런 기사가 실렸으며 초등학생용 어린이 잡지인 '새벗'에도 실렸고 1963년에 헐리우드에서 만든 'PT 109' 영화가 우리나라에서 상영되자 이어서 'PT 109'라는 만화도 나왔으므로(만화가 이름은 기억나지 않는다) 당시 초등학생인 필자는 영화는 돈이 없어 못보았지만 만화는 만화가게에 가서 재미있게 읽었다. PT 109 영화는 32년이 지난 1995년에 솔로몬 제도에서 비디오 필름으로 보았다.

그러므로 초등학생 시절에 케네디의 PT 109와 부딪힌 일본 구축함 이름과 함장이름은 몰랐지만 케네디 중위가 남태평양 솔로몬 제도에서 타고 있던 어뢰정이 일본 군함과 충돌하여 구사일생으로 살아났다는 사실은 이미 알고 있었던터라 지도를 살펴보던중 발견한 케네디섬을 보고 필자도 모르게 손으로 무릎을 쳤던 것이다. 그리고 그때부터 기회가 되면 케네디섬을 가보고 싶었는데 그 다음 해인 1981년에 솔로몬 제도 가장 서쪽에 있는 쇼틀랜드섬에 있는 호주 목재회사를 방문하러 가면서 처음으로 케네디섬을 하늘에서 보았다. 조종사 포함 10명이 탑승하는 영국제 아일랜더 소형 비행기는 호니아라에서 쇼틀랜드섬이나 초이셀섬을 오고 갈때는 케네디섬 옆에 있는 조그만 누사타페섬에도 들려서 승객을 내리고 태우므로 비행기가 이착륙할 때 마다 낮은 상공에서 케네디섬을 가까이서 볼 수 있었다.

6. 일본군, 중부 솔로몬에서 퇴각

　뉴조지아, 렌도바, 벨라라벨라를 미군에게 빼앗기고 고립된 일본군 1만 명이 남아있는 콜롬방가라 근처의, 현재는 코힝고(Kohinggo)라고 부르는 아룬델(Arundel)섬에 미 육군 제25사단 일부 병력이 8월 27일에 상륙함으로써 콜롬방가라의 일본군은 미군에게 포위되었다. 9월 15일 라바울에 있는 제8방면군 사령관 이마무라 히도시(今村均) 중장은 콜롬방가라섬에 있는 일본군에게 철수명령을 내렸다. 이에 따라 일본군은 9월 말에서 10월 초에 걸쳐서 미군 항공기와 함선의 공격을 받으면서 함선과 발동선으로 철수를 하였는데 이 작전 동안 미군은 구축함, 어뢰정, 전투기 등으로 후퇴하는 일본군을 공격하였다. 미군의 공격으로 인해 일본군 병사들을 가득 실은 소형 발동선 약 20척이 침몰함으로써 일본군 3~4천명이 전사하였다. 그럼에도 9월 28일부터 10월 3일 사이에 9,400명의 일본군은 콜롬방가라섬을 포함한 중부 솔로몬 제도에서 철수하는 데 성공하였다. 따라서 이제 일본군이 철수해 버린 콜롬방가라섬은 계속 북상하며 전진하는 미군에게 어떤 위협도 줄 수 없는 존재가 되어 버렸다.

　한편, 미군이 벨라라벨라섬에 9월 15일에 상륙하자 벨라라벨라섬에 있던 일본군도 철수 명령을 받아 섬의 북부지역에서 철수하기 시작하였다. 즉, 10월 6일 밤부터 10월 7일에 걸쳐서 도쿄급행 구축함 11척은 벨라라벨라섬에서 600명의 일본군을 철수시키려고 접근하다가 워커(F.R.Walker) 대령이 지휘하는 미군 구축함 6척과 PT정들의 공격을 받아 양측 함대는 섬의 서북쪽 해상에서 해전을 벌였다. 어뢰를 주로 사용한 이 해전에서 일본측은 구축함 유구모(夕雲)가 어뢰를 맞고 침몰하였고 미국측은 구축함 슈발리에(Chevalier)를 비롯하여 구축함 2척이 손상을 입었다. 이 해전에도 불구하고 일본함대는

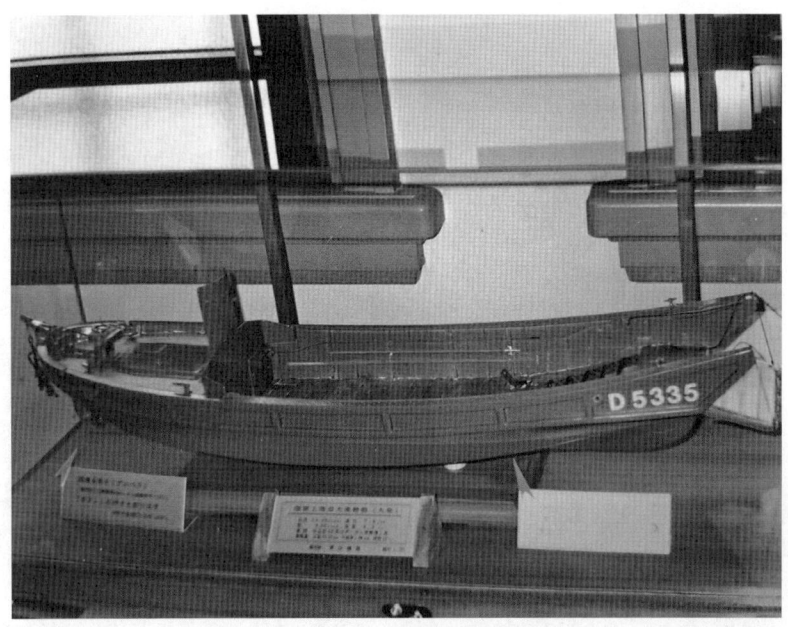

|1| 1. 야스쿠니 신사 유슈칸에 전시된 일본군 발동선 모형
|2| 2. 벨라벨라섬 동부해안(바라코마)에 미군이 만든 비행장

벨라라벨라섬 동부해안 리아파리 해안에 침몰된 일본군 발동선.(막대기가 가리키는 곳)

일본군을 철수시키는 임무를 완수하였다.

　오늘날 케네디섬의 동쪽에 있는 뉴조지아섬의 서쪽 끝 문다와 콜롬방가라섬의 남부 링기(Ringi)지역에는 태평양전쟁중 일본군이 만든 비행장이 아직도 사용되고 있고 케네디섬의 서북쪽에 있는 벨라라벨라섬의 남부 바라코마(Barakoma) 지역에는 태평양전쟁중 미군이 만든 비행장이 있는데 이들 비행장 모두는 오늘도 솔로몬 항공사의 정기편 소형항공기들이 사용하고 있다.

　콜롬방가라와 벨라라벨라에서 일본군이 철수함에 따라 미군은 중부 솔로몬 제도를 제압하게 되었다. 연이어 미군은 계속 북상하여 10월 27일에는 미군에 배속된 제8 뉴질랜드 연대가 부겐빌 남쪽에 있는 보물섬 제도(Treasury Islands)의 모노(Mono)섬을 점령하였다. 모노섬은 해안부터 높은 바위 절벽이므로 필자는 상공에서 보면서 환상적인 보물섬의 느낌을 받았다. 이 보물섬 제도는 영국 작가 스티븐슨(Robert Louis Stevenson)이 쓴 소설 '보물섬'과는 전혀 관계가 없다. 전 세계 소년·소녀들에게 티 없는 꿈을 주는 소설과 시를 썼던 그는 남태평양에 매료되어 사모아에서 여생을 보내면서 글을 쓰다가 결국 그 곳에 묻혔다.

• 제6장
기조섬

1. 남태평양의 목선

　19세기 남태평양을 다니는 나무로 만든 조그만 무역선은 호주에서 산호해를 건너 솔로몬 제도로, PNG(파푸아뉴기니), 바누아투, 피지로 다니면서 무역을 했다. 물론 무역선은 백인 소유였다. 그 당시 백인들 가운데에는 노예 상인도 있어 이들은 큰 배를 타고 이 지역을 다니며 흑인 원주민들을 붙잡아 호주 북쪽의 퀸스랜드주에 데려가 사탕수수와 면화밭에서 노예로 부렸다(여기에 대해서는 필자의 다른 저서 '여기가 남태평양이다'에 자세하게 썼음). 백인 무역선은 서부 솔로몬 제도에도 자주 나타나 좋은 항구가 있는 기조에도 들리곤 했다. 뉴조지아섬의 서쪽에 있는 기조섬은 섬의 긴쪽 길이가 8km 정도 되는 조그만 섬이나 항구조건이 좋아 오래전부터 서양인들이 들리기 시작했던 것이다. 그러므로 기조섬의 동쪽면에 있는 기조 항구는 그 당시 무역선이 들리기 시작할 때부터 발전하기 시작했다. 무역선은 담배, 도끼, 못, 망치 등을 싣고와 코프라, 값비싼 목재 등을 실어 갔다. 그 당시 나무로 만든 작은 무역선 '올드콤모도'(The Old Commodore)호를 타고 파이오니어 역할을 하였던 영국의 엑스터 출신인 우드하우스(Thomas Woodhouse) 선장은 남태평양이 좋아서 35년 동안 솔로몬 제도의 여러 섬을 돌며 무역업을 하다가 1906년

기조섬 상공의 미군 B17 중폭격기(1942년 10월 5일). 일부 태평양전쟁 책에는 이 사진 장소가 바누아투(뉴헤브리디즈)라고 잘못 설명되어 있다.

4월 7일, 그의 나이 63세에 기조에서 숨을 거두었다. 오늘날 기조 부두 근처에 있는 기조 경찰서 건물 앞에는 19세기에 조그만 목선을 타고서 산호해와 솔로몬해를 주름 잡던 우드하우스 선장을 기념하는 조그만 기념비가 서있다.

참고로, 이 섬의 이름은 근처 작은 섬에 살고 있던 이조(Izo)라는 추장의 이름을 따라 붙여졌다. 1869년, 기조에 유럽인들이 정착하여 살기 시작하면서 기조는 영국령 솔로몬 제도에서 툴라기에 이어 두 번째로 큰 마을이 되었고 서부 솔로몬을 통치하는 식민지 행정사무실이 들어섰다. 1893년에 솔로몬

1. 마치 항공모함처럼 섬전체가 활주로인 누사타페섬. 기조섬이 뒤에 보인다
2. 누사타페섬의 활주로. 항공모함 비행갑판에 착륙하는 느낌이다. 케네디섬은 사진에서 우측방향이다

전체에 살고있는 백인은 선교사 대여섯 명과 무역상인 45명 정도로서 모두 50여 명이었다. 그러므로 1869년에 기조에 살기 시작한 백인의 숫자는 극소수였을 것으로 짐작된다. 기조 항구는 오늘날도 호니아라에서 서부주로 가는

정기 여객선과 화물선들이 들리고, 또 외국에서 원목을 실으러 오는 큰 배들도 입국수속을 위해 들리는데 이렇게 큰 배들은 항구 안에 들어오지 못하고 항구 밖에서 닻을 내리고 수속을 한 뒤 세관원을 태우고 선적지로 간다. 기조는 옛부터 무역이 활발하였으므로 오늘날도 해안을 따라서 중국인의 후손들이 적지 않은 가게를 갖고 있다. 이들 가게에서 파는 것은 주로 옷(헌옷 포함), 신발(헌신발 포함),라디오 카셋, 석유 등잔, 성냥, 못, 바늘, 실, 낚시 바늘, 회중전등, 낚시줄, 플라스틱 그릇, 아이들 완구 등인데 물품의 질이 아주 떨어지는 것들만 모아놓은 것 같다. 그러나 서부주와 초이셀섬 주민들에게는 이 번화한 (?) 기조에 가 보는 것이 평생소원이다. 1983년에 초이셀섬의 마을을 카누를 타고 방문하면서 저녁에 마을 사람들과 이야기 하다보면 노인네들은 죽기 전에 기조에 한번 가 보고 싶다고 아주 소박한 소원을 말하였다.

2. 기조와 PT 109

케네디섬 인근에 있는 기조섬도 주변에 있는 벨라라벨라, 콜롬방가라섬들과 함께 태평양전쟁중 일본군이 상륙하여 주둔한 곳이다. 오늘날 기조 마을은 인구 3천명의 작은 마을이나 솔로몬 제도의 서부주의 주도(州都)이다. 마을 한 가운데 있는 스타디움에는 케네디 스타디움이라는 이름이 붙어있고 바닷가에는 현지인이 소유하고 경영하는 조그만 식당이 있는데 이름은 'PT 109'로서 식당외부 벽에는 PT 109의 모습이 그려져 있다.

2002년 5월, 서부 솔로몬의 작은 마을 기조는 갑자기 분주하게 되고 여러 통신사들의 주목을 받는 일이 일어났다. 그것은 대서양 깊은 바다에서 타이타

쿠마나와 데니 케네디

닉호를 찾아내고 미드웨이 해전때 침몰한 미해군 항공모함 요크타운을 태평양 바다 한가운데서 발견한 기록을 갖고 있는 수중탐사 전문가인 미국의 발라드(Robert Ballard) 박사팀이 PT 109의 잔해를 찾으려고 이곳에 왔기 때문이다. 특히 이 팀에는 케네디 대통령의 동생인 로버트 케네디 상원의원의 아들 맥스웰 케네디도 합류하여 와서 전쟁당시 케네디 중위를 구조해준 원주민을 만났다. 케네디는 대통령 취임식에 전쟁당시 자기를 구조해 준 원주민 두명, 쿠마나와 가사를 초대하였다. 그 절차는 당시 솔로몬 제도를 통치하던 영국 식민지 행정청을 통해 진행되어 이들 두명은 기조에서 호니아라에 도착하였다. 그러나 뜻하지 않은 엉뚱한 일이 일어났다. 이들을 만나본 영국 관리

DECLASSIFIED

DECLASSIFIED
ACTION REPORT

COMMANDER MOTOR TORPEDO BOAT SQUADRONS
SOUTH PACIFIC FORCE

SERIAL 006   JANUARY 13, 1944

LOSS OF PT 109 - INFORMATION CONCERNING.

PT 109 WAS ONE OF 15 PTS FROM RENDOVA UNED TO INTERCEPT ENEMY DESTROYERS IN BLACKETT STRAIT, NIGHT OF 1-2 AUGUST 1943.

64341

PT 109관련 비밀해제된 문서

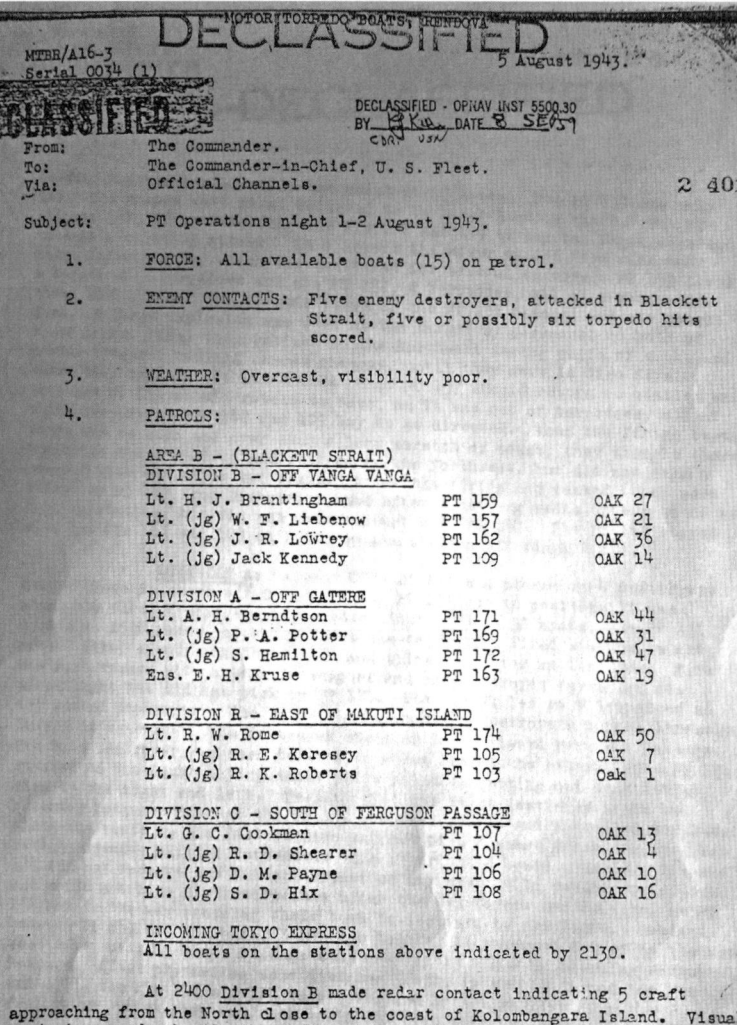

MTBB/A16-3
Serial 0034 (1)

DECLASSIFIED

5 August 1943.

DECLASSIFIED - OPNAV INST 5500.30
BY [signature] DATE 8 SEP 59

From: The Commander.
To: The Commander-in-Chief, U. S. Fleet.
Via: Official Channels.

2 401

Subject: PT Operations night 1-2 August 1943.

1. FORCE: All available boats (15) on patrol.

2. ENEMY CONTACTS: Five enemy destroyers, attacked in Blackett Strait, five or possibly six torpedo hits scored.

3. WEATHER: Overcast, visibility poor.

4. PATROLS:

AREA B - (BLACKETT STRAIT)
DIVISION B - OFF VANGA VANGA
Lt. H. J. Brantingham   PT 159   OAK 27
Lt. (jg) W. F. Liebenow   PT 157   OAK 21
Lt. (jg) J. R. Lowrey   PT 162   OAK 36
Lt. (jg) Jack Kennedy   PT 109   OAK 14

DIVISION A - OFF GATERE
Lt. A. H. Berndtson   PT 171   OAK 44
Lt. (jg) P. A. Potter   PT 169   OAK 31
Lt. (jg) S. Hamilton   PT 172   OAK 47
Ens. E. H. Kruse   PT 163   OAK 19

DIVISION R - EAST OF MAKUTI ISLAND
Lt. R. W. Rome   PT 174   OAK 50
Lt. (jg) R. E. Keresey   PT 105   OAK 7
Lt. (jg) R. K. Roberts   PT 103   Oak 1

DIVISION C - SOUTH OF FERGUSON PASSAGE
Lt. G. C. Cookman   PT 107   OAK 13
Lt. (jg) R. D. Shearer   PT 104   OAK 4
Lt. (jg) D. M. Payne   PT 106   OAK 10
Lt. (jg) S. D. Hix   PT 108   OAK 16

INCOMING TOKYO EXPRESS
All boats on the stations above indicated by 2130.

At 2400 Division B made radar contact indicating 5 craft approaching from the North close to the coast of Kolombangara Island. Visual contact was made shortly thereafter, by PT 159 which saw 4 shapes in column

Enclosure (A)

PT 109관련 비밀해제된 문서. DIVISION B (B 편대)에 PT 109와 케네디 중위 이름이 보인다.

는 이들의 영어가 부끄러울 정도로 형편없는 것을 발견하고 (영국 식민지의 체통때문이었는지) 영어 잘하는 다른 원주민을 선발하여 이들 대신 미국에 보냈던 것이다. 쿠마나씨가 케네디 중위를 구조할 때 그는 20대 청년이었으나 어느덧 세월이 흘러 2014년에 그는 96세에 세상을 떠났다.

일본 구축함과 충돌하여 어뢰정이 두쪽으로 갈라지자 케네디는 부하들을 이끌고 헤엄치며 앞서 언급한 바와같이 케네디섬 근처에 있는 올라사나 섬과 나루섬에도 상륙하였다. 케네디섬 앞바다에서 벌어진 수중탐사를 통하여 탐사팀은 두 쪽으로 갈라진 PT 109의 선체(합판으로 만들어짐)는 인양하지 못했으나 케네디섬 동쪽 4km 바다밑 374m 지점에서 어뢰발사관(마크 18형) 2개 가운데 1개와 어뢰(마크 8형) 1개를 찾아내었다. 발라드 박사팀은 원격조종 수중 차량을 이용하여 어뢰를 집어 올리려고 하였으나 어뢰가 들어있는 어뢰 발사관이 PT 109 선체에 너무 강하게 고정되어 있으므로 인양을 포기하고 PT 109가 그대로 수중 전쟁묘지로 남아있도록 조치하였다. 필자는 기조에서 스쿠버 다이빙숍을 하고 있는 미국인 대니 케네디(Danny Kennedy)씨를 20여년 전에 기조에서 만난 적이 있다. 케네디 대통령과 성(姓)만 같을 뿐 아무 인적 관련이 없는 대니 케네디씨는 기조 현지에서 개인사업을 하는 한편 PT 109에 대한 미 해군의 기록자료(공식적으로 비밀해제 된 15장)를 바탕으로하여 솔로몬 군도 현지에서 장기간 깊은 조사연구를 하여 솔로몬 정부에 제출하기도 하였다. 대니 케네디씨가 얻은 비밀해제 기록문서 15장 가운데 2장을 본서에 실었다. 그는 발라드 박사팀이 기조에 도착하였을 때 함께 PT 109 선체 발견을 위한 수중 탐사작업을 하였다.

3. 물 속의 도아마루

1943년 1월 말, 뉴브리튼섬의 일본군 기지인 라바울 항구를 빠져나간 일본군 수송선 도아마루(東亞丸)는 선수를 동쪽으로 향하여 남태평양의 푸른 파도를 가르며 항진하고 있었다. 그러나 탄약과 보급품을 가득 실은 이 배가 뉴아일랜드섬의 밑부분 앞을 통과할 때 섬에 숨어서 일본군의 움직임을 살피고 있던 연합군 연안감시원에게 발견되었다. 연안감시원은 즉시 이 사실을 과달카날에 있는 헨더슨 비행장에 무전으로 연락하였다. 이 사실을 모르는 도아마루는 부겐빌섬을 지나 초이셀섬 앞바다를 따라 내려오면서 목적지인 콜롬방가라섬을 향하여 전속력을 내었다. 이제 조금만 가면 일본군이 주둔하고 있는 기조, 벨라라벨라섬을 지나 콜롬방가라섬에 도착하게 된다. 콜롬방가라섬의 남부해안에 있는 빌라 마을에는 당시 일본군의 보급시설이 있었으므로 도아마루는 이곳에 탄약,무기와 보급품을 내려놓기 위해 항해하고 있었던 것이다. 그리고 이곳에서 그다지 멀지 않은 기조에 주둔하고 있는 일본군은 기조 항구에 병력과 보급품 수송에 필요한 발동선과 소형 선박을 수리하는 시설을 해 놓았다. 그러므로 미군기들은 수시로 날아와 기조를 폭격하였으므로 마을 안에 있던 건물은 많이 파괴되었다. 한편 헨더슨 비행장의 미군 해병 항공대는 도아마루가 돈틀리스 급강하 폭격기의 사정거리 안에 들어 오기만을 소리없이 기다리고 있다가 1월 25일, 드디어 출격하였다. 헨더슨 비행장을 이륙한 12대의 돈틀리스 폭격기들(제142 비행대대)과 이들을 호위하는 제112 비행대대 소속 8대의 F4F 와일드캣 전투기들은 기수를 서쪽으로 향하며 편대를 이루었다. 그러나 곧 전투기 두 대는 기계 고장 때문에 도중에 헨더슨 비행장으로 돌아갔다. 돈틀리스 폭격기는 1942년 6월초 벌어진 미드웨이 해전에서 일본 해군 항공모함 4척을 격침하는데 결정적인 큰 공을 세운 비행기이다. 미군기들이 기조가 멀리 보이는 위치에 접근하자 도아마루도 미군기를 발견하고서 콜롬방가라로 향하던 선수를 돌려 대피하기 위해 가까운 기조방향으로 달아나기 시작하였다. 도아마루 상공에서 수송선의 호위를 위해 날고있던 일본군 제로전투기와 수상 비행기 편대도 접근하고 있는 미군기를 발견하고서 공중전을 위해 보조 연료탱크를 떨어트리며 미군기를 향하여 달려들었다. 와일드캣 전투기가 일본 전투기와 싸우는 동안 돈틀리스 폭격기 편대는 기조섬으로 달아나고 있는 도아마루에 급강하 폭격을 하였으나 폭탄은 제대로 명중되지 않고 배 근처 바닷물 위에 큰 물줄기를 일으키며 떨어졌다. 그러나 드디어 폭탄 한 발이 배의 왼쪽 앞부분에 명중하여 터지면서 큰 구멍을 배 옆면에 만들자 그 구멍으로 바닷물이 밀려 들어와 앞부분에 있는 화물칸 세 곳이 물속에 잠기기 시작하였다. 그리고 폭격기에 이어서 폭격기 엄호가 임무인 전투기들도 도아마루 공격에 가담하였다. 일부 전투기가 제로전투기와 공중전을 벌리는 동안 다른 전투기들은 도아마루 위에 낮게 내려가면서 기총소사를 하였다. 이 전투에서 전투기대 지휘관이던 드블랑(Jefferson DeBlanc) 중위는 적 전투기 3대와 수상 비행기 2대를 격추시켰다. 그러나 그의 비행기도 일본 전투기의 기관총에 맞아서 바다에 떨어졌다. 부상을 당한 상태로 바다에 빠진 그는 6시간 동안 헤엄을 쳐서 일본군이 점령하고

도아마루에 스쿠버다이빙으로 들어가는 필자

있는 콜롬방가라섬에 도착하여 정글 속에 숨어 있다가 원주민들의 도움을 받아 2주 후에는 헨더슨 비행장에 돌아왔다. 이날 펠리턴(James Feliton) 중위의 전투기도 격추되어 콜롬방가라섬의 정글에 떨어졌으나 그 역시 운좋게 살아남아 헨더슨 비행장에 귀환하였다.

후일 대령으로 퇴역한 드블랑 중위는 50년이 지나 솔로몬 제도를 여러차례 방문하였고 수송선에 기총소사를 하면서 공격하던 당시 상황을 마치 얼마 전에 일어난 일처럼 실감나게 필자에게 이야기해 주었다. 도아마루 공격시 보여준 그의 용감한 행동에 대해, 미국 의회는 그에게 군인에게 주는 가장 귀한 훈장인 의회 명예훈장을 수여하였다.

오늘날, 기조 항구의 동북쪽에 있는 콜롤루카(Kololuka)섬이 감싸고 있는 만 속에는 드블랑 중위의 미군 항공기 편대에 의해 침몰한 도아마루가 항상 파도가 없이 잔잔한 얕은 물속에 오른쪽으로 넘어져 누워있다. 그러므로 이 배를 보려고 호주나 뉴질랜드에서 많은 스쿠버 다이버들이 이곳을 찾고 있다. 태평양전쟁이 일어나기 3년전인 1938년 12월 8일, 일본의 나가사키에서 진수된 도아마루는 화물과 여객을 함께 운송하는 길이 140m, 6,732톤급의 큰 배이다. 그러나 전쟁이 일어나자 이 배는 곧 일본 해군에 징발되어 전선에 군수품과 병력을 운반하는데 사용되었다. 배의 앞부분에 있는 3개의 화물칸과 뒷부분에 있는 3개의 화물칸에는 지금도 트럭, 95식 전차, 75mm 고사포탄과 탄약, 대포, 오토바이, 폭탄, 의약품(주사기 등), 사무용품, 맥주, 일본 술병, 시멘트 등이 그대로 실려져 있고 그 위를 이름 모를 형형색색의 아름다운 산호초가 덮고 있다. 95식 전차 옆에는 전차궤도가 벗겨져 둥근 쇠바퀴가 흩어져있으며 오토바이는 좌석 위에 산호초가 너무 많이 붙어있어 형체를 잘 알아볼수 없을 정도다. 배는 경사진 바다속 바닥에 침몰하여 앞부분은 물속

7m, 뒷부분은 수면에서 37m 속에 있으므로 물속에 들어가 어렵지 않게 볼 수있다. 배의 뒷 갑판에 설치했던 고사포는 배가 오른쪽으로 기울어지는 바람에 갑판에서 떨어져 나와 물속 모래 위에 놓여져서 마치 공격해오는 미군기를 겨누듯이 아직도 포신을 하늘로 향하고 있다. 배 한가운데 있는 브릿지는 2002년 4월, 쇠가 부식되어 완전히 옆으로 내려앉는 바람에 그 뒷부분에 있던 굴뚝도 이제는 물밑 모래사장에 떨어져 나둥글고 있다. 필자가 산소통을 메고 이 배 속에 들어간 날은 날씨가 아주 맑아 태양광선이 바닷물을 뚫고 들어와 바다속을 환하게 비쳐주는 바람에 선체 전부를 볼수 있었다. 비록 산호초가 배 전체를 겹겹이 싸고 있지만 산호초 사이로 바깥쪽의 철판을 자세히 보면 철판의 산소용접 연결부위도 어렵지 않게 찾아 볼수 있다. 화물칸 마다 세워져있는 큰 작업용 기중기는 배가 기울어져 있으므로 모두 옆으로 누워있는데 햇빛이 투과되는 파란 물속에서는 이 모습이 마치 허공을 향해 긴 포신을 올리고 있는 장거리포처럼 보인다. 물론 산호초는 기중기라고해서 가만 남겨두지 않고 길이 전체를 어떻게보면 징그러울 정도로 두껍게 감싸고 있다. 배가 오른쪽으로 넘어져 있으므로 경사진 갑판을 조사하다보면 갑판을 덮어 붙어 있는 산호초 때문에 마치 바다속에 있는 바위절벽을 보는 느낌이다.

배의 앞부분 오른쪽에 있는 닻 옆에는 영어로 크기 50cm 정도의 T자가 보인다. TOA MARU 의 첫 글자이나 다른 글자들은 산호초가 덮어버려 보이지 않는다. 기조에는 이 수송선 이외에도 태평양전쟁의 유물이 적지않게 남아있다. 일본군 제로전투기 한대는 해안근처(기조 항구 카누 정박소에서 15m 떨어진 곳에) 물속에 빠져있고 좀 더 나가면 미군의 F6F 헬캣 전투기와 F4U 코르세어 전투기도 얕은 바닷물 속에서 조용히 태평양전쟁을 증언해 주고 있다. 전투기들이 빠져있는 바로 위의 거울같은 수면에는 원주민 아이들이 집에 있는 조그만 나무 카누를 타고 나와 노를 저으며 놀고 있다

헨더슨 비행장에서 드블랑 대령과 필자. 대령이 손에 들고 있는 것은 필자가 선물한 한국공군의 빨간 마후라

    도아마루가 격침되고 6개월이 지난 1943년 7월 23일, 돈틀리스 급강하 폭격기 편대가 일본군이 방어하고 있는 문다 비행장 근처에 일본군 대공포 진지 상공에 나타났다. 이날 공격에서 도티(James Dougherty) 중위는 목표물 상공에 이르자 최대 속력으로써 거의 수직으로 일본군 진지를 향하여 내려오면서 450kg 짜리 폭탄을 투하하였다. 폭탄이 폭격기로부터 떨어져 나가는 것과 거의 동시에 도티 중위는 엔진 우측부분에서 큰 둔탁음이 들리는 것을 느꼈다. 일본군의 고사포탄 파편이 날아와 맞은 것이었다. 순간, 엔진 오일이 분수처럼 터져 나오면서 조종석이 있는 캐노피를 덮어버렸다. 그리고 연이어 엔진에서 불꽃이 나오면서 검은 연기가 중심을 잃고 요동하기 시작한

기체를 덮었다. 엔진오일 때문에 앞을 볼수 없는 도티 중위는 뒷좌석에 앉아 있는 기관총 사수 버나드(Robert Bernard) 상사에게 기체를 가볍게 하기 위해 기관총을 기체에서 떼어내 버리라고 소리쳤으나 불이 붙은 기체 속에서 버나드 상사는 기관총을 떼어낼 수 없었다. 도티 중위는 앞이 제대로 보이지 않는 상황에서 절망적인 상황을 알아채고 미군이 한달 전에 점령한 렌도바섬 쪽으로 기수를 돌려 바다 위에 내리기로 작정하였다. 도티의 돈틀리스는 마치 항공모함 갑판에 내리기라도 하듯이 뒷 꼬리 부분에 있는 훅(항공모함 갑판에 내릴 때 속력을 줄이는 장치)을 내리고 수면에 뒷부분부터 바닷물에 부딪히고 연이어 앞부분을 부딪히며 멋있게 살짝 바다 위에 내렸다. 그러나 충격 때문에 도티는 계기판에 머리를 심하게 부딪혔다. 정신을 차리고 비행기가 잠시 그때까지도 바닷물 위에 떠있는 동안 도티와 버나드는 소형 고무 구명보트에 공기를 넣은 뒤 이것을 타고 렌도바섬으로 노를 저어갔다. 도티는 자신의 돈틀리스가 60m 깊이 물속에 빠졌다고 생각했다. 그러나 전쟁이 끝난 뒤 오랜 세월이 지난 1991년에 물속에서 고기를 잡던 솔로몬 원주민들이 이 비행기를 발견했다. 그리고 이 소식은 몇 년이 지나면서 여러 사람을 통해 태평양을 건너 미국 샌프란시스코에 있는 도티 중위에게 전해졌다. 자신의 비행기가 15m 깊이 물 속에 아직도 그대로 놓여있다는 믿기 어려운 소식을 전해 들은 도티는 아내와 딸을 데리고 1995년에 전쟁당시 자기가 격추당했던 현지를 찾았다. 수십 년동안 조종석은 이미 형형색색의 산호초로 덮여 열대어들의 보금자리가 되었고 양쪽 날개도 해초와 산호초에 싸여 형태만을 유지하고 있었다. 이미 75세의 노인이 되어 버렸고 한번도 스쿠버 다이빙을 해본 경험이 없었지만 옛 전쟁터에 돌아온 도티는 주위의 반대를 무릅쓰고 산소통을 메고서 바다 속에 들어가 젊은 시절 애기(愛機)의 조종석에 들어가 앉았다. 만 52년이 된 1995년 7월 23일이었다. 이런 류의 이야기들이 솔로몬 제도와 뉴기니에는 상당히 많아 이런 것만 써도 책 서너권이 나올수 있는 분량이다. 케네디 중위가 싸우던 곳을 더욱 실감나게 묘사하려고 도아마루와 도티 중위 이야기도 첨가하였다.

4. 기조 항구의 저녁노을

  기조 마을 뒤편 언덕에 올라가면 기조 항구가 한눈에 들어오고 항구를 막아주고 있는 누사타페섬(섬 전체가 비행장임)도 보이고 그 뒤에는 후일 미국 대통령이 된 케네디가 해군 중위때 상륙했던 조그만 케네디 섬도 보인다. 필자가 언덕 위에 올라갔을 때에는 석양이 바다 속으로 자취를 감추려고 하였다. 태양이 완전히 모습을 감추자 잠시후 전형적인 남태평양의 조그만 항구, 기조를 붉게 물들이던 저녁 노을은 파란 에머랄드 빛 수면을 순식간에 붉은 루비 빛으로 물들이고 있었다. 필자는 이마에 난 땀방울을 닦는 것도 잊고 너무나도 아름다운 광경에 잠시 숨을 죽였다. 그 다음해 필자는 사모아(독립국)를 방문하여 아피아 항구를 내려다보는 곳에 집을 짓고 살고 있던 영국의 시인이며 '보물섬'의 작가인 스티븐슨의 집이 있는 바일리마(Vailima) 언덕에 올라 비슷한 석양을 보았다. 그 역시 필자가 기조에서 본 석양을 바일리마 언덕에서 수도 없이 보며 작품을 구상했겠구나 생각해 보았다. 스티븐슨은 남태평양에 매료되어 여생을 남태평양에서 보내고 죽어서도 유언대로 바일리마 언덕 근처 산 위에 묻혀있다. 그의 미국인 부인도 몇 년 후에 세상을 떠나 사랑하는 남편곁에 묻혔다. 이렇게 낭만으로 가득차고 아름다운 남태평양의 한 가운데서 미국과 일본은 수많은 군함들과 항공기들을 동원하여 건곤일척(乾坤一擲)의 사투를 벌였다는 것이 서로 매치가 되지 않는다.

• 제7장
케네디, PT 59정장으로

1. 다시 전투에 나가다

　케네디가 구조되어 툴라기 기지의 야전병원에 후송되어 3주 동안 쉬면서 건강을 회복하자 그는 상관에게 다시 전장에 보내달라고 간청하였다. 이에 케네디는 클러스터(Alvin Cluster) 소령이 지휘하는 제2 어뢰정 전대 소속 어뢰정 PT 59의 정장으로 임명되어 다시 전투현장에 나가게 되었다. PT 59는 전형적인 어뢰정 PT 109와 달리 툴라기섬의 어뢰정 기지에서 포함 형태로 개조된 어뢰정이었다. 즉, PT 109보다 더 오래전에 건조된 PT 59의 선체는 그대로이나 어뢰발사관 4개와 20mm 올리콘 기관포를 제거하고 대신 40mm 포와 6문의 0.5인치(12.7mm) 기관총을 장착하였다. 당시 툴라기섬이 위치한 플로리다 제도에는 미 해군 수리선이 닻을 내리고 함정 수리작업을 하면서 PT 59 개조작업을 도와준 것이다. 미군은 서부 솔로몬 제도의 여러 섬에 고립되어 있는 일본 육군에 야음을 이용하여 보급품을 운송하는 일본군 바지선을 공격하려는 목적으로 이렇게 일부 어뢰정을 개조하였다. 값싼 바지선을 공격하려고 비싼 어뢰를 사용하지 않고 40mm 포를 사용하려고 한 것이다. 원래 일본군은 이들 섬에 있는 일본군에게 바지선으로 보급품과 병력을 보냈으나 속력이 느려서 주간에 미군 항공기에 발견되어 공격을 받았으므로 고속 구축함을 이용하는 방법으로 바꾸었다. 그러나 1943년 8월 6일 밤에 보급품과 병력을 운반하던 일본 구축함 4척 가운데 3척이 레이더를 사용하는 미군 구축함들의 포격을 받아 침몰하자 일본군은 구축함 운송방법을 포기하고 다시 바지선을 사용하기 시작하였다. 그러므로 미군은 일본군 바지선 파괴를 목적으로 PT 59를 개조한 것이다. PT 109에서 케네디와 함께 근무하였던 2명의 소위를 포함한 승조원들은 5명의 수병(Maguire, Mauer, Kowal, Drewitch, Drawdy) 만을 제외하고 이미 다른 곳으로 전출되었으므로 케네디는 PT 59에 필요한 승조원을 다시 모집하였다. 톰 소위는 승진하여 다른 PT정장을 맡았고 로스 소위는 다른 PT정의 부(副)정장이 되었다.

1961년에 대통령으로 취임한 케네디는 즉시 로스 소위를 백악관에 대통령 보좌 청년범죄위원회 위원으로 임명하였다. 케네디와 마찬가지로 해군·해병 훈장을 받은 톰 소위는 케네디가 매사추세츠주에서 연방하원의원 선거운동을 할 때인 1946년 10월 5일, 오하이오주에서 교통사고로 사망하자 케네디는 선거운동을 중지하고 장례식에 달려가 부하이며 전우의 죽음을 애석해 하였다.

PT 59의 개조작업이 끝나자 케네디는 1943년 10월 9일에 PT 59를 몰고서, 몇 달 전에 PT 109를 몰고 서부 솔로몬 제도에 갈 때와 동일한 경로로 도중에 러셀 제도에 들려 하룻 밤을 보내고 10월 10일에 룸바리아 기지로 출발하였다. 1주를 룸바리아에서 보낸 뒤 10월 18일, 케네디는 벨라라벨라섬 동부해안 중간지역에 있는 람부람부(Lambu Lambu)만에 미군이 새로이 만든 어뢰정 기지에 도착하였다. 과달카날섬에서 시작한 미군의 반격작전은 러셀섬과 뉴조지아섬, 렌도바섬, 기조섬을 차례로 점령하면서 북상하여 드디어 일본군이 수비하고 있던 벨라라벨라섬도 점령함으로써 새로운 최전방 어뢰정 기지가 벨라라벨라섬의 북부에 만들어진 것이다. 이곳에서 케네디는 콜롬방가라섬 서북쪽에 있는 초이셀섬 해역까지 초계활동을 하였다. 벨라라벨라섬의 북부에서 초이셀섬 남부는 육안으로는 보이지 않는다. 케네디는 해군에 입대한 뒤 항상 최전방 근무를 자청하였다. 그러므로 그는 당시 격전지 과달카날섬에 배치되었고 전선이 북상하면서 가장 최전방 어뢰정 기지인 룸바리아섬에, 그리고 이어서 가장 최전방 어뢰정 기지인 람부람부에서 스릴에 찬 어뢰정 근무를 계속한 것이다. 벨라라벨라와 초이셀 사이의 해역에서 작전임무를 수행하면서 PT 59는 일본항공기로부터 두 번이나 공격을 받았으나 경미한 피해만 입었고 같은 기간 동안 PT 59는 초이셀섬의 일본군 발동선 기지인 초이셀만을 봉쇄하고 야간에 초이셀만에서 나와 은밀하게 이동하는 일본군 발동선에 기관총과 40mm 포로써 큰 피해를 입혔다.

한편 PT 59가 벨라라벨라섬에 도착하고 10여일 뒤인 10월 27일에 크룰락(Victor Krulak) 중령이 지휘하는 미 해병 제2 공수대대 725명이 초이셀섬 서부 해안 북부에 있는 보자(Voza) 마을에 상륙하였다. 당시 초이셀섬과 초이셀섬 서북부에 있는 부겐빌섬에는 일본군이 주둔하고 있었는바 주력부대는 부겐빌섬에 주둔하고 있었다. 그러므로 부겐빌섬 주둔부대를 격려차 야마모도 이소로쿠 연합함대 사령관이 1943년 4월에 라바울 기지에서 부겐빌을 향하여 육상공격기(폭격기)를 타고 비행하던중 남부 부겐빌 상공에서 미리 항공매복중이던 미군 P38 전투기 편대의 공격을 받고 부겐빌섬의 정글속에 추락하여 전사하였다. 부겐빌섬은 상당히 크나 여기에 비해 제주도 2배 크기의 초이셀섬은 작으므로 일본군은 초이셀섬에는 소규모 병력을 배치하였다.

2. 초이셀섬 양동작전

미군은 부겐빌섬의 서해안 앰프레스 아우구스투스(Empress Augustus) 만에 11월 1일에 상륙하려는 작전을 계획하고 있었는바 일본군을 기만하려고 방금 앞서 언급한대로 초이셀섬 중부해안에 크룰락 중령이 지휘하는 해병대를 상륙시켜 일본군의 관심을 초이셀섬으로 돌리게 하였다. 즉, 미군의 부겐빌 상륙작전 계획을 숨기려고 양동작전을 실시한 것이다. 그리고 미군이 부겐빌에 상륙한 11월 1일에 미 해병 1개중대(G중대)가 초이셀섬의 서북부 끝에 있는 초이셀만에 상륙하였다. 그러나 상륙한 이후 섬의 내륙으로 정찰목적으로 들어간 해병대 G중대는 일본군에게 포위되어 해안으로 탈출시도를 하였다.

초이셀만을 감싸고 있는 타로(Taro)섬. 활주로가 섬 전체를 가로 지르고 있다. 사진 오른쪽 방향이 누키키 마을. 케네디는 이 지역을 초계하며 일본군의 출입을 봉쇄하였다. 사진 오른편 육지가 타레파시카이다. 사진 육지 정중앙이 수이강 입구(움푹 들어간 곳)이다.

포위된 G중대를 구출하려고 부대대장 비거(Warner Bigger) 소령이 이끄는 87명의 해병은 초이셀만의 타레파시카(Tarepasika) 해변에 설치되어 있는 일본군 방어진지에 포격을 하면서 타레파시카로부터 바로 남쪽에 있는 조그만 누키키(Nukiki) 마을 방향으로 내려와 포위된 G 중대와 워리어강(Warrior River) 입구에서 만났다. 타레파시카와 누키키 마을 사이에 있는 워리어강은 원주민들이 비람비라(Birambira) 강이라고 부르며 이름만 강이지 실제로 가보면 조그만 실개천에 불과하여 개천의 바닥이 낮다. 그러므로 아웃보드 엔진을 붙인 조그만 보트는 운행할 수 없고 원주민이 사용하는 카누(나무 한 가운데를 파냄)에 노를 저으면서 간신히 지나갈 수 있다. 반면 타레파시카 북쪽을 흐르는 수이강(Sui River)은 폭도 제법 넓고 수심이 깊어 아웃보드 엔진을 붙인 보트가 강끝까지

상공에서 본 타로섬, 사진 왼편이 초이셀만. 타로섬 비행장은 태평양전쟁이 끝나자 다시 돌아온 영국 육군 공병대가 만들었다.

초이셸섬

운행할 수 있다. 필자는 이 지역을 1983년부터 삼림조사(수종, 축적량 등)와 도로건설 조사를 하기 위해 원주민들을 데리고 여러번 다녔고 수이강을 따라서 끝까지, 그리고 워리어강 입구를 아웃보드 엔진을 붙인 소형 보트를 타고 100회 이상 다녔다. 수이강에는 악어가 서식하므로 보트를 타고 다닐 때 쉽게 만날 수 있다. 1980년대 초에도 넓은 타레파시카에는 주민이 한 명도 살지 않았고 누키키 마을에는 50명 정도의 주민이 살고 있었다. 그러므로 케네디 중위가 이 지역 앞바다에서 초계임무를 할 때는 주민이 거의 없었다고 하여도 과언이 아니다.

3. 포위된 아군 구출

병력수가 많은 일본군의 포위망을 뚫어 위리어강 입구에 도착한 해병대는

초이셀만과 누키키 마을(사진 아래)

일본군의 공격이 거세지자 크룰락 중령은 과달카날에 있는 해병대 사령부에 지원요청을 하였고 사령부는 즉시 람부람부만에 있는 어뢰정 기지에 어뢰정을 출동시키라는 지시를 하였다. 이 지시를 받고 케네디의 PT 59와 PT 236이 출동하였다. 람부람부만 어뢰정 기지는 작은 규모였으므로 어뢰정의 연료인 항공유가 부족하여 PT 236은 초이셀까지 왕복연료를 실었으나 PT 59는 왕복운항에 소요되는 충분한 연료를 싣지 못한 채 700 갤런(Gallon, 1갤런은 약 4리터)만 싣고 출발하였다(PT는 최대 3천 갈론의 항공유를 실을 수 있음). 케네디는 누키키 남쪽에 있는 보자 마을에 도착하여 그곳에 해병대와 함께 있던 PT 105 어뢰정장 케레시(Dick Keresey) 중위를 만났다. 케레시 중위는 미군이 초이셀섬을 점령하면 어뢰정 기지에 적합한 곳을 선정하려고 해병

초이셀만에서 누키키 마을로 가는 바닷길. 사진 오른쪽 방향이 누키키 마을 입구로서 수심이 낮고 암초가 많다. 사진 가장 왼쪽에 보이는 섬은 타로

대와 함께 보자에 상륙하였던 것이다. PT 59에 올라온 케레시는 케네디를 워리어강 입구까지 안내해 주었다. 이때 해병대를 워리어강에서 철수시키려고 상륙용 주정 3척이 PT 59와 함께 이동하였다. 이들 주정에는 해병 1개 분대가 기관총을 갖고 승선하여 워리어강 입구에 도착하자 일본군을 향하여 기관총 사격을 함으로써 철수하는 해병대를 엄호해 주었다. 필자는 소형보트를 타고 초이셀만을 나와서 누키키와 보자 중간에 있는 몰리(Moli) 마을에 갈 때 워리어강 입구를 지날 때마다 바다밑이 너무 투명하여 바다의 수많은 바위들이 보이므로 남태평양의 바다에 대해 감탄하곤 하였다. 특히 바다가 잔잔할 때는 바다 표면 1m에서 5m 까지 올라와 바다밑을 점령하고 있는 갈색 바위들의 모습이 장관이다. 이것은 어디까지나 여행자의 시각에서 본 것이고, 이

워리어강(비람비라강) 하구에서 원주민들과 필자 (2009년 2월)

곳을 운항하는 선박회사의 입장에서 보면 이 곳은 해상사고가 언제든지 쉽게 일어날 수 있는 곳이다. 그러므로 현지의 수십톤 되는 배나 100톤 이상되는 연락선(승객과 화물을 실음)은 이 앞바다를 지날 때에는 물속의 바위와 충돌을 피하려고 해안에서 수 Km 떨어져 운항한다. 서너 명이 타는 조그만 보트 조차 이곳을 지날 때에는 속력을 줄이고 보트 맨 앞에 사람이 앉아서 바다속을 보면서 보트 뒤에 아웃보드 엔진을 조종하는 사람에게 손을 들어 안전한 통로를 알려준다. 이러한 현지 바다밑 지형을 잘 모르는 미군은 워리어강 입구에서 비가 오는 야간에 철수작전을 하다가 상륙용 주정 세척 가운데 한 척이 바다 밑 암초 위에 올라가 버렸다. 다른 한 척이 구조하려고 하였으나 파도가 높고 그 상륙용주정에도 많은 인원을 태우고 있어 무게 때문에 구조작업

작전중인 PT 105

에 어려움을 겪었다. 결국 상륙용 주정 2척과 어뢰정 2척에 병력을 태우고 보자까지 안전하게 철수 할 수 있었다. 케네디는 부상자들과 케레시 중위를 태워 해병대의 철수작전이 성공적으로 끝나는데 기여하였다. 케레시와 부상자을 태우고 람부람부만을 향해 밤바다를 달리던 PT 59는 새벽 3시경 연료가 소진되어 도중에 바다 위에 떠 있었으나 람부람부 기지에서 출발한 보트가 PT 59를 견인하여 람부람부에 도착하였다. 태평양전쟁이 끝나고 케레시 중위는 남태평양에서 어뢰정장으로서 자신이 경험한 내용을 'PT 105'라는 제목으로 발간하였는바 그 책 속에 PT 59 정장 케네디 중위를 만난 이야기를 저술하였다. 일반적으로 케네디가 태평양전쟁중 솔로몬 제도에서 일본군과 싸운 것에 대해 PT 109를 타고 싸웠던 것만 주로 알려져 있다. PT 109를 타고 죽음의 순간에서 벗어낫기에 PT 109는 유명하게 되었으나 그 후 PT 59의 정장이 되어 활약한 것은 거의 알려지지 않고 있으나 본서에서는 PT 59정장으로서의 활약에 대해서도 언급한다.

4. 초이셀에서 기조까지

특히 케네디가 두 척의 어뢰정장으로서 스릴 넘치는 임무를 수행하였던 바로 그 지역에서 필자는 회사업무로 1980년부터 2009년까지 근무하였다(이 29년에는 본사 근무와 남아메리카 근무기간도 포함되어 있어 실제로 솔로몬 제도에 체류하였던 기간은 약 20년이다. 그러나 20년도 짧은 기간은 아니다). 이 기간중 필자는 케네디가 지나간 행적을 회사일을 통해 자연히 찾아가게 되었다. 예를 들면 케네디가 앞서 나온 초이셀섬의 워리어강 입구에서 벨라벨라섬의 람부람부까지 1,200마력 엔진 3대를 장착한 PT정을 타고 2시간 만에 항해한 코스를 필자는 15마력의 작은 아웃보드 엔진을 장착한 소형 파이버글라스 보트(길이 7m, 폭 1m)를 타고 같은 지점에서 새벽 3시에 출발하여 람부람부 앞바다를 지나 기조섬까지 8시간동안 논스톱으로 망망한 바다를 남대문 시장에서 구입한 미 육군용 나침판 하나 갖고 항해한 적도 있다. 이런 소형보트를 타고 이 바다를 가로지른 것이 한 두 번이

해군·해병 훈장을 받는 케네디 중위. 왼편은 콘클린(Frederick Conklin) 대령

케네디 중위의 해군·해병 훈장 기념우표 (솔로몬 제도)

자기를 구해준 원주민과 작별하는 케네디 중위 기념우표 (솔로몬 제도)

아니다. 대낮에도 초이셀섬에서 벨라라벨라나 기조섬은 거리가 멀어 보이지 않는다. 서너 시간을 달리면 멀리 벨라라벨라섬이 보인다. 그러면 좀 안도가 된다. 파도가 심하거나 만에 하나 이웃보드엔진이 고장나는 날에는 생명의 위험에 직면하므로 현지인들도 겁이나 이런 시도를 하지 않으나 필자는 젊은 나이에 모험심으로 여러 번 시도하였다. 처음에는 이러한 바다를 조그만 보트로 건너는 것을 엄두조차 못내었으나 1983년, 하루는 보자 마을에서 토지 소유자들과 협상하고 있는 중에 영국인 한 명이 조그만 보트를 타고 도착하는 것을 보았다. 알고 보니 기조에 있는 조그만 병원에서 일하는 영국인 의사였다. 그는 보자 마을 주민 한명의 병 상태가 위급하다는 무전 연락을 받고 생명을 걸고 바다를 건너 보자에 도착한 것이다. 그 모습을 보고 필자도 "영국인도 하는 데 내가 못 할게 뭐냐"는 마음이 생겨 조그만 보트를 타고 1983년도에

PT 109 충돌 50주년 기념우표(솔로몬 제도)

처음으로 북부 초이셀섬에서 기조까지 원주민 한명(아웃보드를 보트 뒤에 앉아서 조종하는)과 함께 바다를 건너갔다. 한편, 죽어가는 환자를 살리기 위해 생

명을 걸고 바다를 건너온 젊은 영국인 의사를 보면서 "저 사람은 진짜 의사구나" 하는 생각을 하였다. 최근 대한민국 의료의 미래를 만드는 것에는 관심이 없고 오직 의사의 특권에만 매달리는 의대생들을 보면서 42년 전에 초이셀섬에서 본 멋있는 영국 의사가 불현듯 생각난다.

벨라라벨라섬의 북부를 오른편에 두고 지날 때는 멀리 앞 좌측에 콜롬방가라섬이 보이기 시작한다. 그리고 한시간 정도 더 달리면 오른쪽에 기조섬이 완연히 나타나고 렌도바섬이 멀리 조그맣고 희미하게 나타난다. 물론 이 지점에서는 케네디의 어뢰정기지가 있던 룸바리아섬이나 케네디가 부하들을 데리고 수영해서 상륙한 플럼푸딩섬은 너무 작아 보이지 않는다. 기조섬에 도착할 즈음이면 조그만 플럼푸딩섬이 보이고 케네디의 PT 109가 침몰한 위치도 콜롬방가라섬을 배경으로 정확하게 보인다. 이 정도면 필자가 케네디의 솔로몬 제도에서의 전쟁이야기를 책으로 저술 할 자격이 있지 않겠는가? 그래도 이미 케네디와 PT 109에 대한 책이 여러 권 미국과 일본에서 발간되었으므로 필자같은 사람이 구태여 반복하여 쓸 필요는 없을 것이라는 생각이 들어 필자는 케네디와 PT 109 관련 책을 쓸 생각을 하지 않았다. 그러나 케네디에 관련된 책을 저술한 미국인이나 일본인 저자들 대부분이 케네디가 싸웠던 현장을 직접 찾아가지 않고 자료에 의존해서 쓴 것을 알게 되었다. 저자들 가운데 미국인 저자 한 명은 케네디 책을 저술하면서 솔로몬 제도의 과달카날, 렌도바, 룸바리아. 플럼푸딩, 콜롬방가라, 뉴조지아. 몰리 마을(초이셀섬)을 직접 방문하였으나 그 저자의 책 속에는 전쟁당시 케네디에 관련한 기록 사진과 전쟁 이후 대통령이 된 케네디의 사진 여러 장만 들어있을 뿐 아쉽게도 전쟁이 끝난 뒤 그가 직접 방문한 케네디 관련된 솔로몬 제도의 현지 사진은 한 장도 들어 있지 않다. 그러므로 필자는 케네디가 싸웠던 곳과 관련된 현장을 방문하면서 직접 촬영한 사진 100여장을 넣어 독자들에게 피부로 전투현장을 더 실감나게 보여주려고 전쟁의 당사자인 미국인이나 일본인이 아님에도 불구하고 이 책을 저술하게 되었다(어떤 독자들은 이런 사진에도 관심이 많으므로).

한편, 당시 초이셀섬에 상륙한 해병대 대대장 크룰락 중령은 철수작전시 케네디 중위를 초이셀섬 해안에서 만났고 그 후 해병대 장군이 된 크룰락은 케네디가 대통령이 된 후에 백악관에서 다시 재회하였다.

케네디 중위는 1943년 10월 20일, 즉, PT 59정장으로서 벨라라벨라섬의 람부람부 기지에서 초이셀 해역까지 초계임무를 하는 동안 해군 대위로 승진하였다. 그리고 대장염과 어뢰정 충돌시 입은 등뼈부상의 악화로 귀국하여 병원에서 치료를 받는중 PT 109 침몰시 보여준 용기와 리더십에 대해 해군으로부터 1944년 6월 11일, "해군과 해병대 무공훈장(Navy & Marine Corps Medal)"을 받았다. 케네디는 전투중 전사 또는 부상을 입은 군인에게 1917년 이후 수여되는 퍼플하트(Purple Heart) 훈장도 받았는바 역사상 퍼플하트 훈장을 받은 미국 대통령은 케네디가 유일하다. 그러나 악화된 건강 때문에(대장염과 등뼈부상의 악화) 케네디는 1945년 3월 1일, 해군에서 제대하였다.

• 제8장
하나미 소령과 태평양전쟁

하나미 소령은 태평양전쟁의 발발을 중부태평양에서 맞았다. 그 후 그는 중부태평양과 남태평양에서 많은 작전임무를 수행하였다. 솔로몬 제도에서 작전할 때 그의 구축함 아마기리의 모항은 오늘날 파푸아뉴기니의 뉴브리튼 섬 동북부 끝에 있는 라바울 항구였다. 구축함장으로서 하나미는 철두철미한 완벽주의자였다. 태평양전쟁 기간을 통하여 구축함장 하나미 소령이 수행한 임무를 통하여 태평양전쟁중 일본측의 상황과 전쟁이 끝난 후 일본 국내의 사정을 간접적으로 들여다 볼 수 있다.

1. 부하가 본 하나미

쿨라만 해전이 끝나고 얼마 지나지 않은 1943년 7월말, 아마기리에 시가 히로시(志賀博) 대위가 새로운 수뢰장으로 부임하였다. 그는 소위에 임관하자 구축함 무라구모(叢雲)에 배치되어 유명한 아스마 히데오(東日出夫) 함장 휘하에서 엄격하게 구축함 근무를 몸에 익혔고 중위가 되어서는 구축함 유우가제(夕風)로 갈아타고 여기서도 구축함 운용을 익히고 드디어 하나미 소령의

하나미 소령

아마기리에 승함하게 된 것이다. 아마기리에 승선한 시가 대위가 전임자 수뢰장이 왜 창백한 얼굴을 하고 퇴함하였는 가를 알게 되기까지는 오래 걸리지 않았다. 아마기리에서 근무를 시작하자마자 아침 식사시간에 장교들은 일찍 식당에 나타나 식사를 하고 함장이 나타날 즈음에는 식당에 장교는 아무도 없었는 것을 보며 이상하게 생각하였다. 처음에는 그 이유를 몰랐으나 하나미 소령과 식사를 함께하면서 함장으로부터 직설적으로 질책을 받다가 끝에 가서는 "자네는 정신자세가 너무 퍼져 있어!"라는 지적과 함께 주먹으로 구타를 당하게 되자 전임 수뢰장이 퇴함한 이유를 알게 되었다. 일본군에서는 상관이 부하 얼굴을 구타하는 것은 일반적이었다(물론 오늘날 일본 자위대에서는 이러한 구타행위가 없겠지만). 전임 수뢰장은 하나미 소령으로부터 사랑의 채찍을 맞았으나 언제부터인가 노이로제에 걸려 퇴함한 것이다. 시가 대위는 그러한 일을 드러내지 않고 좋은 기분을 유지하였다. 하나미 소령으로부터 구타를 당할 때면 약간 기분이 나빠져 혼자서 욕이 나오기도 하고 위화감도 느꼈으나 승조원 누군가가 방심하면 구축함은 침몰 할 수 있다고 생각하여 하나미 소령의 자세를 인정하고 하나미 소령의 신봉자가 되었다. 이렇게 불같은 성을 가진 하나미가 절대로 구타하지 않는 장교가 있었다. 그는 가고시마 출신으로서 해군병학교 48기인 기관장 니시노조노 시게루(西之園茂) 대위였다. 니시노조노는 하나미가 해군기관학교에서 교관으로 근무할 때 교육생이었다. 니시노조노도 불같은 성격이었기에 아마기리의 조함(操艦)이 약간만 이상하다고 생각하여도 이를 확인하려고 급히 함교에 뛰어 올라오곤 하였다.

1944년 4월, 보르네오섬의 발릭파판 앞 마카살 해협에서 아마기리가 기뢰에 충돌하여 침몰할 때 니시노조노는 모든 조치를 끝내고 부하들을 퇴함시킨 뒤 기관지휘소에 들어가, 그때까지 불사조라는 별명을 가졌던 아마기리와 운명을 함께하였다.[27]

2. 하나미의 언론 인터뷰

PT 109를 침몰시키고 라바울에 귀환한 하나미는 라바울에 주재하고 있는 일본 언론사 통신 보도반원(종군기자)들의 취재를 받았다. 취재는 해군 홍보 담당자가 보도반원에게 연락한 것이다. 하나미는 전함이나 순양함처럼 큰 군함을 침몰시켰다면 모를까 고작 작은 어뢰정을 침몰시킨 것에 대해 인터뷰를 요청받게 되어 그다지 응할 마음은 없었으나 취재에 응하였다. 이때 하나미가 인터뷰한 내용은 1943년 8월 4일자 일본 전국의 신문에 실렸다. 그 기사의 내용은 다음과 같다.

"적 어뢰정을 동강내다. 어두운 밤 벨라만 해전의 대담한 아군 수뢰 전대"-○○기지 특전(特電) 2일발

지난 7월 5일의 쿨라만 작전, 같은 달 7월 12일의 콜롬방가라섬 앞바

---

27) 星亮一 『ケネディを沈めた男』 p.136, 潮書房光人新社, 東京, 日本, 2021

다 야간해전에서 수훈을 세운 제국 수뢰전대소속 구축함은 그 후에도 계속 같은 방면에서 적의 함정 및 수송선단의 공격에도 불구하고 아군 육상부대에 대한 증원보급에 주야를 가리지 않고 분전을 계속하였으나 8월 2일 미명에 콜롬방가라섬 서방 해상 벨라만 부근의 지척을 분간할 수 없는 어두운 해상에서 적 어뢰정 3척과 조우, 아군 구축함은 그 가운데 한 척을 고속으로 충돌함으로써 적 어뢰정을 순식간에 바다밑에 수장하였다. 구축함으로써 적 함정을 두동강 내어버린 것은 대동아 전쟁(태평양전쟁)이 시작된 이후 처음으로서 아군 수뢰전대의 용감성을 유감없이 보여준 것이다.

이 기사는 전쟁중 엄격한 보도관제중에 실린 것으로서 기지 이름은 물론 구축함의 이름도 숨기고 있으나 아마기리의 무용담에 대해 쓴 내용이다. 전쟁이 끝난 뒤에 하나미는 기지에서 종군기자들에게 전과를 발표한 것은 자신이었다고 말하였다. 그러나 구축함 아마기리의 활약은 여기까지였다. 라바울은 고립되고 그 후의 전황은 일본에 점차 불리하게 전개되었다. 콜롬방가라섬도 10월 3일을 기해서 일본군의 철수가 시작되어 구축함과 대형발동선으로 1만 2천명의 병력을 부겐빌섬으로 이동시켰다. 과달카날섬에서는 미군과 격전 끝에 철수하였으나 콜롬방가라섬에서는 미군이 상륙하지 않았으므로 양측의 격전이 없었음에도 일본군은 철수한 것이다.

3, 라바울 요새

솔로몬 제도와 뉴기니 전선에서 일본군이 계속하여 미군에게 패하게 되면서 1943년 6월 이후 라바울 공습이 본격화되자 라바울에 주재하고 있던 종군기자들도 점차 일본으로 귀국하기 시작하였다. 이즈음 미군은 솔로몬 제도와 뉴기니섬에서 미군 기지를 확장하고 정비함으로써 라바울에 대해 대낮에도 공습을 감행하였다. 이러한 미군기의 공격에 맞서는 일본기는 응전능력이 크게 부족하게 되어 미군을 공격하기는커녕 완전히 수세에 몰려있었다. 라바울 항구 안에 정박하고 있는 일본 함선도 공습때마다 피해를 입게되었고 미군기가 날아오면 항구안에 있던 잠수함은 물속으로 들어가 공습을 피하였다. 비행장도 공습을 받았고 라바울 시내도 공습에 파괴되어 아름다운 라바울 시내 거리는 쓰레기통으로 변하였다. 미군의 폭탄이 떨어지는 곳마다 주위가 날아가 버리는데도 이러한 폭격에도 살아남고 또 다시 피는 것은 향내를 듬뿍 뿜어내는 자스민과 화려한 붉은 색 옷을 벗지 않는 부겐빌리아 꽃이었다. 라바울에 살고 있는 원주민들은 어디엔가 안전한 곳을 찾아서 시내를 떠났다. 미군의 폭격이 심해지자 라바울의 일본 함대는 모두 중부태평양의 트럭 환초기지로 대피하였다.

라바울은 제1차 세계대전이 일어나기 전에는 독일의 식민지였으므로 독일인들이 늪지대인 라바울 해안을 매립하며 건설할 때 중국에서 데려 온 중국인들은 공사가 끝난 이후에 중국으로 돌아가지 않고 현지에 남아서 장사를 하며 살면서 차이나타운을 만들었다. 그러나 폭격에 중국인들도 시내를 떠났으므로 차이나타운은 죽음의 거리로 변하였다. 일본에서 라바울에 오는 보급선조차 도중에 미군의 폭격이나 잠수함 공격을 받아 라바울은 고립무원의 기지가 되어 버렸다. 그러므로 라바울에 주둔하고 있는 10만명의 일본군은 이마무라 히도시(今村均) 육군대장의 지시에 따라 정글 속을 개간하여 농사를 지음으로써 10만 명에 소요되는 식량을 자체조달하고 대장간과 병기창을 만들어 박격포, 소총, 폭탄 등을 스스로 제조하는 한편 미군의 폭격을 피해 10만명이

|1|
|2|3|

1. 상공에서 작렬하는 일본군 대공포화를 뚫고 라바울을 공습하는 미군 B25 경폭격가 편대
2. 일본군이 만든 터널
3. 라바울에 정박한 아마기리 갑판 위에서 일본 위문공연단의 공연을 보는 하나미 소령(오른편)

들어 가 대피할 수 있는 수많은 동굴을 만들어 미군의 상륙에 대비하였다. 이들 동굴은 오늘날도 라바울과 인근 지역에 많이 남아있다. 일부 동굴은 규모

가 상당히 커서 작전실, 사령관실, 육군 전투지휘소, 해군 함대사령부, 병원, 창고 등의 시설도 들어가 있다. 베트남 전쟁 당시 공산 베트콩들도 수많은 지하터널을 만들었으며 길이는 길어도 규모(높이, 폭 등)는 크지 않았다. 그러나 라바울에 일본군이 만들어 놓은 터널의 크기는 폭과 높이가 아주 넉넉한 크기로서 일본군은 이들 동굴을 1942년 2월, 싱가폴을 점령하였을 때 포로로 잡은 영국연방군의 인도군인들을 라바울로 데려와 공사를 시켜 완성하였다.

군대에 입대해 보면 사회 각 분야의 여러 직종(예, 농부, 차량정비공, 주방장, 목수, 미장공, 이발사, 전기공, 인쇄공 등등)에서 일하다가 입대한 사람들은 쉽게 볼 수 있다. 라바울에 주둔하고 있던 일본군 10만 명 안에도 수많은 직업을 하다가 입대한 군인들이 많으므로 이마무라 대장은 미군에게 포위되어 고립무원 상태에 처한 라바울 방어에 필요한 준비를 위해 이들을 최대로 활용하였다. 즉, 전기기술자들을 모아 화력발전소를 만들어 라바울 주둔 부대에 전기를 공급하였고 정글 속에 400명 병상을 가진 대형 병원도 만들고 무기제조 공장도 만들었다. 뉴기니와 솔로몬 제도는 전형적인 평화롭고 아름다운 남태평양이다. 그러나 말라리아가 있어 주민들을 괴롭힌다. 필자도 뉴기니와 솔로몬 제도에서 각각 1회씩 말라리아에 걸려 혼난 적이 있다(특히 파푸아뉴기니 북부 웨왁 지역의 정글 속에 들어가 3주 동안 수목 축적량 조사를 하는 중에 말라리아에 걸려 2개월 동안 고열과 설사로 고생하였다). 뉴기니 섬과 솔로몬 제도에서 싸우던 미군과 일본군도 마찬가지였다. 그래도 미군은 공격자의 입장에 서 있었으므로 본국에서 말라리아 치료에 필요한 의약품이 최전선까지 보급되었으나 라바울의 일본군은 포위된 상태였으므로 말라이야 치료약(키니네)이 부족함에도 구할 수가 없었다. 중부 태평양의 일본군 기지인 트럭 환초에는 많은 양의 키니네가 있었음에도 미군기와 함선이 라바울 주위를 포위하고 있었으므로 이미 제공권과 제해권을 잃은 일본군은 항공기

상공에서 본 라바울 항구, 사진 오른편에 라바울 시내가 보인다

나 함선을 이용하여 키니네를 라바울에 보낼 수가 없었다. 특히 1944년 2월 20일, 대본영의 명령으로(대본영에서는 사실상 라바울을 포기하였으므로) 라바울에 그때까지 남아있던 라바울 항공대의 모든 항공기는 트럭 환초로 보내졌다. 물론 이러한 사실을 당시 일본 국민은 알 수가 없었다. 키니네가 없어 수많은 일본군 장병들이 숨지거나 열병으로 드러누움으로써 약해지고 있는 전투력을 해결하기 위해 이마무라 대장은 부하들에게 비행기를 만들라고 지시하였다. 이 지시를 받은 정비사들은 라바울 상공 공중전에서 정글 속에 추락한 일본전투기나 비행장에 날개를 펴고 있다가 미군의 공격을 받아 부서진 비행기들의 부품을 수집하고 조립하여 드디어 비행기(100식 정찰기)를 만들었다. 그러나 낮에 시험비행을 하다가 라바울 상공에 자주 나타나는 미군기에

화산재에 덮인 야마모도 이소로쿠 연합함대 사령관의 지하 벙커 입구. 라바울 시내에 있다.

발견되어 사격을 받아 파괴되었다. 그래도 정비병들은 포기하지 않고 다시 2개월 동안 노력하여 비행기를 조립하고 미군 전투기를 피해 시험비행에 성공하였다. 그리고 이 비행기로 라바울에서 트럭섬까지 3번이나 왕복비행하면서 키니네 알약 5백만 정을 라바울로 운송하는데 성공함으로써 라바울의 일본군은 고립무원의 상태에서도 말라리아를 극복할 수 있었다. 이마무라는 군입대하기 전에 인쇄소에서 일하였던 부하들을 모아 '라바울 신문'도 만들어 매일 각 소대장은 이 신문을 소대원들에게 읽어 주었다. 비록 적에게 포위되어 거의 매일 미군의 폭격을 받고 있는 상태에서도 일본군 10만 명은 식량과 무기, 탄약을 자체 공급함으로써 사기가 높았다. 이마무라는 군사령관이었으나 교양과 학식이 풍부하고 실행력이 강한 인물이었으므로 부하들은 장군인 그에게 '라바울현(縣) 지사(知事)'라는 별명을 붙여주고 존경하며 그를 충심으로 따랐다. 반면 미군은 이마무라 휘하의 라바울 주둔 일본군을 두려워하였으므로 미군은 라바울이 위치하고 있는 뉴브리튼섬의 남단 글로스터곶에 해병 제1사단(6.25 전쟁당시 인천상륙 주력부대이고 장진호 전투시 흥남으로 철수하면서도 중공군 4개 사단을 궤멸시킨 역전의 사단)을 상륙시켰으나 전쟁이 끝날 때까지 라바울에 대해 지상 공격은 하지 않았다. 미군이 라바울에 상륙할 경우 10만 명의 일본군이 항복하지 않고 끝까지 저항하면 미군의 인명피해도 클 것으로 판단하였기에 라바울은 거의 매일 항공폭격으로 고립시키고 일본 본토를 향해 북진하였다. 이마무라가 만든 지하터널 때문에 미군이 거의 매일 폭격하였음에도 일본군의 인명피해는 크지 않았으므로 일본이 1945년 9월 2일에 항복한후 이마무라 휘하 라바울 주둔 일본군도 본국의 지시에 따라 항복하였을 때 미군은 예상하였던 것보다 일본군의 영양상태가 좋고 사기가 충천한 것에 대해 놀랐다. 한편 많은 조선인 여성들이 일본군 수송선을 타고 위안부로서 라바울에 보내졌다. 일본 정부는 이러한 역사적인 죄악에서 자유로울 수 없다.

4. 일본 육군 잠수함

일본육군 잠수함(마루유)

현대전에서 육군이 잠수함을 운용한 국가는 아마도 일본이 유일한 것으로 생각된다. 이것은 일본육군과 해군의 대립이 심각하였음을 보여주는 좋은 사례이다. 미군은 태평양전쟁 기간 동안 육군과 해군이 협력하여 작전을 한 것에 비해 일본군은 태평양전쟁이 시작할 때부터 끝날 때까지 육군과 해군이 서로 대립되어 결과적으로 적(미국)에게 유리한 상황을 만들어준 경우가 적지 않다. 우선 야마모도 제독을 비롯한 해군은 미국을 상대로 전쟁을 일으키는 것을 반대하였으나 육군은 전쟁을 해야한다고 천황을 밀어붙였다. 야마모도가 전쟁을 극력 반대하자 육군이 야마모도를 암살하려고 한다는 소문이 퍼졌으므로 야마모도의 상관인 요나이 미쓰마사(米內光政) 해군대신은 야마모도를 연합함대 사령관으로 임명하였다. 암살자가 야마모도를 쫓아 바다에까지 갈 수는 없기 때문이다. 그러나 야마모도의 주장과 달리 막상 전쟁이 시작하자 일본의 승리를 위해 육해군이 협력한 작전도 많았으나 서로 대립한 경우도 적지 않다. 그 가운데 하나가 잠수함이다. 일본 육군이 잠수함 부대를 만든 것이다. 태평양전쟁중 미국과 일본 모두 공군(空軍)은 없었고 육군과 해군만 있었다. 그러므로 양국이 보유하고 운영하였던 모든 항공기는 육군항공대와 해군항공대에 소속되어 있었다. 예를 들자면 히로시마와 나가사키에 원자폭탄을 투하한 B29 4발 중(重)폭격기는 미 공군 소속이 아니고 미 육군 항공대(Army Air Corps)소속이었다. 미국이 공군을 만든 것은 태평양전쟁이 끝나고 2년 뒤인 1947년이다.

　육군과 해군은 전투의 형태가 다르므로 공동작전에는 한계가 있었으나 일본군의 경우 대립으로 비화된 경우도 적지 않았는바 그 가운데 하나가 잠수함이다. 과달카날섬에서 6개월 동안 미군과 일본군이 격전을 치룰 때 일본군은 잠수함까지 동원하여 병력과 군수품을 운송하였다. 함체도 작고 내부 공간도 거의 없는 잠수함에 군수품을 실으면 얼마나 싣겠는가? 해군은 잠수함을 적의 항공모함, 전함을 포함한 군함을 어뢰로 공격하는 용도의 무기로 생각하였으나 육군은 잠수함을 상륙작전시 육군병력과 군수품 이동에 안성맞춤인 수송선으로 사용하고 싶다고 주장한 것이다. 이에 해군은 잠수함은 화물선이 아니라며 크게 반대하였다. 잠수함을 병력과 군수품 이동에 적합하다고 여기며 수송용도로 사용하자고 해군에 재안하였던 육군은 요구가 해군으로부터 거절당하자 자체 잠수함 부대를 운용하려고 잠수함 건조계획을 추진하였다. 즉, 육군은 해군 함정(艦政)본부에 육군출신 도조 히데키(東條英機) 수상의 명령이라며 잠수함 설계도면을 보내라고 요구하였다. 이 요구를 받은 해군은 러일전쟁 이후 수십 년 동안 시행착오를 거치며 연구하고 제조한 잠수함 건조기술을 만만하고 우습게 여기는 육군측에 잠수함 건조를 너무 쉽게 생각하지 말라고 하였으나 도조 히데키의 명령이라고 주장하는 육군측에 육군이 원하는 설계도면을 제공할 수 밖에 없었다. 이 상황에서 해군은 해군이 설계를 하고 육군은 필요한 자재를 해군에 공급해 달라고 하였으나 육군은 완강하게 육군이 설계와 건조를 모두 하겠다고 하여 결국 1944년에 육군 스스로 잠수함을 건조하였다. 육군은 이렇게 만든 배수량 300톤급 잠수함을 '육군잠항수송선'이라고 명명하고 '마루유'라고 불렀다. 건조에 시간이 걸렸으므로 콜롬방가라섬에 일본군 병력과 물자를 수송하는 임무에는 해군 구축함과 수송선이 사용되었고 육군은 1944년 하반기부터 필리핀 방면의 전투에 마루유를 투입하였으나 육군이 기대하였던 임무를 제대로 하지 못하였다. 결국 아무리 발버둥쳤어도 일본은 패망의 길로 향하고 있었던 것이다. 육군 잠수함은 태평양전쟁 당시 일본 육해군의 균열을 보여주는 대표적인 사례이다.

5. 하나미 귀국

일본 히로시마 인근 구레(吳) 항구 앞바다에 있는 에다지마(江田島) 해군병학교(해군 사관학교)의 교육참고관 건물 안에는 넓은 벽 면에 태평양전쟁

에다지마 해군병학교의 교육참고관

시 침몰한 일본 해군의 모든 함정 위치가 표시된 대형 지도가 걸려있다. 태평양전쟁이 시작하고 수 많은 구축함이 침몰하고 있었음에도 하나미 소령이 지휘하는 구축함 아마기리는 남태평양과 중부태평양 곳곳을 끈질기게 뛰어 다니며 활약하고 있었다. 당시 미군이 라바울을 폭격한지 7개월 만에 일본 구축함 17척이 라바울에서 침몰하였다. 하나미는 앞서 266페이지에서 언급되었듯이 부하들 사이에서 잔소리가 많은 상관이라고 불평을 들었다. 그러나 아마기리와 함께 작전에 나섰던 구축함들이 한척 한척 침몰하고 있음에도 아마기리는 침몰하지 않았으므로 아마기리에는 불침함이라는 소문이 일본 해군안에서 돌았다. 이렇게 되자 하나미를 불평하던 부하 승조원들도 하나미가 항상 "만반의 준비를 하면 침몰하지 않는다"라며 강조하던 말을 상기하면서 "함장 지시대로하면 침몰하지 않는다"라고 자신감을 갖게 되었다. 하나미는 승조원 전원이 초계임무에 임하는 시스템을 함내에 정착시켰다. 그러므로 아마기리에서는 전투행동중에 자기 침대에 가서 쉬고있는 사람은 아무도 없이 모두 긴장한 상태로 초계임무에 임하였다. 하나미 자신도 언제 있을지 모르는 미군기의 공습에 대비하여 함교에서 근무하면서 피곤할 때는 잠을 자지 않고 눈만 감은 상태로 가수면(假睡眠)을 취하였다. 라바울 항구 안에 정박할 때도 닻을 해저에 완전히 눕게 두지 않고 닻끝이 해저에 닿아있는 상태로 닻을 세워둠으로써 언제든지 출동할 수 있는 상태를 취하였다. 아마기리는 트럭 환초 인근해역에서 유조선 아즈마마루(吾妻丸)를 호위하였지만 아즈마마루는 미군 잠수함이 발사한 어뢰를 맞고 굉침하였다. 미 잠수함이 여러 곳에 잠복하고 있었으므로 완전한 호위를 할 수 없었던 것이다. 아즈마마루가 침몰하자 아마기리는 한 명이라도 더 구조하려고 5시간에 걸친 구조활동을 하였다.

1944년 1월 9일, 아마기리는 일본으로 귀국하는 선단을 호위하여 필리핀 인근에 있는 팔라우 제도를 출발하였다. 2월 12일, 오키나와 동방 해상을 항해할 때 아마기리의 뒤에서 갑자기 물기둥과 연기가 솟아올랐다. 아마기리가 호위하면서 항해하던 상륙용주정 모선인 니기쓰마루가 미 잠수함이 발사한 어뢰공격을 받고 움직임이 중지되었다. 물기둥이 솟아오르는 것을 아마기리에서 본 하나미는 즉시 어뢰공격인 것을 직감하고 미 잠수함이 있을 곳으로 짐작되는 해면에 폭뢰를 투하하면서 니기쓰마루에 접근하였다. 그러나 니기쓰마루는 선체가 길이방향으로 우측으로 비스듬히 기울어지다가 함미부터 물속에 들어가기 시작하였다. 니기쓰마루는 육군 병력 1,200명을 태우고 있었으므로 배가 어뢰에 맞을 때 많은 인원이 바다에 날아가 빠졌다. 아마기리는 인근에 있는 다른 함정과 함께 약 9시간의 구조작업을 통해 약 8백명을 구조하였다. 계속 구조수색 작업을 하려고 하였으나 연료가 여유가 없으므로 구조작업을 종료하였다. 이즈음 하나미의 몸 상태는 각혈을 여러 번 하였을 정도로 최악이어서 폐결핵을 의심하였다. 하나미는 잠을 잘 수 없어 매일 2시간 정도만 잠을 잤으므로 심신에 피로가 쌓이고 몸 상태는 한계점에 이르렀다. 그러므로 하나미를 진단한 군의관은 하나미를 타이완의 카오슝(高雄)에서 퇴

함시켰다. 하나미는 몸상태가 극도로 나빠져 1943년 5월 25일 함장 부임이
후 정들었던 아마기리를 떠나게 되자 눈물이 솟아올라 승조원 한명 한명에게
머리를 숙이며 인사하고 손을 흔들며 작별하였다. 하나미는 아마기리의 제10대
함장으로서 근무를 마지막으로 구축함 근무를 끝낸 것이다. 참고로 아마기리
의 역대 함장 11명은 다음과 같다.

대	함장 성명	계급	임명일자
1	帖佐敬吉	중좌	1930.11.10
2	廣瀨末人	중좌	1931.12.1.
3	金桝義夫	소좌	1932.5.16.
4	博義王	소좌	1932.12.1.
5	佐藤俊美	중좌	1933.10.10.
6	中川浩	중좌	1935.10.15.
7	松原博	중좌	1936.12.1.
8	中原義一郎	소좌	1937.12.1.
9	芦田部一	중좌	1940.9.1.
10	花見弘平	소좌	1943.5.25.
11	吉永源	소좌	1944.3.1

6. 아마기리 침몰

아마기리에는 요시나가 하지메(吉永源) 소령이 1944년 3월 1일, 새로운
11대 함장으로 부임하여 싱가폴에서 작전임무에 투입되어 보르네오 동쪽의
마카살 해협에서 미군이 부설해놓은 자기(磁氣)기뢰에 충돌하여 기뢰 폭발
시 승조원 여러 명이 사망하였고 구축함은 한 시간 후에 침몰하였다. 승조원
들은 아마기리에 붙어있는 어뢰를 바다 속에 던지고 일본 국가인 기미가요

(君が代)를 부른 뒤 군함기를 마스트에서 내렸다. 함장이 전원 퇴함하라는 명령을 내리자 생존한 승조원 모두는 뒷 갑판에서 바다로 뛰어들었고 대낮이고 바다가 평온하였으므로 인근에 있던 순양함 아오바(青葉)에 180여 명이 구조되었다. 이렇게 불침함이라는 별명을 가졌던 아마기리는 동남아시아 해역에서 잠들게 되었다. 하나미는 아마기리가 침몰하였다는 소식을 듣고 가슴을 쓸어 내렸다. 그 후, 하나미는 요코스카(橫須賀)에 귀환하여 요코스카 해군 병원에서 폐침윤(肺浸潤: 폐질환의 일종)으로 진단되어 가마쿠라(鎌倉)의 자택에서부터 통원치료를 받았다. 폐질환 때문에 하나미의 몸은 여위고 머리칼은 흰색이 되었으므로 부인 가즈코는 하나미의 변한 모습에 놀랐다. 항공기의 출현으로 이제 전함과 순양함같은 거대한 크기의 군함은 쓸모가 없게되는 시대가 도래하고 있었으므로 대함거포(大艦巨砲)는 구시대의 유물로 변해가고 있었다. 그 대신 구축함과 잠수함이 전투에서 보급까지 중추적인 역할을 하게되었다. 전황은 일본에 불리하게 전개되고 있었으므로 일본군은 군함도, 수송선도, 비행기도 모두 손실이 크게 되어 미군에게 밀려서 일본 본토방향으로 조금씩 후퇴하고 있었다. 하나미는 과달카날에서 후퇴해 온 육군 병사들로부터 듣고 식량도, 탄약도 없이 일방적으로 미군에게 살육당하고 있는 상태로서는 이 전쟁에서 일본은 패할 수 밖에 없다고 생각하였다.

7. 미군, 일본본토 폭격

일본 본토를 B29 중폭격기로써 수시로 폭격하는 미군의 폭격은 나날이 격화되고 있었으므로 일본 본토에서는 식량이 부족하게되자 배급제를 시행하게 되었다. 가즈코는 하나미의 몸상태를 염려하여 식량을 얻으려고 배낭을 등에 메고 시골 농가에 야체를 구입하려고 다녔고 바닷가 어부에게 부탁하여 생선도 구입하였다. 쌀은 아이즈(會津) 시에 살고 있는 남동생이 자주 가져다주었다. 하나미는 1944년 7월초, 시미즈(淸水) 고등상선학교에 교관으로 일을 맡게되었다. 하나미는 상선대가 큰 희생을 치루고 있는 것을 잘 알고 있었으나 시미즈 고등상선학교에 오고나서 희생이 크다는 것을 더욱 느끼게 되었다. 일본은 태평양전쟁을 시작하고 나서 불과 2년 동안에 584척의 상선을 잃었는바 이것을 톤수로 계산하면 232만톤이다. 이 상선들은 모두 물자 수송과 병력수송을 위해 징용된 상선들이다. 특히 1943년에는 솔로몬 제도에서 격렬한 전투가 벌어져 1월 29일과 30일에 런넬(Rennell)섬 해전, 2월 1일부터 7일까지 산타 이사벨섬 해전, 4월 7일에는 플로리다 제도 해전, 6월 16일에는 룽가강 상공 공중전, 6월 30일부터 7월 1일까지는 렌도바섬 항공전, 7월 5일에는 쿨라만 해전, 7월 12일에는 콜롬방가라섬 앞바다 해전이 있었다. 이 해전과 항공전에서도 많은 상선이 침몰하였다. 상선에는 거의 호위하는 함정이 옆에 없었으므로 미군 잠수함이 어뢰로 공격하기 쉬워 많은 선원이 사망하였다.

하나미는 1944년 12월에 중좌(중령)로 진급되었고 해군에서 훈(勳) 3등 서옥장(瑞玉章) 훈장을 받았다. 1945년 1월이 시작되자 미군의 도쿄 공습은 더욱 격렬하게 되어 도쿄와 요코하마로 향하는 B29 폭격기의 대편대가 가마쿠라의 상공을 덮을 듯한 기세로 매일 낮과 밤에 폭격을 계속하였다. 하나미는 이즈음 고등상선학교 교관에서 1945년 2월 1일에 요코스카 진수부(鎭守府)로 새로운 보직을 받았고 3월 15일부터 해군 수뢰학교에서 교관직책을 받았다. 이 학교에는 해군병학교 출신의 학생이 많았으며 이들은 죽음을 각오한 군인들이었다.

3월 10일에 미군 폭격기들은 도쿄에 대한 대공습을 감행하였고 4월 1일에는 미군이 오키나와에 상륙하였다. 일본의 패전이 초읽기에 들어간 1945년 7월부터 하나미는 헤군 수뢰학교에서 숙식을 하면서 근무하였다. 일본국민과 일반 군인들은 일본이 곧 패전할 것이라고 생각하였으나 군 수뇌부는 전원 옥쇄(玉碎)하겠다는 결의를 가지고 본토(本土)결전 준비에 광분하고 있었다.

8. 라바울 항공대 소멸과 요카렌

하나미가 라바울을 떠나 귀국길에 오르기 전에, 하나미는 전쟁초기에 무적에 가까웠던 라바울 해군항공대의 기량은 없어지고 (우수한 조종사들이 다수 전사하였으므로) 제대로 훈련이 안 된 조종사들로 구성된 라바울 항공대는 기량이 너무 떨어져 간신히 이륙은 하였으나 착륙을 제대로 못해 작전에 나갔다가 귀환을 못하는 조종사들이 많다는 사실을 알고 있었다. 그러므로 일본이 조만간에 전쟁에서 패할 것이라는 것을 인식하고 있었다. 조종사만 기량이 떨어진 것이 아니라 구축함 승조원도 마찬가지인 것을 하나미는 알고 있었다. 조종사나 구축함 승조원이나 엄격한 훈련을 1년은 시켜야하는데 단기간 훈련을 받고 비행기를 조종시키는 것이 당시의 일본군 형편이었다. 그럼에도 불구하고 해군 항공대 지휘부는 예과(豫科) 연습생을 모집하여 적함선에 돌입하여 자폭하는 특공훈련을 시작하였다. 하나미는 이것을 보고 군수뇌부가 전쟁수행을 너무 쉽게 여긴다고 생각하였고 군수뇌부의 결정을 이해하지 못하였다.

참고로 해군 조종사 '예비과정 연습생'을 일본군은 '요카렌(豫科練)'이라고 불렀다. 나리다 공항에서 멀지 않은 이바라키(蒸城)현에는 태평양전쟁중 요카렌을 훈련시키던 비행장이 있고(현재는 일본 육상자위대 무기학교가 있음) 이 학교 옆에는 '요카렌 기념관'이 있다. 당시 사용하던 제로전투기를 구하지 못하였는지 제로전투기와 비슷한 느낌을 주는 미군의 T6 Texan 훈련기(우리나라 공군이 캐나

지란 특공기념관에 전시된 T6 훈련기.
많은 방문객이 이 비행기를 제로전투기라고 착각하고 있다

요카렌 기념관에 전시된 T6. 이 역시 많은 방문객이 제로전투기로 착각하고 있다

다에서 10대 구입한 '건국기'. 1950년 3월에 부산항 도착)에 일장기(日章旗)를 동체와 날개에 그려 넣어 전시하고 있다. 남부 큐슈, 가고시마 인근에 있는 태평양전쟁 당시 특공기들이 출격하였던 지란(知覽)특공대 기지에 세워진 '지란 특공평화 회관' 건물 앞에도 제로전투기를 구하지 못했는지 T6 훈련기

요카렌 기념관 내부 전시물

동체에 일장기를 그려 넣어 전시하고 있다. 태평양전쟁이 끝나자 일본에 진주한 미군은 제로전투기를 포함하여 모든 일본군 항공기를 파괴하고 일부는 미국으로 가져갔으므로 현재 오리지널 제로전투기는 일본에 없다. 도쿄의 야스쿠니(靖國)신사의 유슈칸(遊就館) 1층에 전시되어 있는 제로전투기는 2000년대 초에는 없었으나 그후 전시되고 있는바 오리지널이 아니고 복제기인 것으로 짐작된다. 1971년에 헐리우드에서 만든 진주만 기습 영화 "도라, 도라, 도라!" 영화속에 제로전투기로 등장하는 많은 항공기들은 영화 제작사가 제로전투기를 구하지 못해 제로전투기와 모양이 비슷한 T6 훈련기들을 영화속에 등장 시켰다. 필자가 수년 전에 남아프리카 공화국의 포트엘리자베스(Port Elizabeth)에 있는 공군 박물관을 방문하였을 때 2대의 T6가 언제라도 비행할 수 있는 준비를 하고 있는 모습을 보고 감동을 받은 적이 있다. 남아프리카 공군 퇴역 군인들이 자원봉사로써 정비를 하고 있는 것이다. 하나미와 요카렌에 대해 이야기 하다가 잠시 이야기가 다른 방향으로 흘러 간 것에 대해 독자들의 양해를 바란다(한편, 군사마니아 가운데에는 군사분야에 대해 여러 이야기를 알고 싶어하는 사람도 있으므로 이런 분들은 이런 군사 잡학을 좋아할 수도 있다).

1945년이 되자, 누구도 승리하는 전쟁이라고 생각하지 않았으나 그렇다고 전쟁에 질 것이라고 생각하지도 않았다. 이것이 당시 일본인들이었다. 그러므로 가미가제(神風) 자살특공대의 이야기를 듣고 비행기 조종사와 탑승원을 양성하는 비행 요카렌에 일본 전국에서 학생들이 모여들었다. "무사도는 죽은 것이다"라는 말이 전국에 창궐하면서 전국의 유명중학교 학생들이 경쟁적으로 요카렌에 지원하였다. 이러한 분위기가 전국에 열병처럼 번져 나갔다. "버려라 백선(白線)과 단검(短劍)의 꿈! 우리는 국난을 이기고 하늘에서 산화하자!"는 구호도 나돌았다. 백선은 고등학교를 뜻하고 단검은 해군병학교의 상징이므로 고등학교나 해군병학교에 입학하지 말고 요카렌에 들어가 특공대원이 되어 나라를 위해 순국하자는 호소가 전국에 퍼져 나간 것이다.

나라 전체가 이러한 분위기가 된 것을 보면서 하나미는 나라가 차분하지 않고 너무나 급하게 움직이고 있다고 생각하였다.

당시 요카렌 학생들은 가슴을 쥐어뜯기는 듯한 '동기(同期)의 사쿠라(櫻)'라는 노래를 부르며 전장으로 향하였다. 그리고 "기다리고 있겠다. 야스쿠니 신사에서 만나자!"라고 서로 말하였다. 이 노래 가사는 다음과 같다.

자네와 나는 동기(同期)의 사쿠라
같은 항공대 정원에 핀다
피는 꽃이라면 지는 것은 당연히 각오해야지
산화하자 나라를 위해

9. 패전과 하나미

　미군은 오키니와, 이오지마에 상륙하여 점령한 뒤 일본본토에 상륙준비를 하는 중 1945년 8월 6일과 9일에 히로시마와 나가사키에 각각 원자폭탄이 투하되자 소련은 이때다 싶어 일본과의 상호 불가침 조약을 무시하고 즉각 만주에 있는 일본군을 공격하면서 참전하였다. 이에 일본 소와(昭和) 천황은 1945년 8월 15일에 라디오 방송을 통해 "인내하기 어려운 것을 참고…. 만세를 위해 큰 평화를 연다"라며 무조건 항복을 선언하였고 천황이 항복 방송을 하는 동안 하나미는 라디오 앞에서 부동자세로 서서 들었다. 이날, 미국을 비롯한 연합국의 승리로 인해 1910년에 한일합방을 당한 이후 일제강점기 아래 있었던 우리나라는 해방을 맞아 독립하였다.

　이러한 큰 희생을 치룬 태평양전쟁은 과연 무엇을 위해 하였단 말인가? 전쟁에 진 분함과 슬픔이 겹쳐서 하나미는 말을 할 수 없었다. 그는 이렇게 항복할 바에야 원자폭탄 투하 이전에 항복하였어야 했다고 생각하였다. 9월 2일에는 일본 대표단이 도쿄만에 닻을 내리고 있는 미 해군 전함 미주리 함상에서 항복조인식을 하였다. 일본은 완전히 패배한 것이다.

하나미는 아내와 함께 고향인 후쿠시마현 야마(耶麻)군 시오가와읍으로 귀향하자 연로한 부모는 그때까지도 건강하였고 아들의 귀향을 기뻐하였다. 다행히 하나미가 농사지을 논밭이 있었으므로 농사 경험은 전혀 없었으나 할 수 없는 일은 없다는 생각으로 농사일에 뛰어 들었다. 하나미의 부친은 연로하여 농사를 지을 수 없어 농지를 전부 다른 사람에게 임대해 주었으므로 일단 돌려 받았고 재분배를 약속하였다. 당시 일본 정부는 농지개혁을 시작하여 농사짓지 아니하는 지주(地主)는 농지 소유권을 잃게되었다. 하나미는 동생과 함께 논밭을 모두 경작하는 것으로 되어 있어 지주 자격을 유지하면서 농지를 확보할 수 있었다. 하나미는 1만3천평, 밑의 동생은 8천평을 확보하고 만평 정도는 인근 농민에게 임대해주고 나머지는 정부에 매각하였다. 이러던 중 1946년 7월, 만주에 가서 농사를 짓던 여동생 부부가 안전하게 귀국하였다. 힘들게 귀국하면서 여동생은 자녀 한 명이 사망하였다. 육군 장교인 형은 소련군에 포로가 되었는지 그 때까지 귀국하지 못하였다.

하나미는 말을 기르고 풀을 베고, 탈곡하고, 쌀 껍데기를 벗기는 도정 등의 일부터 배우며 농사일을 시작하였다. 모내기, 벼베기 등은 동네 사람들의 도움을 받았다. 모내기 할 즈음에는 낮이 길므로 3,4일 정도에 모내기가 끝나도록 연인원 120명 정도의 손을 빌렸다. 제초 작업이 끝나고 여름 농한기에 접어들고 말의 건초를 베는 작업이 끝나고 벼이삭도 영글기 시작하고 가을의 수확기를 맞았다. 벼베기에도 사람들의 도움이 필요하였으나 탈곡, 도정작업은 사람 손이 많이 필요하였으므로 도쿄에 가서 중고품 모터를 구입해와서 작동시켰다. 이렇게 하나미는 고향에서 농민으로서의 첫해를 보내게 되었다. 이런 하나미를 보면서 아내 가즈코는 "어떻게든 될 거다"라며 격려해 주었다.

1950년 6월 25일 새벽 북한공산군이 38도 전역에서 기습남침을 함으로써 한국전쟁이 시작하자, 하나미는 일본 도쿄에 있는 미군사령부(GHQ)로부터 즉시 GHQ에 출두하라는 명령조의 전보를 받았다. GHQ에 도착해보니 미 해군은 하나미에게 도움을 요청한 것이다. 하나미는 해군병학교 시절에 영어성적이 뛰어났으므로 일상회화도 가능하였다. 미 해군은 하나미에 대해 조사한 뒤에 끈질기게 하나미에게 함께 싸울 것을 요구하였다. 미 해군은 하나미의 구축함 함장으로서의 전문 기술을 활용하고 싶었던 것이다. 그러나 일본 제국육군 군인의 딸인 아내 가즈코가 미국을 위해 일해서는 절대 안된다고 강하게 반대하였으므로 하나미는 미 해군의 요청을 거부하였다. 그러나 GHQ에 출입하면서 연합군 최고 사령관으로서 일본 점령의 최고 사령관인 맥아더 장군의 일본관(日本觀)을 알게 되었다. 맥아더 장군은 태평양전쟁을 지휘하면서 일본군 병사는 절대 불리한 조건에서도 항복하지 않는 극히 우수한 집단이라고 평가하였다. 그러나 맥아더는 일본군 장교에 대해서는 직급이 올라 갈수록 질이 떨어지는 점이 일본군의 약점이라고 평가하였다. 맥아더 장군이 일본군에 대해 이렇게 평가하는 점에 대해 하나미는 맥아더가 잘 파악하였다고 생각하였다.

• 제9장
대통령 선거와 하나미

1. 서신 교환

　케네디는 솔로몬 제도에서의 근무를 끝내고 1944년에 미국으로 귀국하였고 1945년 3월 1일에 건강문제(대장염과 등뼈부상 악화)로 해군에서 제대하였다. 그 후 정치계에 입문한 케네디는 1946년 하원의원 선거에 출마하여 PT 109의 영웅담을 이야기하였다.[28] 연방 하원의원(매사추세츠주)에 당선된 케네디는 1947년부터 1953년까지 하원의원으로 활동중에 1951년에 일본을 방문하였다. 그때 케네디는 평소 친하게 지내던 일본 국제연합협회 외정(外政)학회 이사장인 호소노 군지(細野軍治) 박사에게 자신이 타고있던 어뢰정을 격침시킨 구축함장을 찾아달라고 부탁하고 그 다음날 귀국하였다. 호소노는 케네디와 절친한 사이로서 나중에 케네디의 전기(傳記)를 쓰기도 하였다. 케네디의 부탁을 받은 호소노는 일본정부가 태평양전쟁의 기록을 보관하고 있는 복원국(復員局)과 여러 경로를 통해 케네디의 PT 109를 격침한 구축함장은 하나미 소령이라는 사실을 찾아내었고 이러한 사실을 하나미에게도 알려주었다. 하나미는 처음에는 무슨 영문인지 몰랐으나 날짜와 장소가 밝

---

28) 마이클 베슐로스, 정상환譯 『대통령의 리더십』 p.358, (주) 넥서스, 서울, 2016

혀짐에 따라서 비로소 솔로몬 제도에서 야간에 미군 어뢰정과 충돌한 사실이 기억났으므로 호소노 박사에게 "그러고 보니 그런 일이 확실하게 있었다"고 답하였다. 당시에 케네디는 미국 안에서와 국제적으로 잘 알려지지 않은 젊은 정치인이었다. 그는 1952년 매사추세츠주 상원의원 선거에 입후보하였다. 그러자 호소노는 하나미에게 케네디 후보에게 격려 편지를 보내지 않겠느냐고 물어보았다. 이 제안을 받자 하나미는 격려의 편지와 함께 자기의 사진 그리고 PT 109를 침몰시킨 구축함 아마기리의 사진을 함께 케네디에게 보냈다. 미국 언론은 케네디가 하나미의 격려 편지를 받은 사실을 크게 보도해 주었다(물론 케네디 측에서 홍보를 위해 언론에 알려주었음). 하나미의 편지 때문에 케네디는 용감하게 싸우고 부하의 생명을 구한 태평양전쟁의 영웅으로서 일약 유명인물이 되었으므로 팽팽하던 선거캠페인은 케네디에게 유리하게 전개되어 케네디는 승리하였다. 당시 하나미가 케네디에게 보낸 편지(영어) 내용은 다음과 같다.29) 하나미는 해군병학교 시절부터 영어과목을 잘 하였다.

> 저는 1940년 10월부터 구축함장직을 수행하게 되었으나 당시 국제정세가 악화되고 있었습니다. 이와 관련하여 일본 해군은 전쟁을 준비하고 있었으나 미일 회담에 따라 평화적으로 난국이 해결될 것을 기대하고 있었습니다. 최악의 경우는 전쟁에 호소할 수 밖에 없었으나 당시 미국, 영국, 일본의 국력을 고려할 때 전쟁수행은 극히 곤란하다는 것은 알고 있었습니다. 그러나 막상 개전이 결정되었다는 것을 알게되었을 때의 놀라움은 엄청난 것이었기에 우리 해군 장교들 대부분이 전쟁에 대해 비관적이었던 것은 숨길 수 없는 사실입니다. 그러나 서전에 기대 이상으로 전과가 좋았으므로 이 상태로 어떻게든 해 나갈 수 있을 것

---

29) 星亮一 『ケネディを沈ため男』 p.177, 潮書房光人新社, 東京, 日本, 2021

이라는 희망적 관측이 생겼고 거기에 더해 도조 내각이 "미국, 영국을 두려워 할 것 없다"고 선전하였으므로 가장 중요한 시기에 일반 국민은 말할 것도 없고 군부조차 전쟁수행 준비에 진지함이 부족하였습니다.

(1942년 6월) 미드웨이 해전에서 패한 데에 이어 (1942년 8월부터 시작된) 과달카날 방면에서도 (미군의) 반격을 받게 되었습니다. 미국의 전의는 극히 왕성하였고 절대적이라고 할 수 있는 공업력에 충격을 받았기에 대책수립을 할 틈도 없이 전적으로 불리한 전황을 초래하였습니다. 저는 (일본군이) 라바울을 점령한 이후부터 솔로몬 제도 방면 전투에 참가하였으나 과달카날 쟁탈전이 (일본군에) 최악의 상태로 전개되는 것을 보고 전세(戰勢)가 어쩔 수 없음을 통감하였습니다. 1942년 11월부터 1943년 5월까지 (중부태평양) 트럭 환초 방면에서 구축함장으로 근무하였습니다만, 1943년 6월초에 다시 라바울을 기지로 하는 구축함 아마기리의 함장으로 전보되었습니다. 당시 일시적으로 소강상태에 있던 솔로몬 제도 방면의 전황이 6월말이 되자 (서부 솔로몬 제도의) 렌도바섬을 시작으로 미군의 반격이 급작스럽게 강화되었으므로 라바울 방면의 일본 해군 병력은 매우 부족하게 되었습니다. 그러므로 우리는 미군에 대응을 제대로 할 수 없어 제공권을 잃게되어 대낮에 (구축함) 출격은 어려워져서 야음을 이용하여 서너 척의 구축함에 육군 병력과 군수품을 실어서 수송하는 것과 미 함대를 저지하는 작전에 광분하였습니다.

7월 5일 밤부터 6일 새벽에 걸쳐서 일어난 '쿨라만[30] 해전'에서 레이더를 장착한 미 함대로부터 일방적인 공격을 받아 아군(일본)의 기

---

30) 마이클 베슐로스, 정상환譯 『대통령의 리더십』, p.358, (주) 넥서스, 서울, 2016

함이 서전에서 격침되고 제가 함장인 아마기리를 포함한 2~3척의 구축함도 피해를 입었습니다. 야전(夜戰)을 장기로 자랑하던 일본 해군함대는 작전의 주도권을 잃었고, 과학의 힘과 공업력의 차이는 어찌 할 수 없었습니다. 그 후에도 일본은 시설, 장비의 개선(레이더 등)을 하지 못한 상태로 육군 병력 철수작전을 위해 야간에도 출격을 하지 않을 수 없게 되었습니다. 물량 앞에서는 어찌 손을 쓸 방법이 없어 1943년 11월에는 미군이 부겐빌섬에 상륙하였고 부겐빌섬 인근에서 여러 차례에 걸쳐 양측이 해전한 결과 패배한 일본군은 라바울로 후퇴하게 되었습니다. 그 기간 동안 매일 밤 연속 출격하는 중에 8월 어느날 밤에 바로 앞에서 나타나 직진해 오는 작은 함정을 발견하였습니다만 구축함의 포를 사용할 여유도 없어 함체 충돌로 격침하였습니다. 그 배가 귀관의 함정이었다는 것을 전해 듣고 예전에 보지 못하였던 대담무쌍한 행동을 회상하게 되어 감개무량합니다. 귀하의 함정을 두 개로 쪼개고 불타게해서 침몰시킨 것보다 귀하가 무사히 생환하게 된 것은 무엇보다도 더욱 기쁩니다. 전쟁에 나가 용감한 것은 일본 군인의 특성이라고 교육받았고 또 그렇게 믿었으나 솔로몬 제도 방면에서도 미 해군의 용감성을 자주 경험하게 된 것은 경이적이었고 미 해군이 보여준 전의(戰意)가 얼마나 높았는 가에 대해 절감하였습니다. (샌프란시스코) 강화조약 이후 독립국 일본으로서 나아가기 위해서는 자유진영의 일원이 되는 길 밖에는 없다고 믿습니다만 미국의 대일정책, 미국 일변도의 일본 정책현상에 대해서는 심지어 마다하는 것이 있습니다. 서로 싸우던 과거는 없애고 승자·패자의 관념을 버리고 대등한 입장에서 흉금을 열어놓고 치외법권적 불평등 조약협정을 조속하게 개정하는 것이야말로 진정한 미일친선을 구현하는 것이라고 확신합니다. 귀하와 같이 거리낌 없이 너그러운 분이 상원의원에 당선되어 일본 국민의 목소리를 충분히 참작하여 이러한 문제해결에 힘써 주셔서 진정한 미일 친선, 나아가 세계평화확립에 공헌해 주실 것을 믿으며 충심으로 당선을 기원합니다. 마지막으로 선거전이 끝나는 가을을 맞아 더욱 자애하시고 건투하시기를 간절히 기원합니다.

1952년 9월 15일
하나미 고헤이 드림

참으로 예의 바르고 당당한 편지 내용이다. 케네디와 대등한 입장에서 미·일 불평등 조약의 개정을 호소하며 미·일친선을 희망하는 이 편지는 일본 해군 장교로서의 자부심이 충만하게 들어간 명문이다. 편지 속에서 하나미는 일본의 장래도 내다보고 있었다. 미·일 안보체제 속에서 일본은 향후 전쟁준비를 포기하고 (향후 다른 나라를 침략하는 전쟁을 포기함) 장래 국제사회의 책임 있는 일원이 되기 위해서 모든 것을 미국에만 의존하는 것에는 찬성하지 않았다. 어느 시점에서는 국방군(자위대)도 필요하다고 생각하였다. 그것이 이 편지 속에 언급되어 있다. 참고로 일본은 미국의 지원을 받아 1954년에 자위대를 창설하였다. 편지 내용 속에는 자기소개와 PT 109와의 충돌 당시 상황 이외에도 상원의원이 되면 미국과 일본의 친선 관계를 만들어 달라는 것도 들어있다. 2025년 1월에 제47대 미국 대통령으로 취임한 도널드 트럼프는 취임하자 첫 번째로 이스라엘의 네타냐후 총리와 정상회담을 하고 이어서 두 번째로는 일본의 이시바 시게루(石破茂) 총리와 정상회담을 함으로써 미국과 일본의 돈독한 관계를 과시하였다. 요즘 미국과 일본의 철통같은 동맹관계를 보면 하나미가 편지 속에서 쓴 내용이 결국 이루어지고 있다는 느낌을 받는다.

하나미의 1952년 9월 15일자 편지에 대해 케네디는 1953년 2월 18일에 다음과 같은 답신을 보냈다.

친애하는 하나미 중령에게

9월 15일자로 귀하로부터 받은 친절하고 관대한 편지에 대하여 답장이 늦어 진 것을 양해 부탁드립니다. 그 당시는 저에게 정치활동에 있어 가장 중요한 시기였고 최근에는 새로운 일로 분주하게 되었습니다. 귀하로부터의 편지는 (선거에) 큰 도움이 되었기에 우리는 매우 유익한 결과를 가져올 것이라고 생각하여 신문에 공표하였습니다. 그리고 이것은 우리 양국의 우호를 만드는 데 도움이 될 것이라고 생각하는 바입니다.

여기 귀하도 관심이 있을 것이라고 생각하므로 1944년 8월에 발행된 리더스 다이제스트(Reader's Digest)에 존 헐시(John Hersey)씨가 구축함 아마기리가 제가 지휘하던 어뢰정을 침몰시킨 후에 일어난 사건에 대한 기사를 저의 자필 서명한 사진과 함께 보내드립니다.

저로서는 다시 한번 더 일본을 방문할 기회가 있기를 바랍니다. 그리고 만약 그렇게 된다면 귀하와 만나 이야기하게 되기를 진심으로 원하는 바입니다. 저는 미국과 일본의 관계가 양국의 안보를 위해서 견고하고 강력해져야 하는 것이 가장 중요한 일이라고 생각합니다. 저는 그 목적을 위해서 의원으로서의 역할을 할 것입니다. 만약 귀하가 관심 있는 일이 있다면 연락주시기 바랍니다. 귀하의 친절에 다시 한번 감사를 보내며 귀하의 미래가 형통하기를 기원하는 바입니다.

존 F 케네디 드림

2. 상원의원 연속 당선

1952년 11월 4일, 상원의원선거에서 케네디는 경쟁자인 카봇 롯지 2세(Henry Cabot Lodge. Jr) 공화당 후보에게 근소한 차이로 승리한 후에 앞에 인용한 바와 같이 하나미에게 감사편지와 함께 자기 사진도 보냈다. 케네디는 투표자의 51.3%에 해당하는 121만표를 획득함으로써 약 49%를 얻은 경쟁자에게 아슬아슬한 승리를 한 것이다. 만약 하나미가 보내준 편지가 아니었더라면 낙선될 수도 있었던 상황이었다. 케네디가 하나미에게 보낸 사진의 한쪽에는 "하나미 중령에게.... 어제의 적은 오늘의 친구. John F. Kennedy"라고 자필로 쓴 글귀가 있었다. 하나미는 케네디의 편지를 받고 감동을 받았다. 제2차 세계대전 이후 세계는 미국(민주주의) 진영과 소련(공산주의) 진영으로 나눠져 대립하여 세계는 흔들리고 있었다. 한반도는 소련과 중국의 지원을 받은 북한이 남한을 기습침공함으로써 전쟁이 진행되고 있었고 독일도 동서로 분단되고 중국도 분단된 상태였다. 일본은 미국의 통치 아래 들어가 있지만 한국전쟁이 장기회되면 소련이 홋카이도나 혼슈의 북부지역을 침공할 가능성도 있었다. 만약 그렇게 된다면 일본의 북부지역은 공산주의 사회가 될 것이다. 하나미는 자유민주주의가 공산주의보다 훨씬 낫다고 생각하였다.

이즈음 케네디는 총명하여 다재다능하고 아름다운 재클린(Jacqueline Lee Bouvier)을 만나 1953년 9월에 결혼하였다. 재클린의 부친은 프랑스 귀족의 피를 가진 부비에(John Bouvier) 3세였고 모친인 재닛(Janet Lee)은 아일랜드계 승마선수였다.

하나미가 케네디에게 첫 편지를 보낸 이후 두 명은 케네디가 대통령에 당선 된 이후까지 계속 서신을 교환하며 우정을 이어갔다. 1958년 11월 4일,

케네디는 상원의원에 재선되었고 그 후 대통령으로의 길을 걷게 되었으나 그 길은 결코 평탄한 길이 아니었다. 상원의원 재선 선거에서 경쟁자인 공화당의 빈센트 세레스티(Vincent Celeste) 후보는 "나는 백만장자인 잭 케네디를 상대로 싸우고 있다. 여태까지 한번도 노동을 해본 적이 없는 케네디를 재선시켜서는 안된다. 그는 돈으로 선거운동을 하고 있다"고 비난하였으나 케네디는 당당하게 압도적으로 재선되었다. 재선 투표에서 케네디는 투표자의 73.2%에 해당하는 136만표를 얻었다. 이는 매사추세츠주 선거 역사에서 그때까지 가장 높은 지지표를 얻은 것이고 그해 미국 전역에서 행해진 상원의원 선거에서 2번째로 높은 득표율을 보여주었다.[31] 한편, 당시 하나미는 1955년에 고향인 시오가와(塩川)읍에서 사토노보루(佐藤登) 읍장이 사망하였으므로 읍장 선거에 출마하였다. 하나미는 선거가 처음이었으나 케네디의 어뢰정을 침몰시킨 구축함 함장 출신이라고 알려졌으므로 지명도가 높아 당선되었다.

하나미는 주간(週刊)잡지인 주간문춘(週間文春) 1960년 8월 1일자에 케네디와의 관계를 쓴 글을 실었다.

3. 대통령 선거 승리

1960년 1월 2일, 42세인 케네디는 대통령 선거에 출마를 표명하고 공화당의 닉슨(Richard Nixon) 후보를 경쟁 상대로 치열한 선거전에 들어갔다. 소식을 듣고 하나미는 아마기리 함장 당시 그의 부하로 근무하였던 나카지마

---

31) Robert Dallek 『John F. Kennedy』 p.225, Penguin Books, London, UK, 2004

아키라(中島 章) 군의관, 오노세키 후지오(小野關不二夫) 보급관, 야마자키 요시다카(山崎義隆) 간호장을 도쿄의 뉴재팬호텔로 불렀다. 그리고 시키시(色紙)에 4인이 케네디 후보에게 보내는 격려의 글을 붓글씨로 썼다. '시키시'라는 것은 일본에서 어떤 사람의 성공, 승리를 위해 여러 명이 행운을 빌고 감사를 표시하려고 글을 쓴 큰 종이이다. 일본에서는 학교졸업식때 학생들이 선생님에게 감사의 마음을 써서 선물하기도 한다. 하나미와 아마기리 승조원들은 케네디가 1952년에 상원의원에 출마하였을 때도 시키시를 보냈다.

마침 오노세키씨가 업무차 미국을 방문하게 되어있었으므로 그 시키시를 직접 가져가 케네디 후보에게 전달하였다. 그러자 전 미국의 매스컴이 마치 경쟁하듯이 바다의 용사들의 우정을 보도하였다. 선거운동 초반에 고전하던 케네디는 이로써 단숨에 승기를 잡았다. 하나미는 11월 1일, 케네디에게 제 친구 오노세키씨가 귀하를 방문한 것은 일본에서 모든 신문이 보도하였으며 일본에 있으므로 직접 귀하를 응원할 수 없는 것이 아쉬우나 선거에 승리하여 대통령이 되기를 기원한다는 편지를 보냈다. 선거결과 케네디가 승리하자 하나미는 마음을 다해 "귀하의 승리에 아직 살아 남아있는 아마기리의 승조원들은 마음으로부터의 축복을 보냅니다"라는 메시지를 1961년 1월 10일에 케네디 대통령 당선인에게 보냈다. 케네디가 당선되자 시오가와읍에 거주하고 있는 하나미에게 일본의 언론사들이 취재차 몰려와 취재를 하였는데 그 가운데에는 조간신문인 후쿠오카 민보(民報)의 호시 료이치(星亮一) 기자도 있었다. 그가 하나미를 만나자 하나미는 기쁨에 찬 목소리로 "꿈같은 일입니다. 미국 대통령은 세계의 지도자입니다. 앞으로 큰 활약을 바라고 있을 뿐입니다"라며 수많은 죽을 고비를 넘어 미국의 최고지도자에 오른 젊은 대통령을 칭찬하였다. 이날 하나미는 호시 기자에게 "나는 상대가 누구인지 전혀 알 수 없었고 전원 전사하였다고 생각하였다. 우리가 적 개인 개인에게 원한을 가지고 싸운 것은 아니었다. 해군에서의 전쟁은 기계의 전쟁이라고 해도 좋을 정도로 인간적인 원한은 전혀 없다. 케네디 대통령 당선인도 같은 생각이었을 것이라고 생각한다. 케네디 대통령 당선자를 위대한 인물이라고 생각한다. 그는 미국에서도 이름난 부호의 아들이며 부친은 주영국 대사였다. 명문 하버드 대학 졸업생으로서 전도가 양양한 청년임에도 위험하고 힘든 어뢰정 근무를 선택하였다. 나는 그 점에 감동하였다. 더 안전하고 편하게 근무할 장소도 있었는데 뭐가 좋아 어뢰정 근무를 택하였는가. 미국에서도 어뢰정은 소모품이라고 여겨질 정도였다. 나는 이것을 보며 노블레스 오블리주라는 단어를 생각하였다. 이는 신분이 높으면 높은 의무가 수반된다는 의미로서 영국의 많은 귀족은 이를 보여주고 있다. 케네디 대통령 당선자의 경우도 그렇다고 생각된다. 그의 형 조셉 2세도 해군 폭격기 조종사로서 유럽 상공에서 산화하였다. 케네디 대통령 당선자는 자신도 부상당한 상태에도 불구하고 적절하게 판단하여 물속에서 부하들을 이끌었다. 살아남은 부하 10명 가운데에는 중상자도 있었다. 섬에서 섬으로 수영을 하기도 하고 조그만 카누를 타기도 하여 5일 뒤에 전원이 아군에게 구출되었다. 이것은 섣불리 힘으로 할 수 있는 것이 아니다. 침몰된 후에 적절한 조치, 기회를 찾는 민첩함, 인내심은 완전히 감탄할 뿐이다. 그 용기와 인내심은 칭찬받아 마땅하다고 생각된다." 적장을 칭찬하는 하나미의 말에는 일본 해군 구축함 아마기리 함장의 프라이드와 후쿠시마현 아이즈(會津) 출신 사무라이의 의기가 담겨있었다. 이날 긴 시간 동안 취재한 호시 기자는 1960년 11월 10일자 후쿠오카 민보의 사회면에 톱기사로서 다음과 같이 실었다.[32]

---

32) 星亮一 『ケネディを沈めた男』 p.189, 潮書房光人新社, 東京, 日本

백악관 집무실에서 PT 109 모델의 조타석을 가리키고 있는 케네디 대통령

"케네디 정장" 축하합니다
당선기쁨 전(前) 일본구축함장

전세계의 이목을 집중시킨 미국 대통령 선거는 드디어 케네디 후보의 승리로 끝났으나 케네디 후보의 당선을 후쿠오카현 야마(耶麻)군 시오가와읍의 시골에서 마음으로부터 기뻐하고 있는 예비역 해군중령이 있다. 이 사람은 지금으로부터 17년전 남태평양에서 케네디의 어뢰정을 침몰시킨 구축함 아마기리호의 함장이었던 하나미 고헤이(51세)씨다. 하나미씨는 전쟁중에 해군중령이었고 구축함 함장으로서 활약하며 많은 전공을 세웠다. 케네디 대통령 당선인과 하나미씨의 연결

은 (일본에) 전황이 불리하게된 1943년 8월 2일, 당시 구축함 아마기리의 함장이던 하나미씨가 솔로몬해(海)에서 탄약, 식량 등의 군수품 수송임무를 맡아 북상중에 일어났다. 별도 없고 스콜(열대성 소나기)도 없는 밤에 시야는 나빠, 낮에는 비행기, 밤에는 야전부대의 어뢰정에 괴롭힘을 받았으므로 하나미 함장은 언제라도 함이 전투태세를 취할 수 있도록 명령하였다. 시계가 오전 2시를 가리킬 때 우측 전방 1천m에 흰파도를 만들며 달리고 있는 것이 보였다. 즉시 어뢰정이라고 판단하고 "11도 --, 전속 전진!"이라고 소리치며 34노트의 고속으로 어뢰정을 향해 똑바로 달렸다. 빠른 어뢰정을 막는 유일한 전법은 함체 충돌이라고 판단한 하나미 함장은 어뢰정과 정면충돌을 하였다. 어뢰정은 두 개로 갈라져 침몰하였으나 그 어뢰정의 정장은 등에 중상을 입었음에도, 살아남은 부하 10명을 격려하며 암흑의 바다를 수영하여 근처에 있는 섬까지 데려갔다. 그렇게 얄미울 정도로 침착하였던 어뢰정의 정장이 바로 이번 선거에서 대통령으로 당선된 존 F 케네디 해군 중위였다. 드디어 전쟁이 끝나고 하나미씨는 농사를 지으려고 고향인 시오가와읍으로 귀향하였다. 한편 전쟁이 끝난 뒤 케네디 중위(대위 예편)는 정치인의 길을 걸어 미국 연방 하원의원에 당선되었고 1951년 가을에 일본을 방문하였고 이때 자신의 어뢰정을 침몰시킨 용감한 구축함장을 만나고 싶다고 국제연합협회 이사장 호소노 군지(細野軍治)씨에게 부탁하고 귀국하였다. 하나미씨는 이 이야기를 전해들었고 어제의 적에게 경의를 표하고싶다는 케네디 상원의원의 서명이 들어간 사진과 편지를 받게되었다. 편지에서 케네디 의원은 "가까운 장래에 일본방문을 생각하고 있으며 용감하게 싸웠던 귀하에게 진심으로 경의를 표한다. 함장으로서의 귀하를 만나 뵙기를 기다리며 미국과 일본의 우정을 견고하게 만드는 것이 필요하다고 생각하므로 정치인으로서 모든 힘을 다하고 싶다"고 적혀있었다. (1954년에 창설된) 자위대로부터 자위대에 들어오라는 강한 권유를 피해 귀향한 하나미씨의 가슴은 조여지듯이 남태평양의 검은 바다를 달리고 있었다. 전쟁은 이미 끝났다. 싸움을 하던 과거는 잊고 승리자와 패배자의 입장을 던져버리고 세계평화에 기여해야 한다. 그 후 하나미씨와 케네디 의원은 서로 여러 차례에 걸쳐서 편지를 주고 받았고 그 편지를 통해서 케네디 대통령 당선자의 인간성이 확연하게 들어났다. 용맹침착하고 우수한 지도력을 가진 사람, 공평관용하고 폭넓고 젊음이 넘치는 사나이. 하나미씨는 새로운 미국 대통령에 어울리는 케네디 대통령 당선자에게 진심어린 축하를 보내고 있다.

기업에서 39년(목재회사 이건산업 34년, 수산회사 동원산업 5년)을 근무한 뒤 2016년 4월 1일, 필자는 태평양전쟁 자료를 찾기 위해 도쿄에 있는 방위성(防衛省) 산하 방위연구소 도서관을 방문하였다가 우연히 군용항공기 전문가인 가마다 미노루(鎌田實)씨를 만나게 되었다. 그 후 몇 년이 지나서 그는 암과 투병하다가 작년에 세상을 떠날 때까지 필자가 관심있는 군용 항공기 분야뿐만 아니라 태평양전쟁에 관련된 일본측 자료를 부탁할 때마다 있는 힘을 다해 조사해서 보내주곤 하였다. 케네디가 대통령에 당선될 때 그는 초등학교 5학년이었는데 집에서 부친과 함께 TV를 보면서 케네디의 당선을 알게되었다고 한다. 그는 케네디에 대해 전혀 알거나 관심도 없었는데 부친이 TV뉴스를 보면서 좋아서 웃는 것을 보며 이상하게 생각하였다고 한다. 왜냐하면 부친이 평상시에 웃는 모습을 거의 볼 수 없었기 때문이다. 2016년 9월에 필자가 가마다씨에게 하나미 소령 등 케네디에 관련된 일본측 자료에 대해 문의하자 그는 즉시 앞의 내용을 이메일로 보내왔다. 바로 앞에 언급한 '시키시(色紙)'에 관한 설명도 물론 가마다씨가 알려준 것이다. 이 책을 쓰면서

| 1 | 1. 하이애니스에 있는 케네디 대통령 박물관 |
| 2 | 2. 박물관 앞에 있는 케네디 대통령 동상(하이애니스 해안을 맨발로 걷는) 옆에서 필자(2018년) |

세상을 먼저 떠난 가마다씨가 새삼스럽게 떠오른다.

케네디가 솔로몬 제도에서 PT 109와 PT 59의 정장으로 근무할 때 이들 어뢰정을 타고 함께 싸우던 부하들은 케네디가 1946년에 연방하원의원선거에 출마하고 이어서 1952년, 1958년의 상원의원 선거 그리고 1960년 대통령 선거에 출마하였을 때 미국 전역에서 케네디 후보를 위해 열렬하게 선거운동을 펼쳤다. 이들은 직접 케네디 밑에서 생사를 넘나드는 순간을 수도 없이 보낸 사람들이므로 어느 누구보다도 케네디의 선거 승리를 위해 힘썼다. 케네디가 대통령선거에서 승리하자 이들은 환호하였다. 물론 케네디는 옛 부하들을 대통령 취임식에 초대하였다. 케네디는 대통령 취임 이후 이들을 포함하여 솔로몬 제도에서 근무할 때 만난 해군 장병 가운데 여러명에게 공직을 맡겼다. 케네디는 취임식 전날 저녁에 PT 109 승조원들과 워싱턴 DC에서 저녁 식사를 함께 할 예정이었으나 워싱턴 지역을 수십 년 만에 가장 강력한 눈보라 강풍이 강타하는 바람에 시내 교통이 두절되었으므로 케네디는 참석할 수 없었다.

케네디는 1961년 1월 20일, 미국 역사상 43세의 최연소 대통령으로서 제35대 대통령에 취임하였다. 취임식 연설중 케네디는 "국가가 여러분을 위하여 무엇을 할 까 묻지 말고 국가를 위해서 여러분이 무엇을 해야 하는 가를 물어달라(Ask not what your country can do- ask what you can do for your country)"고 미국 국민에게 호소하였다. 이 연설은 두고두고 미국인들의 마음에 감동을 주었다.

한편, 케네디가 미국 대통령이 된 후, 1963년에 헐리우드에서는 솔로몬 제도에서의 실화를 영화로 만든 'PT 109'[33]가 제작되어 우리나라에서도 상영되었

---

33) 상영 시간 140분, 마틴슨(Leslie Martinson) 감독, 주연배우는 로버트슨(Cliff Robertson)

영화 'PT 109' 속에서 케네디가 커피를 마시던 미해군 코닝컵. 그 옆은 당시 전투현장에서 미군이 마시던 코카콜라병. 병에는 '1942'라는 제조년도가 양각되어 있다. 1980년대 필자가 솔로몬 제도 현지에서 수집하여 소장하고 있는 태평양전쟁 관련 물품들이다.

다. 영화에서 주인공 케네디 중위 역을 맡을 배우는 케네디와 백악관의 살링저(Pierre Salinger) 대통령 홍보실장이 당시의 유명한 남우(男優)들의 사진을 대통령 집무실 책상 위에 펼쳐놓고 함께 살펴보면서 클리프 로버트슨(Cliff Robertson)을 직접 선정하였다. 영화 속에서 케네디 중위가 사용한 미국 해군용 코닝 컵과 동일한 것을 필자는 1988년에 솔로몬 제도에서 우연한 기회에 원주민으로부터 구할 수 있었다. 물론 이것은 태평양전쟁 당시 미해군이 솔로몬 제도에서 사용한 것으로서 필자는 이를 소중히 간직하고 있다.

• 제10장
사투와 우정

1. 양국 바다 사나이의 악수

1962년 1월, 케네디 대통령의 동생 로버트 케네디가 일본을 방문하여 하나미 함장을 비롯한 아마기리 승조원들을 만나 우호를 깊게 하였다. 5월 29일에는 케네디 대통령의 45회 생일축하회가 일본 외정학회의 주최로 도쿄의 조스이(如水)회관에서 열렸다. 축하회에는 라이샤워 주일 대사도 참석하였다. 그가 "케네디 대통령 만큼 진기한 방식으로 선거운동을 시작한 사람은 없을 것입니다. 즉, 케네디 대통령이 아마기리에 의해 침몰되어 영웅으로 된 것으로 그의 선거운동이 시작되어 그 덕분에 제가 대사가 될 수 있었으므로 아마기리회(天霧會)의 모든 분들에게 인사말씀을 올리고 싶습니다"라고 인사연설을 함으로써 행사장을 들썩이게 하였다.

PT 109와 아마기리가 충돌한지 20년이 지난 1963년 8월 1일, 당시 케네디 중위의 PT 109 승조원들과 아마기리 승조원들이 전쟁터가 아닌 도쿄에서 다시 만났다. 생사를 두고 싸운 미국과 일본 양국 해군의 장교, 수병들이 이날 처음 상견례를 한 것이다. 만나자 마자 달려와서 실수로 너무 손에 힘을 주어 악수를 하기도 하고 감격하여 우는 사람도 있었다. 긴자 도큐(東急)호텔에서 환영 저녁식사에 이어서 쓰키지의 극장에서 미국 영화회사가 제작한 'PT 109'의 특별시사회도 열렸다.

그 다음날인 8월 2일에는 히비야(日比谷)공회당에서 미일교환식전과 미일 양국 전우회 대표에 의해 강연회가 열렸고 저녁에는 다카나와(高輪)에 있는 식당에서 미일교환 만찬회가 열렸다.

2. 대통령 서거와 하나미 소령 별세

대통령으로서 케네디의 활약은 대단하였다. 미국을 대표하는 대통령 역사가 마이클 베슐로스(Michael Beschloss)는 저서 '대통령의 리더십'에서 미국 역사상 뛰어난 리더십을 보여준 대통령 9명(조지 워싱턴, 존 에덤스, 앤드루 잭슨, 애이브러햄 링컨, 시어도어 루스벨트, 프랭클린 루스벨트, 해리 트루먼, 존 F.케네디, 로널드 레이건)을 선정하였는데 이 가운데 케네디 대통령이 포함되어 있다. 물론 책 저자의 관점에 따라서는 주관적으로 선정한 측면도 있을 수 있으나 "위기에 직면하였을 때 어떻게 국가를 이끌었는가?"라는 시각에서 9명을 선정한 것으로 보인다. 케네디가 대통령에 취임하고 나서 소련이 쿠바에 미국 본토를 겨누는 미사일 기지를 설치하자 미국과 소련의 대립은 정점에 이르러 국제사회는 제3차 세계대전의 공포를 우려하였다. 제3차 세계대전의 위기에 직면하였을 때 그는 미 해군에 쿠바 수역을 봉쇄하고 만약 이 봉쇄망을 뚫고 들어오는 소련 함정에 대해서는 발포하라고 명령하였다. 대통령 자신이 미 해군 함정 가운데 가장 작고 위험한 임무를 수행한 함정의 지휘관이었던 배경에서 이런 결심이 나왔을 것이라고 생각된다. 소련의 흐루쇼프

1. 알링턴 국립묘지, 케네디 대통령 묘소의 영원한 불
2. 케네디 대통령 묘소

휠체어를 타고 있는 하나미 가즈코 여사. 뒷줄 가운데가 캐롤라인 케네디 주일 미국 대사

서기장이 결국 미사일 기지를 철수시킴으로써 쿠바 미사일 위기는 종결되었다. 그러므로 케네디는 자유세계의 영웅이 되었지만 서독과 동독 사이에 베를린 장벽이 세워진 것과 베트남 전쟁 초기에 미군을 파병하는 일이 일어났다. 그러던 중 1963년 11월 20일, 텍사스주의 달라스를 방문하면서 오픈카를 타고 시내를 달릴 때 오스왈드가 사격한 총탄을 맞고 현장에서 사망하였다. 암살 용의자로 체포된 오스왈드는 수사도중에 암살되는 등 정확한 암살 전모가 아직까지 밝혀지지 않았다. 처음에는 오스왈드 단독의 범행으로 조사되었지만 오랫동안 미국 내에서는 중앙정보국(CIA)이나 구(舊)소련 등의 연루 가능성을 제기하는 소문이 끊이지 않고 있다.

하나미는 케네디 암살소식을 듣고 망연자실하였다. 이제는 케네디를 만날 수 있는 기회가 영원히 사라졌다고 생각되자 눈물이 하염없이 흘러내렸다. 그는 아내 가즈코에게 슬프다고 말하였다. 당시 후일 주일(駐日) 미국대사로 부임한 케네디 대통령의 딸인 캐롤라인(Caroline Kennedy)은 불과 6세였다. 장례식에서 비통한 모습으로 마지막으로 손을 흔들며 아버지를 떠나 보내는 모습은 세계인의 눈물을 자아냈다. 물론 미국에는 케네디를 사랑한 사람들이 많았다. 그 사람들 가운데 어린아이부터 노인까지 하나미에게 편지를 보냈다. 주일 미국대사관과 방위청에서도 하나미에게 자주 전화가 왔다. 그때마다 하나미는 케네디의 위대한 생애를 생각하면서 케네디와 전쟁터에서 만났던 사실을 자랑스러워하였다.

하나미는 부인과 함께 1980년 가을, 워싱턴의 알링턴 묘지에 가서 케네디 형제의 묘를 방문하였다(케네디 대통령의 친동생인 로버트 케네디는 케네디 행정부에서 법무장관을 맡았으나 1968년에 암살되었다). 케네디 대통령 묘 앞에 선 하나미에게 옆에선 부인 가즈코 여사가 "드디어 케네디 대통령을 만났군요!"라고 말하였다. 한편 하나미는 85세를 일기로 고향에서 1994년 12월에 암으로 잠을 자듯이 조용히 세상을 떠났다.

3. 대통령 딸과 소령 부인

세월이 지나 주일 미국대사가 된 케네디 대통령의 딸 캐롤라인은 2015년 3월 5일, 도쿄에서 하나미 소령의 미망인 하나미 가즈코 여사와 만났다. 당시 97세인 가즈코 여사는 노령에도 불구하고 휠체어를 타고와서 캐롤라인 대사를 만났다. 두 사람의 만남에 대한 언론 보도가 나오자 일본국민은 열광하였다. 1994년에 세상을 떠난 남편을 추억하기 위해 가즈코 여사는 "케네디의 배를 격침한 남편 고헤이와의 60년"이라는 책을 2004년에 출판하였다. 이 책 속에는 하나미와 함께한 생애 이외 남편 하나미가 케네디 대통령과 오랫동안 교환한 편지 등 하나미와 케네디의 우정과 교류에 대한 내용이 들어있다.

4. 케네디 비밀문서 공개

트럼프 미국 대통령은 2025년 1월 20일에 열린 미국 제47대 대통령 취임식 연설에서 "연방정부의 과도한 비밀주의를 폐지하겠다"며 케네디 암살관련 자료를 공개하겠다고 밝혔다. 이어서 그는 23일에는 케네디 전대통령 암살과 관련된 비밀자료를 공개하라는 행정명령에 서명하였다. 이 행정명령에 따르면 CIA국장과 법무장관은 케네디 대통령에 관한 자료는 15일 이내에, 로버트 케네디(케네디 대통령 친동생)와 마틴 루터 킹 목사 관련자료는 45일 이내에 공개계획을 제시하여야 한다.[34] 트럼프는 행정명령에 서명한 펜을 로버트 케네디 주니어(2세) 복지부 장관에게 주었다(백악관 직원이 대신 전달함). 로버트 케네디 2세는 케네디 대통령의 조카로서 원래 민주당원이었으나 제47대 대통령 선거에서 공화당인 트럼프 대통령을 지지하였으므로 트럼프 2기 (2025년 1월 출범) 행정부에서 복지장관에 임명되었다.

---

34) 『케네디 비밀문서 공개지시』 조선일보, 2025년 1월 25일

• 제11장
한국전쟁과 어뢰정

1. 한국해군과 어뢰정

　해군장병 및 그 가족 그리고 이승만 대통령이 하사한 성금으로 손원일 제독이 미국 해양대학교에서 실습선으로 사용하고 있었던 미 해군 퇴역 함정을 구입하여 수리후 진해에 가져온 초계정 백두산함(PC701)은 6·25 전쟁이 일어나자 그날 밤 부산 앞바다에서 북한군 무장 수송선을 격침시켰다. 그러나 당시 한국 해군의 전력은 너무 미약하였다. 그러므로 미 해군이 태평양전쟁에서 사용하던 PT정들이 일본 규슈 서해안에 있는 사세보(佐世保) 항구에 있다는 정보를 들은 손제독은 이들 PT정이야 말로 우리나라 수역에 알맞은 함정이라고 판단하고 미국 측에 양도를 부탁하였다. 미국 해군은 태평양전쟁이 끝났을 때 많은 잉여 PT정들을 보유하고 있었다. 그러나 비용을 들여서 미국에 가져가기 보다는 (이미 전쟁이 끝나 PT정을 사용할 용도도 없어졌으므로) 현지에서 폐기하는 방법을 찾아서 필리핀 해안에서 대부분의 PT정을 불태워 버렸다. PT정은 앞서 언급한대로 선체가 합판으로 만들어졌으므로 쉽게 불타 버렸다. 그리고서도 남은 PT를 일본에 가져갔던 것이다. 태평양전쟁에서 항복한 일본은 일본 해군의 군항이었던 도쿄 인근의 요코스카 군항과 규슈 서해안의 사세보 군항을 미국에 양도하였으므로 한국전쟁이 발발하였을 때는 미

사세보 항구에서 미 해군으로부터 PT정 4척을 인수받는 한국 해군

국 해군만이 사세보 군항을 이용하고 있었다(한국 전쟁이 끝난 이후부터 현재까지 사세보 군항은 미해군 제7함대와 일본 해상자위대가 공동으로 이용하고 있다).

사세보는 우리나라에 가장 가까운 미 해군의 군항이므로 한국전쟁 당시 미국 본토에서 수송선과 화물선에 실려오는 병력과 탄약, 무기(전차, 트럭, 야포 등), 연료 등 수백 만 톤의 군수물자는 대부분이 사세보에 일단 도착한 뒤 한국으로 보내졌다. 이와 같이 사세보는 오늘날도 한반도 안보에 중요한 역할을 하는 기지이다. 참고로 미국은 요코스카를 미 해군 제7함대의 핵추진 항공모함(배수량 10만톤급) 한 척의 모항으로 삼고 있으며 사세보에는 배수량 4만 톤급 강습상륙함 1척과 10만톤급 원정기지함 1척 등을 배치하여 향후 한반도에서 유사시 한국을 지원하는 준비를 하고 있다.

미 해군은 우리 해군의 요청을 받고 1952년 1월 24일, 사세보 기지에서 PT정 4척을 한국해군에 양도하였다. 이 4척은 1952년 2월에 정식으로 명명식을 하였고 이어서 승조원이 배치되고 다음과 같이 임무수역을 할당받아 작전에 투입되었다.

PT정 번호	PT정 함명	정장	임무지역	작전투입일
PT 23	갈매기	신광영 소위 (해사2기)	서해안	1952년 4월 19일
PT 25	기러기	박성극 소위 (해사3기)	동해안	1952년 5월 23일
PT 26	올빼미	구자학 소위 (해사3기)	서해안	1952년 4월 19일
PT 27	제비	이학흥 소위 (해사3기)	동해안	1952년 5월 23일

원래 PT정은 어뢰 4발을 장착하나 우리 해군이 인수받은 PT에는 어뢰 발사관과 어뢰는 없었다. 그러나 PT의 무장은 원래대로 갖고 있었다. 즉, 5인치 로켓포, 함수에 2연장 0.5인치(12.7mm) 기관총 2문, 함미에는 40mm 대공포 1문, 좌우현에는 20mm 기관포 각각 1문이다. 이들 PT정의 승무원은 정장 포함 13명이다. PT정은 당시 한국 해군이 보유한 함정중 가장 속력이 빠르므로 "조식은 진해, 점심은 목포, 저녁은 백령도에서 먹는다"라는 말이 해군에서 회자되었을 정도였다.

2. 한국전쟁시 어뢰정 활약

한국전쟁시 우리 해군의 PT정 4척은 앞의 도표 속에 언급한대로 각각 2척씩 동해안과 서해안에 배치되어 작전임무를 수행하였다. 서해에서는 오늘날

NLL(북방한계선) 인근 대청도(大靑島), 동해에서는 원산 앞바다에 있는 여도(麗島) 등을 전진기지로 삼아 주로 야간 작전을 수행하였다. 굵직한 해상작전은 미국 해군의 순양함들과 구축함들이 맡아서 동해안의 경우 흥남 북부에서 강원도 북부까지 해안선을 따라서 남북으로 오르내리면서 수행되었다. 즉, 이들 대형 군함들은 8인치(순양함), 5인치(구축함) 포를 사용하여 동해안 철도를 따라서 보급품을 운송하는 북한 기차를 포격하거나 병력 집결지를 포격하였다. 낮에는 움직이지 않고 야간에만 이동하는 공산군 기차를 파괴하기 위해 미 해군 군함들은 조명탄을 발사하여 적 기차를 노출시킨 뒤 포격으로 파괴하였다. 낮에 터널에 숨어있는 적을 확인하고 철도의 위치를 확인하기 위해서 미군은 구축함에서 고무보트를 이용하여 적 해안에 은밀하게 상륙하고 적정을 살핀 뒤 포격을 하기도 하였다.[35] 미군 순양함과 구축함들 사이에 발생하는 빈틈의 공격은 우리 해군의 PT정들이 맡았다. 제12대 해군참모총장 김종곤 제독(예)도 1951년에 소위 임관(해사 4기)후 PT정을 타고 전투에 참가하였다.[36] 우리 PT들은 서해안에서는 황해도 장산곶, 옹진반도, 해주 등지의 해안에서 활동하는 북한 소형함선을 공격하기도 하였다. 그러나 PT 26(올빼미)은 미군으로부터 인수받은 뒤 8개월만인 9월 18일, 수리중에 기관실에서 발생한 화재가 선체를 태워버림으로써 어뢰정 편대에서 없어졌다. PT 27(제비)은 1963년 6월 30일, PT 25(기러기)는 12월 31일, PT 23(갈매기)은 1964년 7월 1일에 퇴역하였다.[37]

---

35) 말콤카글 · 프랭크맨슨 『한국전쟁 해전사』 p. 422, 21세기군사연구소, 서울, 2003
36) 『김종곤 전 해군총장과 어뢰정』 중앙일보, 2022.7.19
37) 『한국전쟁 어뢰정 편대』 조선일보, 2023.4.1

3. 케네디 기념관의 한국해군 어뢰정

　케네디의 대통령 취임식에는 PT 109의 실제크기 모형이 등장하였다. 미해군은 태평양전쟁이 끝나면서 보유하고 있었던 어뢰정 약 460척을 모두 파괴하였거나 민간에 불하하거나 일부는 우방국에 공여하였다. 이렇게 1960년 이전에 갖고 있던 PT정들을 모두 정리 해버려 남아있는 제2차 세계대전 당시의 어뢰정이 없었으므로 케네디 기념관에 전시할 어뢰정이 없었다. 미국 전역에 서너 척이 남아있었으나 모두 니미츠 제독 기념관 등 해군과 관련된 박물관에 이미 전시되고 있었으므로 케네디 전시관에 전시할 어뢰정은 없었던 것이다. 그때 마침 세계에서 한국해군이 유일하게 (퇴역한) 3척의 PT정을 보유하고 있었으므로 미국 정부는 한국 정부에 부탁하여 어뢰정 PT 25(기러기艇; 1952년 1월 24일 사세보 항구에서 인수, 1963년 12월 31일 퇴역)를 인수받았다. 한국해군은 이 3척 모두를 애지중지하게 관리하였고 이 가운데 상태가 가장 좋은 PT 25(기러기)는 몇 년 후에 미국 정부요청으로 미국에 보내져 케네디 대통령 기념관에 전시되어있다. 이 어뢰정은 케네디 기념관에 보존, 전시되기 위하여 미해군 LST편으로 1969년 6월 17일 미국으로 되돌아갔다. 필자는 고등학생 당시 집에서 구독하던 동아일보에서 이에 관련된 간단한 기사(어뢰정 번호 등 구체적인 것은 없고)를 본 적이 있다. 그 때 미국정부는 신형 군함 1척을 한국해군에 주기로 하였다는 기사 내용이 지금도 기억난다. 단, 그때 미국에 보낸 어뢰정의 함정번호와 이름은 50여년의 세월이 지나 수년 전에야 알게 되었다. 필자로서는 즐거운 일이다.

제12장
노블레스 오블리주

1. 최전선에 나간 금수저

　PT 109는 적 구축함에 어뢰를 발사했거나 기관총 사격도 한번 제대로 못 해보고 순간적으로 적선에 의해 격침되었다. 어떻게 보면 정장이 상황 판단을 제대로 하지 못 해 이런 사태를 맞은 것이다. 물론 어뢰정이 침몰된 뒤 케네디는 부상당한 승무원을 포함한 나머지 부하들을 격려하고 이끌어 근처 섬에 상륙하여 숨어 있다가 며칠 뒤에 다른 미군 어뢰정에 구출되었다. 그러나 남태평양에서의 이런 조그만 사건이 나중에 케네디를 미국의 대통령으로 만드는데 큰 기여를 하게 되었을 줄이야 누가 알았겠는가? 일본 구축함을 격침시켰거나 큰 피해를 준 것도 없었는데 케네디는 모험과 용기를 높이 사는 미국 국민성 때문에 선거유세 기간중 내내 어뢰정 사건을 강조함으로써 일약 국민적 영웅으로 인기를 모아 젊은 나이에 대통령으로 당선되었다. 케네디의 남태평양 무용담에 대해 모험과 용기를 좋아하는 미국인들은 환호하였던 것이다. 물론 미국인들은 국가를 위해 기꺼이 군인이 되어 전쟁에 나가는 사람을 존경하고 좋아한다. 여기에 더해 케네디는 부호이며 미국 정계에서 유력한 인물의 아들인 금수저로서 군입대 신체검사에 불합격되어 군입대 면제를 받을 수 있었음에도 운동을 하여 몸을 단련한 뒤에 다시 신체검사에 응시하여 합격된

군에 입대한 후에도 편한 곳에 배치되기를 거부하고 위험한 최전선근무를 지원하여 여러번 죽을 고비를 넘긴 것에 대해 미국인들은 환호하였던 것이다. 케네디 이외에도 미국이나 영국에는 수많은 '노블레스 오블리주'를 생활의 한 부분으로 보여주는 경우가 너무도 많다. 선진 강대국은 어느날 갑자기 하늘에서 떨어지는 것이 아니다.

2. 제2차 세계대전을 겪은 7인의 미국 대통령

해군 중위로서 솔로몬 제도의 최전선에서 일본군과 싸운 케네디 대통령을 포함하여 7명의 미국 대통령이 제2차 세계대전에 군인으로서 참전하였다. 우선 아이젠하워(Dwight D. Eisenhower) 대통령은 대장으로서 노르망디 상륙작전을 지휘하여 연합군이 승리하는데 큰 기여를 하였다. 존슨(Lyndon B. Johnson) 대통령은 진주만 기습 이후 하원의원 가운데 처음으로 해군 예비역으로 지원하여 근무하였다. 닉슨(Richard M. Nixon) 대통령은 해군 대위로서 태평양 지역의 해군 수송대에서 근무하였다. 포드(Gerald Ford) 대통령은 해군 소위로서 항공모함 몬테레이(Monterey)에 승선하여 태평양전쟁에 참전하였다. 레이건(Ronald Reagan) 대통령은 육군항공대에서 예비역 장교로 근무하였으나 시력이 나빠 해외근무에서 배제되었다. 부시(George H.W.Bush) 대통령은 해군 뇌격기 조종사로서 중부태평양의 일본군 기지를 폭격하다가 격추되어 바다에 빠졌으나 미군 잠수함에 구조되었다. 이외에도 수많은 미국 지도자들이 전투기 조종사, 보병, 수병 등으로 제2차 세계대전에 참전하였다. 필자는 이 점이 우리나라 정치 지도자들과 세계 초강대국인 미국의 정치지도자들의 가장 큰 차이점이라고 생각한다. 나라를 위해서 생명을 버리겠다는 각오를 하는 사람들이 정치지도자들이 됨으로써 그들은 미국을 초강대국으로 만들고 있는 것이다.

3. 어뢰정에서 항공모함으로

미 해군에서는 항공모함에 초기에는 렉싱턴, 사라토가, 요크타운, 벨리포지, 타이콘데로가 등 영국과 독립전쟁시 승리한 전투지역의 이름을 붙였다. 특이하게 엔터프라이즈(기업), 인트레피드(용맹), 포레스탈(해군장관), 니미츠(해군제독) 등의 이름을 붙인 것도 있으나 이 경우는 아주 예외적인 것이었다. 제2차 세계대전이 끝난 이후에도 미국이 제2차 세계대전에 승리한 전투지역의 이름을 항공모함과 헬기 항공모함에 붙였다. 과달카날, 코럴씨(산호해), 타라와, 이오지마, 필리핀해, 레이테 등이다. 미 해군 역사상 최초의 핵추진 항공모함에는 제2차 세계대전중 혁혁한 전공을 세운 역전의 항공모함 엔터프라이즈의 이름을 1961년에 붙여 주었다. 그러다가 1968년에 항공모함에 역대 미국 대통령의 이름을 붙여주기 시작하였는데 이때 미국 대통령 가운데 케네디 대통령의 이름을 처음으로 초대형 항공모함 이름으로 명명하였다. 1968년에 취역한 '존 F 케네디'호(CV-67)는 8만3천 톤으로서 승조원 5천명이 근무하는 미 해군의 초대형 항공모함으로서는 핵연료 추진 항공모함이 아닌 재래식 항공모함이고 약 40년 동안 세계 여러 해역에서 활약하다가 2007년에 퇴역하였다. 현재 미 해군은 또 다른 핵추진 초대형 항공모함(10만톤급, 제럴드 R.포드급) 건조계획에서 2011년에 다시 '존 F 케네디(CVN-79)'의 이름을 붙여 2025년부터 재취역 예정이다.

13명 승조원이 탑승하는 50톤 어뢰정장 이름을 사후(死後) 승조원 5천명을 가진 각각 8만톤, 10만톤 초대형 항공모함에 붙여준 것이다. 해군을 사랑한 바다의 용사 케네디는 미국 대통령이 된 것보다 조그만 어뢰정장의 이름을 수천 배 더 큰 함선 2척에 붙여 준 것을 더욱 감사하고 자랑스러워 할 것이라고 필자는 생각한다.

저자후기

　영국과 독일은 제1차 세계대전과 제2차 세계대전을 통하여 서로 적국으로 싸웠다. 그러나 전쟁을 하는 동안 죽고 죽이는 전쟁터에서 꽃 핀 휴머니즘의 에피소드가 적지 않다. 비록 총부리를 겨눈 적군이었으나 전쟁터에서도 서로 기사도(騎士道)를 발휘한 경우가 많다. 베트남 전쟁에서 조차 이런 일이 있었고 태평양전쟁중에도 연합군과 일본군 사이에 이런 일이 있었다. 그러나 3년간에 걸친 한국전쟁에서는 이런 기사도 또는 휴머니즘 이야기가 거의 없는 것 같다. 채명신 장군(당시 중령)은 1951년초, 강원도 인제에서 북한군 대남유격부대 사령관(길원팔 중장)을 생포하였다. 길원팔이 권총으로 자결하고 싶다며 채장군에게 부탁하자 채장군은 총알이 장전된 권총을 건네주었다. 길원팔은 그 권총으로 자결하기 직전에 전쟁고아 남녀 각각 한 명을 맡기면서 돌보아 달라는 부탁을 하자, 채장군이 들어주었다는 일화 이외에는 아직 (필자는) 듣지 못하였다.

　부와 명예를 갖고 있는 집안에서 출생한 금수저 가운데 금수저인 케네디가 군입대 신체검사에서 불합격되었음에도 결국 군에 입대하여 최전선에 나가 싸운 사실은 필자에게는 너무 신선하게 다가온다. 이런 작은 행동들이 모여서 결국 미국이라는 초강대국이 탄생하게 된 것이라고 필자는 생각한다. 이러한 사고방식을 가진 사람들이 많은 나라이므로 미국의 젊은이들은 오로지 돈이 최고라는 생각이 어릴 때부터 뇌를 지배하는 우리나라의 젊은이들과는 너무 생각이 다른 것이다. 우리나라는 돈버는 데 있어 늙어서까지 큰 돈을 벌수 있는 직업은 의사가 최고라는 사회적 인식 때문에 너도 나도 의사가 되려고 의과대학이 최고의 학과라고 여겨지고 있다. 한 마디로 나라 전체가 망국병에 걸렸다. 2024년 12월 5일자 일간지들에 어떤 학생이 수능(대학수학능력시험) 만점임에도 의대에 가지 않고 컴퓨터 엔지니어가 되려고 준비하고 있다는 기분 좋은 기사를 읽었다. 지극히 당연한 일임에도 우리사회가 돈 벌려고 의대가려고 하는 사람이 많다보니 이런 내용이 마치 천연기념물처럼 보기 힘든 경우라고 여겨 오죽하면 신문기사에 나올 정도의 나라가 되었다. 독일출신으로서 우리나라에 50년 이상 살고 있으면서 한국학을 연구하고 있는 베르너 사세 함부르크대학 명예교수는 우리 사회를 다음과 같이 말하고 있다.

"한국 사회에는 철학이 없다. 역사와 전통에 대한 관심도 없다. 오로지 경쟁만 부추키는 한국의 교육이 돈과 권력만 좇는 지식인과 정치인을 낳았다. 그들이 학벌 좋고 지식은 많은 엘리트인지는 몰라도 타인과 공동체를 생각하는 가슴(마음)은 없다. 나치도 전문지식인들이었다. 한국의 가장 큰 문제는 교육으로서 한국에 교육은 없다. 시험통과하는 방법만 가르칠 뿐이다. 학문의 기본 태도는 호기심과 의심인데 한국학생들은 교수의 주장을 의심하지 않는다"[38]

오늘의 세계는 곳곳에서 전쟁을 하고 있던가 전쟁이 언제든지 일어날 수 있는 잠재성을 갖고 있다. 우크라이나와 러시아의 전쟁, 이스라엘과 저항의

---

[38] 「'혼돈의 한국' 가장 큰 문제는 교육」, 조선일보, 2024년 12월 10일

측(이란, 하마스, 헤즈볼라. 후티 등) 전쟁은 세계 정치와 경제에 부정적인 영향을 주고 있으며 언제 끝날지 앞이 보이지 않는다. 여기에 더해 중국과 대만, 한반도를 둘러 싼 동북아시아의 불안정한 정세, 튀르키예와 쿠르드 문제, 파키스탄과 인도, 중국과 인도의 문제는 언제 폭발하지 모르는 휴화산들이다. 이러한 국제정치상황과 맞물려 무역장벽이 나날이 높아지고 있는 세계경제전쟁 등을 생각하면 이런 발등의 문제를 남의 일 또는 강건너 불로 여기며 우리 국민이 힘든 일은 기피하며 한가하게 워라벨, 여유있는 삶, 자유로운 휴식과 쉼, 트롯을 들으며 먹방을 감상하고 해외관광 여행에 올인할 때가 아니라고 필자는 생각한다. 청년 케네디가 솔로몬 제도에서 보여준 나라사랑과 죽음에 직면하는 용기, 부하사랑, 리더십은 수십 년이 지난 오늘날에도 많은 사람들, 특히 장차 이 나라를 끝고 나갈 주인인 청년들이 본 받아야 할 자세라고 여겨 금번에 케네디를 통하여 교훈을 받으려고 본서를 저술하게 되었다.

현대사회는 3무(無:무감동, 무관심, 무감각)의 사회라고 누군가 말했듯이 오늘의 세대는 취업의 어려움 때문인지 지적 호기심이나 열정이 많이 식어진 것처럼 보인다. 필자가 주장하는 것이 광야에 외침이 되지 않는다면 필자는 본서를 저술한 것에 큰 보람을 느끼게 될 것이다.

필자는 1960년대 초, 초등학생이었을때 케네디 중위가 어뢰정 PT 109를 타고 남태평양 솔로몬 제도에서 일본군과 싸운 사실을 알았다. 당시 신문과 어린이 월간 잡지 등을 통해 알았으나 상상만 하였을 뿐 솔로몬 제도에 가보는 것은 엄두도 못내었다.
그러나 후일 필자는 회사 업무 때문에 케네디 중위가 싸웠던 전투현장을 수도 없이 가볼 수 있었다. 그러한 필자에게 62년이 지나 케네디 중위에 대한 책까지 저술하게 해주신 하나님의 크신 은혜에 감사한다.

참고자료

◎ 단행본

권주혁『헨더슨 비행장』지식산업사, 서울, 2001
권주혁『탐험과 비즈니스』지식산업사, 서울, 2004
권주혁『베시오 비행장』지식산업사, 서울, 2005
권주혁『나잡 비행장』지식산업사, 서울, 2009
권주혁『남·북한 10대 해전과 한반도 위기』퓨어웨이픽쳐스, 서울, 2023
마이클 베슬로스, 정상환 譯『대통령의 리더십』㈜ 넥서스, 서울, 2016
말콤가글·프랭크맨슨『한국전쟁 해전사』21세기 군사연구소, 서울, 2003

星亮一『ケネディを沈めた男』光人社, 東京, 日本, 2021
花見和子『ケネディの艇を沈めた男, 夫・弘平との六十年』福島民報社, 福島, 日本, 2004
多賀一史『日本海軍 艦艇 ハンドブック-寫眞集』PHP文庫, 東京, 日本, 2001

Antony Preston 『Strike Craft』Bisonbooks Ltd, London, UK, 1989
Danny Kennedy 『Information on Sinking of PT 109 & Rescue of Survivors including J.F.Kennedy. Western Provincial Government, Gizo, Solomon Islands, 1995
George Smith 『Carlson's Raid』Presido Press inc, Novato, CA, USA, 2001
Herman Melville 『Moby Dick』Collins, London. UK, 1961
Jerry Scutts 『War in the Pacific』Parkgate Books, London, UK, 2000
Karen Farrington 『Victory in the Pacific』Selectabooks, London, UK, 2005
Michael Green 『PT Boats』High·Low Books, Mankato, Minnesota, USA, 1999
Robert Ballard 『The Lost Ships of Guadalcanal』Madison Publishing Inc, New York, NY, USA, 1995

Robert Dallek 『John F, Kennedy』 Penguin Books, New York, NY, USA, 2003
Robert Donovan 『PT 109』 McGraw Hill, New York, NY, USA, 2001
『Sea War in the Pacific』, Marshall Cavendish Books, London, UK. 2000

◎ 잡지 · 저널

『Tulagi-A Part of our History』 Solomons. Issue 68, Honiara, Solomon Islands, 2015
『The True Story behind JFK's PT 109』 Solomons, Issue 70, Honiara, Solomon Islands, 2015

◎ 신문

『케네디가의 저주』 매일경제신문, 2004년 10월 30일
『김종곤 전 해군총장과 어뢰정』 중앙일보. 2022년 7월 19일
『한국전쟁 어뢰정 편대』 조선일보. 2023년 4월 1일
『캐롤라인 케네디 대사, 솔로몬 제도 방문』 조선일보. 2023년 8월 5일
『'혼돈의 한국' 가장 큰 문제는 교육』 조선일보. 2024년 12월 9일
『케네디 비밀문서 공개지시』 조선일보. 2025년 1월 25일
『Poem on Kennedy Island』 Solomon Star, Honiara, Solomon Islands, 2004년 10월 20일

◎ 유튜브(권박사 지구촌 TV)

케네디 중위의 리더십(1부)
케네디 중위의 리더십(2부)
목포 해양대학 (케네디 중위)강연후 Q&A 시간
헨더슨 바행장 전투
'헨더슨 비행장' 저술 비하인드 스토리
미드웨이 해전

미드웨이 영화 리뷰(1부)
미드웨이 영화 리뷰(2부)
솔로몬에서의 35년(I)
솔로몬에서의 35년(2)
일본 에다지마 해군병학교
중국이 노리는 솔로몬 제도의 툴라기
야마모도 제독의 마지막 목적지 솔로몬 제도 그곳에 가다
일본 사세보 군항에 가다
남태평양과 스페인의 과달카날
사상 최대의 해전(1부)
사상 최대의 해전(2부)
야마모도 제독의 라바울 태평양전쟁 벙커에 가다
아름다웠으나 화산폭발로 폐허가 된 라바울에 가다
격추왕 보잉턴 소령의 흔적을 찾아간 솔로몬 제도와 파푸아뉴기니
태평양전쟁의 라이벌, 니미츠 vs 야마모도
태평양전쟁 초청강연, 뉴기니 전투(1부)
태평양전쟁 초청강연, 뉴기니 전투(2부)
진주만 기습의 교본이 된 타란토 기습공격
대한민국 해군 LST 성인봉함과 세계를 가다
인류사상 최대 '레이테 해전'과 팔라완
태평양전쟁 흔적을 찾아 팔라완으로
태평양전쟁중 폰페이에 숨긴 일본 전차대 발견
태평양전쟁중 사용된 폰페이 일본군 요새
PC 701 백두산함(1부)
PC 701 백두산함(2부)

◎ TV

『됭케르크 철수와 조셉 케네디』 KFN TV, 2025년 1월 13일
『제2차 세계대전(제3회)』 KFN TV, 2025년 4월 7일

◎ 사진 출처

페이지	출처	페이지	출처
25	저자(Author) 직접촬영	100	〃
26	〃	103(1)	The Lost Ships of Guadalcanal
29	〃	103(2)	〃
32	〃	106	저자(Author) 직접촬영
34	〃	110(1)	저자(Author) 직접촬영
39(1)	〃	110(2)	〃
39(2)	〃	115(1)	〃
49(상)	Sea War in the Pacific	115(2)	〃
49(하)	저자(Author) 직접촬영	116	ケネディを沈めた男
55(상)	ケネディを沈めた男	119	저자(Author) 직접촬영
55(하)	War in the Pacific	121	John F. Kennedy(책)
59(1)	저자(Author) 직접촬영	124(1)	PT Boats
59(2)	〃	124(2)	저자(Author) 직접촬영
60(1)	〃	125(1)	〃
60(2)	〃	125(2)	〃
62	〃	130(1)	〃
63	Victory in The Pacific	130(2)	〃
64(1)	저자(Author) 직접촬영	133(1)	PT 109
64(2)	〃	133(2)	Strike Craft
65(1)	〃	136(1)	〃
65(2)	〃	136(2)	〃
67	〃	139	Solomons, Issue 70
70	〃	140	PT Boats
71	〃	141(1)	Strike Craft
72(상)	〃	141(2)	PT Boats
72(하)	〃	141(3)	〃
74(1)	〃	142(좌)	〃
74(2)	〃	142(우)	〃
79	Victory in the Pacific	145(1)	Strike Craft
82	Frederick Henderson 미 해병 준장(예)	145(2)	〃
91(1)	Victory in The Pacific	148	PT Boats
92(2)	저자(Author) 직접촬영	155(좌)	저자(Author) 직접촬영
93(1)	〃	155(우)	〃
93(2)	Victory in The Pacific	156(1)	〃
95	저자(Author) 직접촬영	156(2)	Strike Craft
96	〃	156(3)	저자(Author) 직접촬영
98	〃	161	〃

페이지	출처	페이지	출처
162	War in the Pacific	226	〃
167(좌)	저자(Author) 직접촬영	233(1)	〃
167(우)	〃	233(2)	〃
168	〃	234	〃
169	〃	236	Victory in The Pacific
170(1)	〃	238(1)	저자(Author) 직접촬영
170(2)	〃	238(2)	〃
171	PT 109	240	Solomons, Issue 70
172(상)	저자(Author) 직접촬영	245	저자(Author) 직접촬영
172(하)	〃	248	〃
173	저자(Author) 직접촬영	254	〃
174(1)	〃	255	〃
174(2)	PT Boats	257	〃
179(상)	The Lost Ships of Guadalcanal	258	〃
179(하)	John F. Kennedy(책)	259	〃
186	저자(Author) 직접촬영	260	PT Boats
187	War in the Pacific	261	PT 109
191(상)	저자(Author) 직접촬영	266	ケネディを沈めた男
191(하)	〃	270(1)	War in the Pacific
192(상)	〃	270(2)	저자(Author) 직접촬영
192(하)	〃	270(3)	PT 109
194	〃	272	저자(Author) 직접촬영
196	〃	273	〃
199(1)	〃	274	ケネディを沈めた男
199(2)	〃	277	저자(Author) 직접촬영
200(1)	〃	283(상)	〃
200(2)	〃	283(하)	〃
203	PT 109	284	〃
213	저자(Author) 직접촬영	299	PT 109
217(상)	〃	302(1)	저자(Author) 직접촬영
217(하)	〃	302(2)	〃
218(1)	〃	304	
218(2)	〃	307(1)	이경원 장군(예)
221(좌)	Solomons, Issue 70	307(2)	
223(1)	저자(Author) 직접촬영	309	주일 미국대사관 공식계정
223(2)	The Lost Ships of Guadalcanal	312	대한민국 해군
224	저자(Author) 직접촬영	Total	147장 (저자 직접촬영 97장 포함)

어뢰정에서 백악관으로
(John F. Kennedy)

■
초판 1쇄 인쇄 / 2025년 4월 23일
초판 1쇄 발행 / 2025년 4월 30일

■
지은이 | 권 주 혁
펴낸이 | 권 순 도
펴낸곳 | 퓨어웨이 픽쳐스 출판부

■
주소 | 서울시 서대문구 서소문로 45 에스케이리챔블 빌딩 1002호
전화 | 070-8880-5167
E-mail | hc07@hanmail.net

■
출 판 신 고 | 제312-2010-000021호
출판등록일 | 2010년 4월 28일

값 20,000원

ISBN 979-11-983862-4-3 03900
Printed in Korea

ⓒ 2025. 권주혁 All rights reserved
이 출판물은 저작권법으로 보호 받는 저작물이므로 무단 전제나
무단 복제를 할 수 없습니다. 파본은 교환해 드립니다.